高等职业教育系列教材

西门子PLC、变频器与触摸屏技术及综合应用

（S7-1200、G120、KTP系列HMI）

主　编　侍寿永　王　玲

副主编　夏玉红　史宜巧

参　编　关士岩　薛　岚　侍泽逸

主　审　成建生

机械工业出版社

本书基于 TIA Portal V16 介绍了西门子 S7-1200 PLC、G120 变频器、KTP400 触摸屏（HMI）的基本知识及其综合应用。通过大量实例和案例，通俗易懂地介绍 PLC 基本知识点的编程、仿真及应用，变频器多种功能参数的设置及调试，触摸屏常用元件的组态，以及它们的综合应用。

本书中的每个案例均配有电路原理图、控制程序及调试步骤，并且案例容易操作与实现，旨在让读者尽快掌握工控设备的基本知识及综合应用技能。

本书可作为高等职业院校电气自动化、机电一体化、轨道交通等相关专业及技术培训的教材，也可作为工程技术人员的自学或参考用书。

本书配套电子资源包括微课视频、电子课件、习题解答、源程序和参考资料等，需要的教师可登录机械工业出版社教育服务网（www.cmpedu.com）免费注册，审核通过后下载，或联系编辑获取（微信：13261377872，电话：010-88379739）。

图书在版编目（CIP）数据

西门子 PLC、变频器与触摸屏技术及综合应用：S7-1200、G120、KTP 系列 HMI / 侍寿永，王玲主编. —北京：机械工业出版社，2023.2（2025.2 重印）

高等职业教育系列教材

ISBN 978-7-111-72474-2

Ⅰ. ①西… Ⅱ. ①侍… ②王… Ⅲ. ①PLC技术-高等职业教育-教材 ②变频器-高等职业教育-教材 ③触摸屏-高等职业教育-教材 Ⅳ. ①TM571.61 ②TN773 ③TP334.1

中国国家版本馆 CIP 数据核字（2023）第 022736 号

机械工业出版社（北京市百万庄大街 22 号　邮政编码 100037）
策划编辑：李文轶　　　　　　责任编辑：李文轶
责任校对：李　杉　陈　越　责任印制：郜　敏

河北鑫兆源印刷有限公司印刷

2025 年 2 月第 1 版·第 5 次印刷
184mm×260mm·18.75 印张·489 千字
标准书号：ISBN 978-7-111-72474-2
定价：69.90 元

电话服务　　　　　　　　　　网络服务
客服电话：010-88361066　　机　工　官　网：www.cmpbook.com
　　　　　010-88379833　　机　工　官　博：weibo.com/cmp1952
　　　　　010-68326294　　金　书　网：www.golden-book.com
封底无防伪标均为盗版　　　　机工教育服务网：www.cmpedu.com

Preface
前　言

党的二十大报告指出：坚持把发展经济的着力点放在实体经济上，推进新型工业化，加快建设制造强国、质量强国、航天强国、交通强国、网络强国、数字中国。实施产业基础再造工程和重大技术装备攻关工程，支持专精特新企业发展，推动制造业高端化、智能化、绿色化发展。PLC 作为工控制领域重要且先进的设备之一，常常与传感器、变频器、人机界面等设备配合使用，构造出功能齐全、操作简单方便的自动控制系统。鉴于西门子公司生产的 S7-1200 系列 PLC、G120 系列变频器、KTP 系列触摸屏在国内学校或企业现场使用非常普遍的情况，编者结合多年的工程经验及电气自动化专业的教学经验，并在企业技术人员的大力支持下编写了本书，旨在使学生或具有一定电气控制基础知识的工程技术人员较快掌握西门子 S7-1200 PLC、G120 变频器和 KTP400 触摸屏综合应用技术。

本书共分为 3 篇：分别介绍了西门子 S7-1200 PLC、G120 变频器和 KTP400 触摸屏的相关知识点及其应用，并使用 TIA Portal V16 对其案例进行组态、编程、仿真及调试。

在第一篇中，重点介绍了 S7-1200 PLC 的基本指令、功能指令、组织块与函数块、脉冲量与模拟量、以太网及 USS 通信等知识的编程及应用，并介绍了 S7-PLCSIM V16 仿真软件的使用。

在第二篇中，重点介绍了 G120 变频器的面板操作，调试软件 Startdrive Advanced V16 的应用，数字量的输入与输出，模拟量的输入与输出，PROFINET 网络通信等功能的参数设置及其与 PLC 的联机应用。

在第三篇中，重点介绍了 TIA Portal V16 中组态软件的使用，KTP400 触摸屏的指示灯、按钮、开关、域（文本域、I（输入）/O（输出）域、符号 I/O 域、图形 I/O 域）、图形对象（滚动条、棒图、量表）等元件的组态技术及其与 PLC 和变频器的综合应用。

为了便于教学和自学，并激发读者的学习热情，本书配有丰富的数字化资源，能满足读者线上和线下学习的需要，同时本书中的实例和案例均较为简单，且易于操作和实现。为了巩固、提高和检验读者所学知识，各章均配有习题与思考。

本书是按照项目化理实一体教学的思路进行编写的，具备一定实验条件的院校可以按照本书编排的顺序进行教学。本书电子教学资料包中提供了案例的源程序、习题答案、参考资料和应用软件，为不具备实验条件的学生或工程技术人员自学提供方便，除涉及变频器知识外，本书绝大部分实验都可以使用仿真软件进行模拟调试。

本书的编写得到了江苏沙钢集团淮钢特钢股份有限公司秦德良高级工程师的大力支持，他为教材的编写提供了许多典型应用案例，同时也得到了江苏高校"青蓝工程"的资助，在此表示衷心的感谢。

本书由江苏电子信息职业学院侍寿永、王玲担任主编，夏玉红、史宜巧担任副主编，关士岩、薛岚、侍泽逸参编，成建生担任主审。侍寿永编写本书的第 1~5 章，王玲编写本书的第 6~8 章，夏玉红、史宜巧共同编写本书的第 9、10 章，关士岩、薛岚、侍泽逸共同编写本书的第 11、12 章，王玲、夏玉红、侍泽逸共同制作完成了本书的微视频等数字化资源。

由于编者水平有限，加之时间仓促，书中难免有疏漏之处，恳请读者批评指正。

编　者

目 录 Contents

前言

第一篇 西门子 S7-1200 PLC 的编程及应用

第二篇　西门子 G120 变频器的应用

第7章 G120 变频器的数字量应用 ··················· 167

第8章 G120 变频器的模拟量应用 ··················· 183

第9章 G120 变频器的 PROFINET 网络通信应用 ················· 195

第三篇 西门子 KTP400 触摸屏的应用

第10章 项目的创建及调试 ·································· 204

第一篇 西门子 S7-1200 PLC 的编程及应用

PLC 是自动化控制系统的核心，S7-1200 系列 PLC 是西门子公司推出的新一代性价比较高的小型 PLC，目前在国内企业中使用最为广泛。本篇主要以 S7-1200 PLC 中 CPU1214C 作为介绍对象，重点介绍 S7-1200 PLC 的硬件模块，位逻辑指令、定时器和计数器指令及编程软件 TIA Portal V16 的使用。

第 1 章 基本指令的编程及应用

本章重点介绍西门子 S7-1200 PLC 硬件系统的组成及装卸，TIA Portal V16 软件的编程及项目调试，位逻辑指令、定时器指令、计数器指令的工作原理及应用，并通过 4 个以电动机为控制对象的案例，较为详细地介绍了 S7-1200 PLC 基本指令及其应用，旨在使读者通过本章学习，能快速了解和掌握 S7-1200 PLC 的硬件装卸步骤及组态、博途软件和基本指令在工程项目中的典型应用。

1.1 PLC 概述

1.1.1 PLC 的产生及定义

1. PLC 的产生

20 世纪 60 年代，当时的工业控制主要是以继电器-接触器为主的控制系统。该系统存在的缺点有：设备体积大，调试和维护工作量大，通用性及灵活性差，可靠性低，功能简单，不具有现代工业控制所需要的数据通信、运动控制及网络控制等功能。

1968 年，美国通用汽车公司为了适应汽车型号的不断翻新，试图寻找一种新型的工业控制器，以解决继电器-接触器控制系统普遍存在的问题。因而设想把计算机的完备功能、灵活及通用等优点与继电器控制系统的简单易懂、操作方便和价格便宜等优点结合起来，制成一种适于工业环境的通用控制装置，并把计算机的编程方法和程序输入方式加以简化，使不熟悉计算机的人也能方便地使用。

1969 年，美国数字设备公司根据通用汽车公司的要求研制成功第一台可编程序控制器，称之为可编程序逻辑控制器（Programmable Logic Controller，PLC），并在通用汽车公司的自动装配线上试用成功，从而开创了工业控制的新局面。

2．PLC 的定义

1985 年，国际电工委员会（IEC）将 PLC 定义为：可编程序控制器是一种数字运算操作的电子系统，专为工业环境下的应用而设计。它作为可编程序的存储器，用来在其内部存储并执行逻辑运算、顺序控制、定时、计数和算术运算等操作的指令，且通过数字式、模拟式的输入和输出，控制各种类型的机械或生产过程。可编程序控制器及其有关设备，都应按易于使工业控制系统形成一个整体，易于扩充其功能的原则设计。

PLC 是可编程序逻辑控制器的英文缩写，随着科技的不断发展，现已远远超出逻辑控制功能，应称之为可编程序控制器（PC），但为了与个人计算机（Personal Computer，PC）相区别，故仍将可编程序控制器简称为 PLC。几款常见的 PLC 外形如图 1-1 所示。

图 1-1　几款常见的 PLC 外形

视频"PLC 的产生与发展"可通过扫描二维码 1-1 播放。

1-1
PLC 产生与发展

1.1.2　PLC 的结构及特点

1．PLC 的结构

PLC 一般由 CPU（中央处理器）、存储器、输入/输出模块和通信接口几部分组成，PLC 的结构框图如图 1-2 所示。

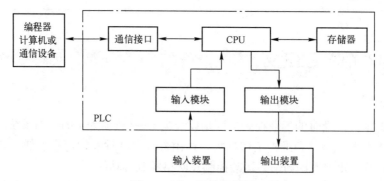

图 1-2　PLC 的结构框图

（1）CPU

CPU 的功能是完成 PLC 内所有的控制和监视操作，一般由控制器、运算器和寄存器组成。CPU 通过控制总线、地址总线和数据总线与存储器、输入/输出接口电路连接。

（2）存储器

在 PLC 中有两种存储器：系统程序存储器和用户程序存储器。

系统程序存储器用来存放由 PLC 生产厂家编写好的系统程序，并固化在 ROM（只读存储器）内，用户不能直接更改。存储器中的程序负责解释和编译用户编写的程序、监控 I/O 接口的状态、对 PLC 进行自诊断、扫描 PLC 中的用户程序等。

用户程序存储器是用来存放用户根据控制要求而编制的应用程序。用户程序存储器属于随机存储器（RAM），主要用于存储中间计算结果和数据、系统管理，主要包括 I/O 状态存储器和数据存储器。目前，大多数 PLC 采用可随时读写的快闪存储器（Flash）作为用户程序存储器，它不需要后备电池，掉电时数据也不会丢失。

（3）输入/输出模块

PLC 的输入/输出模块是 PLC 与工业现场设备相连接的接口。PLC 的输入/输出信号可以是数字量或模拟量，其接口是 PLC 内部弱电信号和工业现场强电信号联系的桥梁。接口主要起到隔离保护作用（电隔离电路使工业现场与 PLC 内部进行隔离）和信号调整作用（把不同的信号调整成 CPU 可以处理的信号）。

2. PLC 的特点

（1）编程简单，容易掌握

梯形图是使用最多的 PLC 编程语言，其电路符号和表达式与继电器电路原理图相似，梯形图语言形象直观，易学易懂，熟悉继电器电路图的电气技术人员很快就能学会梯形图语言，并用它来编制用户程序。

（2）功能强，性价比高

PLC 内有成百上千个可供用户使用的编程元器件，有很强的功能，可以实现非常复杂的控制功能。与功能相同的继电器控制系统相比，具有很高的性价比。

（3）硬件配套齐全，用户使用方便，适应性强

PLC 产品已经标准化、系列化和模块化，配备有品种齐全的各种硬件装置供用户选用，用户能灵活方便地进行系统配置，组成不同功能、不同规模的系统。硬件配置确定后，可以通过修改用户程序，方便快速地适应工艺条件的变化。

（4）可靠性高，抗干扰能力强

传统的继电器控制系统使用了大量的中间继电器、时间继电器。由于触点接触不良，容易出现故障。PLC 用软件代替大量的中间继电器和时间继电器，PLC 外部仅剩下与输入和输出有关的少量硬件元器件，使因触点接触不良造成的故障大为减少。

（5）系统的设计、安装、调试及维护工作量少

由于 PLC 采用了软件来取代继电器控制系统中大量的中间继电器、时间继电器等器件，控制柜的设计、安装和接线工作量大为减少。同时，PLC 的用户程序可以先模拟调试通过后再到生产现场进行联机调试，这样可减少现场的调试工作量，缩短设计、调试周期。

（6）体积小、重量轻、功耗低

复杂的控制系统使用 PLC 后，可以减少大量的中间继电器和时间继电器的使用，而且 PLC 的体积较小，结构紧凑、坚固、重量轻、功耗低。由于 PLC 的抗干扰能力强，易于装入设备内部，因此是实现机电一体化的理想控制设备。

1.1.3　PLC 的工作过程

PLC 采用循环扫描的工作方式，其工作过程主要分为 3 个阶段：输入采样阶段、程序执行阶段和输出刷新阶段，PLC 的工作过程如图 1-3 所示。

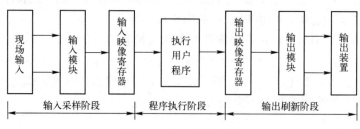

图 1-3　PLC 的工作过程

（1）输入采样阶段

PLC 在开始执行程序之前，首先按顺序将所有输入端子信号读入到寄存输入状态的输入映像寄存器中存储，这一过程称为采样。PLC 在运行程序时，所需要的输入信号不是取自现时输入端子上的信息，而是取自输入映像寄存器中的信息。在本工作周期内这个采样结果的内容不会改变，只有到下一个输入采样阶段才会被刷新。

（2）程序执行阶段

PLC 按顺序进行扫描，即从上到下、从左到右地扫描每条指令，并分别从输入映像寄存器、输出映像寄存器以及辅助继电器中获得所需的数据进行运算和处理。再将程序执行的结果写入到输出映像寄存器中保存。但这个结果在全部程序未执行完毕之前不会被送到输出端子上。

（3）输出刷新阶段

在执行完用户所有程序后，PLC 将输出映像寄存器中的内容送到寄存输出状态的输出锁存器中进行输出，驱动用户设备。

PLC 重复执行上述 3 个阶段，每重复一次的时间称为一个扫描周期。PLC 在一个工作周期中，输入采样阶段和输出刷新阶段的时间一般为毫秒级，而程序执行时间因用户程序的长度而不同，一般容量为 1KB 的程序扫描时间为 10ms 左右。

1.1.4　PLC 的编程语言

PLC 有 5 种编程语言：梯形图⊖（Ladder Diagram，LD）、语句表（Statement List，STL）、功能块图（Function Block Diagram，FBD）、顺序功能图（Sequential Function Chart，SFC）、结构文本（Structured Text，ST）。最常用的是梯形图和语句表，如图 1-4 所示。

1. 梯形图

梯形图是使用最多的 PLC 图形编程语言。梯形图与继电器控制系统的电路图相似，具有直观易懂的优点，很容易被工程技术人员所熟悉和掌握。梯形图程序设计语言具有以下特点：

1）梯形图由触点、线圈和用方框表示的功能块组成。

⊖ 西门子公司将梯形图简称为 LAD（Ladderlogic Programming Language）。

2）梯形图中触点只有常开和常闭，触点可以是 PLC 输入点接的开关，也可以是 PLC 内部继电器的触点或内部寄存器、计数器等的状态。

3）梯形图中的触点可以任意串、并联。

4）内部继电器、寄存器等均不能直接控制外部负载，只能作为中间结果使用。

5）PLC 是按循环扫描事件，沿梯形图先后顺序执行，同一扫描周期中的结果留在输出状态寄存器中，所以输出点的值在用户程序中可以当成条件使用。

2．语句表

语句表是使用助记符来书写程序的，又称为指令表，类似于汇编语言，但比汇编语言通俗易懂，属于 PLC 的基本编程语言。它具有以下特点：

1）利用助记符号表示操作功能，容易记忆，便于掌握。

2）在编程设备的键盘上就可以进行编程设计，便于操作。

3）一般 PLC 程序的梯形图和语句表可以互相转换。

4）部分梯形图及另外几种编程语言无法表达的 PLC 程序，必须使用语句表才能编程。

3．功能块图

功能块图采用类似于逻辑门电路的图形符号，逻辑直观、使用方便，如图 1-5 所示。该编程语言中的方框左侧为逻辑运算的输入变量，右侧为输出变量，输入、输出端的小圆圈表示"非"运算，方框被"导线"连接在一起，信号从左向右流动，图 1-4 的控制逻辑与图 1-5 相同。

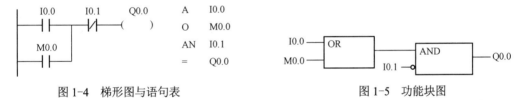

图 1-4　梯形图与语句表　　　　　　　　图 1-5　功能块图

功能块图程序设计语言有如下特点：

1）以功能模块为单位，从控制功能入手，使控制方案的分析和理解变得容易。

2）功能模块是用图形化的方法描述功能，它的直观性大大方便了设计人员的编程和组态，有较好的易操作性。

3）对控制规模较大、控制关系较复杂的系统，由于控制功能的关系可以较清楚地表达出来，因此编程和组态时间可以缩短，调试时间也能减少。

4．顺序功能图

顺序功能图也称为流程图或状态转移图，是一种图形化的功能性说明语言，专用于描述工业顺序控制程序，使用它可以对具有并行、选择等复杂结构的系统进行编程。顺序功能图程序设计语言有如下特点：

1）以功能为主线，条理清楚，便于对程序操作的理解和沟通。

2）对大型的程序，可分工设计，采用较为灵活的程序结构，从而节省程序设计时间和调试时间。

3）常用于系统规模较大，程序关系较复杂的场合。

4）整个程序的扫描时间较其他程序设计语言编制的程序扫描时间大大缩短。

5. 结构文本

结构文本是一种高级的文本语言，可以用来描述功能、功能块和程序的行为，还可以在顺序功能流程图中描述步、动作和转换的行为。结构文本程序设计语言有如下特点：

1）采用高级语言进行编程，可以完成较复杂的控制运算。

2）需要具备计算机高级程序设计语言的知识和编程技巧，对编程人员要求较高。

3）直观性和易操作性较差。

4）常被用于采用功能模块等其他语言较难实现的一些控制场合。

本书以西门子公司新一代小型 PLC S7-1200 为讲授对象，它使用梯形图、功能块图和结构化控制语言 SCL 这三种编程语言，本书仅介绍梯形图。

1.1.5 S7-1200 PLC 的 CPU 模块

S7-1200 是西门子公司推出的新一代小型 PLC，它将微处理器、集成电源、输入和输出电路组合到一个设计紧凑的外壳中，它具有集成的 PROFINET 接口、强大的工艺集成性和灵活的可扩展性等特点，为各种小型设备提供简单的通信和有效的解决方案。

打开其编程软件可见 S7-1200 目前有 8 种型号 CPU 模块，CPU 1211C、CPU 1212C、CPU 1214C、CPU 1215C、CPU 1217C、CPU 1212FC、CPU 1214FC、CPU 1215FC，如图 1-6 所示。

S7-1200 PLC CPU 模块的外形及结构（已拆卸上、下两盖板）如图 1-7 所示，其中①是 3 个指示 CPU 运行状态的 LED（发光二极管）；②是集成 I/O（输入/输出）的状态 LED；③是信号板安装处（安装时拆除盖板）；④是 PROFINET 以太网接口的 RJ-45 连接器；⑤是存储器插槽（在盖板下面）；⑥是可拆卸的接线端子板。

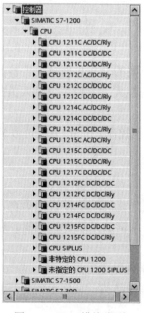

图 1-6 CPU 模块类型

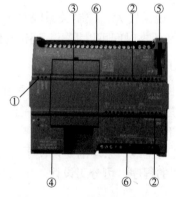

图 1-7 CPU 模块外形与结构

1. CPU 面板

S7-1200 PLC 不同型号的 CPU 面板是类似的，在此以 CPU 1214C 为例进行介绍：CPU 有 3

类运行状态指示灯，用于提供 CPU 模块的运行状态信息。

（1）STOP/RUN 指示灯

STOP/RUN 指示灯的颜色为纯黄色时指示 STOP 模式，纯绿色时指示 RUN 模式，绿色和黄色交替闪烁时指示 CPU 正在启动。

（2）ERROR 指示灯

ERROR 指示灯为红色闪烁状态时指示有错误，如 CPU 内部错误、存储卡错误或组态错误（模块不匹配）等，纯红色时指示硬件出现故障。

（3）MAINT 指示灯

MAINT 指示灯在每次插入存储卡时闪烁。

CPU 模块上的 I/O 状态指示灯用来指示各数字量输入或输出的信号状态。

CPU 模块上提供了一个以太网通信接口用于实现以太网通信，还提供了两个可指示以太网通信状态的指示灯。其中"Link"（绿色）点亮表示连接成功，"Rx/Tx"（黄色）点亮指示进行传输活动。

拆卸下 CPU 上的挡板可以安装一个信号板（Signal Board，SB），通过信号板可以在不增加空间的前提下给 CPU 增加数字量或模块量的 I/O 点数。

2. CPU 技术性能指标

S7-1200 PLC 是西门子公司 2009 年推出的面向离散自动化系统和独立自动化系统的紧凑型自动化产品，定位在原有的 S7-200 PLC 和 S7-300 PLC 产品之间。表 1-1 给出了目前 S7-1200 PLC 系列不同型号 CPU 的性能指标。

表 1-1　S7-1200 PLC 系列不同型号 CPU 的性能指标

型号	CPU 1211C	CPU 1212C	CPU 1214C	CPU 1215C	CPU 1217C
CPU	DC/DC/DC，AC/DC/RLY，DC/DC/ RLY（3 种）				DC/DC/DC（1 种）
物理尺寸/（mm×mm×mm）	90×100×75		110×100×75	130×100×75	150×100×75
用户存储器： 工作存储器 装载存储器 保持性存储器	50KB 1MB 10KB	75KB 1MB 10KB	100KB 4MB 10KB	125KB 4MB 10KB	150KB 4MB 10KB
本机集成 I/O： 数字量 模拟量	6 输入/4 输出 2 路输入	8 输入/6 输出 2 路输入	14 输入/10 输出 2 路输入	14 输入/10 输出 2 路输入/2 路输出	
过程映像大小	1024B 输入（I）和 1024B 输出（Q）				
位存储器（M 寄存器）	4096B		8192B		
信号模块扩展	无	2	8		
信号板	1				
最大本地 I/O（数字量）	14	82	284		
最大本地 I/O（模拟量）	3	19	67	69	
通信模块	3（左侧扩展）				
高速计数器	3 路	5 路	6 路	6 路	6 路
单相高速计数器	3 个，100kHz	3 个，100kHz 1 个，30kHz	3 个，100kHz 3 个，30kHz	3 个，100kHz 3 个，30kHz	4 个，1MHz 2 个，100kHz

（续）

型号	CPU 1211C	CPU 1212C	CPU 1214C	CPU 1215C	CPU 1217C
正交相位高速计数器	3 个，80kHz	3 个，80kHz 1 个，20kHz	3 个，80kHz 3 个，20kHz	3 个，80kHz 3 个，20kHz	3 个，1MHz 3 个，100kHz
脉冲输出	最多 4 路，CPU 本体 100kHz，通过信号板可输出 200kHz（CPU 1217 最多支持 1MHz）				
存储卡	SIMATIC 存储卡（选件）				
实时时钟保持时间	通常为 20 天，40℃时最少 12 天				
PROFINET 以太网通信端口	1 个			2 个	
实数数学运算执行速度	2.3μs/指令				
布尔运算执行速度	0.08μs/指令				

CPU 1211C、CPU 1212C、CPU 1214C、CPU 1215C 四款 CPU 又根据电源信号、输入信号、输出信号的类型各有三种版本，分别为 DC/DC/DC、DC/DC/RLY，AC/DC/RLY、其中 DC 表示直流、AC 表示交流、RLY（Relay）表示继电器，如表 1-2 所示。

表 1-2 S7-1200 CPU 的三种版本

版本	电源电压	DI 输入电压	DQ 输出电压	DQ 输出电流
DC/DC/DC	DC 24V	DC 24V	DC 24V	0.5A，MOSFET
DC/DC/ RLY	DC 24V	DC 24V	DC 5~30V，AC 5~250V	2A，DC 30W/AC 200W
AC/DC/RLY	AC 85~264V	DC 24V	DC 5~30V，AC 5~250V	2A，DC 30W/AC 200W

视频 "S7-1200 PLC 的硬件模块" 可通过扫描二维码 1-2 播放。

1-2
S7-1200 PLC
硬件模块

1.1.6　TIA Portal V16 编程软件

TIA（Totally Integrated Automation，全集成自动化）博途（Portal）是西门子公司推出的全集成自动化软件平台，它将 PLC 编程软件、运动控制软件、可视化的组态软件集成在一起，形成功能强大的自动化软件。本书使用 STEP 7 Professional V16 对 S7-1200 PLC 进行编程。

STEP 7（TIA Portal）为用户提供两种视图：Portal（门户）视图和项目视图。用户可以在两种不同的视图中选择一种最适合的视图，两种视图可以相互切换。

1. Portal 视图

Portal 视图如图 1-8 所示，在 Portal 视图中，可以概览自动化项目的所有任务。初学者可以借助面向任务的用户指南（类似于向导操作，可以一步一步进行相应的选择），以及最适合其自动化任务的编辑器来进行工程组态。

选择不同的 "入口任务" 可处理启动、设备与网络、PLC 编程、运动控制、可视化、在线与诊断等工程任务。在已经选择的任务入口中可以找到相应的操作，例如选择 "启动" 任务后，可以进行 "打开现有项目" "创建新项目" "移植项目" "关闭项目" 等操作。

2. 项目视图

项目视图如图 1-9 所示，在项目视图中，整个项目按多层结构显示在项目树中，在项目视图中可以直接访问所有的编辑器、参数和数据，并进行高效的工程组态和编程，本书主要使用项目视图。

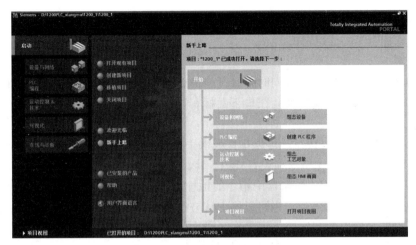

图 1-8　Portal 视图

图 1-9　项目视图

项目视图类似于 Windows 界面，包括项目树、详细视图、工作区、巡视窗口、编辑器栏和任务卡等。

（1）项目树

项目视图的左侧为项目树（或项目浏览器），即标有①的区域，可以用项目树访问所有设备和项目数据，添加新的设备，编辑已有的设备，打开处理项目数据的编辑器。

单击项目树右上角的◀按钮，项目树和下面标有②的详细视图消失，同时在最左边的垂直条的上端出现▶按钮。单击它将打开项目树和详细视图。可以用类似的方法隐藏和显示右边标有⑥的任务卡。

将鼠标的光标放到两个显示窗口的交界处，出现带双向箭头的光标时，按住鼠标的左键移动鼠标，可以移动分界线，以调节分界线两边的窗口大小。

（2）详细视图

项目树窗口下面标有②的区域是详细视图，详细视图显示项目树被选中的对象下一级的内容。图 1-9 中的详细视图显示的是项目树的"PLC 变量"文件夹中的内容。详细视图中若为已打开项目中的变量，可以将此变量直接拖放到梯形中。

单击详细视图左上角的▼按钮，详细视图被关闭，只剩下紧靠"Portal 视图"的标题，标

题左边的按钮变为 ＞ 。单击该按钮，将重新显示详细视图。可以用类似的方法显示和隐藏标有⑤的巡视窗口和标有⑦的信息窗口。

（3）工作区

标有③的区域为工作区，可以同时打开几个编辑器，但是一般只能在工作区同时显示一个当前打开的编辑器。打开的编辑器会在最下面标有⑧的编辑器栏中显示。没有打开编辑器时，工作区是空的。

单击工具栏上的█、█按钮，可以垂直或水平拆分工作区，同时显示两个编辑器。

在工作区同时打开程序编辑器和设备视图，将设备视图中的 CPU 放大到 200% 以上，可以将 CPU 上的 I/O 点拖放到程序编辑器中指令的地址域，这样不仅能快速设置指令的地址，还能在 PLC 变量表中创建相应的条目。也可以用上述方法将 CPU 上的 I/O 点拖放到 PLC 变量中。

单击工作区右上角上的█按钮，将工作区最大化，并关闭其他所有的窗口。最大化工作区后，单击工作区右上角的█按钮，工作区将恢复原状。

图 1-9 的工作区显示的是硬件与网络编辑器的"设备视图"选项卡，可以用来组态硬件。选中"网络视图"选项卡，将打开网络视图。

可以将硬件列表中需要的设备或模块拖放到工作区的硬件视图和网络视图中。

显示设备视图或网络视图时，标有④的区域为设备概览区或网络概览区。

（4）巡视窗口

标有⑤的区域为巡视窗口，用来显示选中的工作区中对象的附加信息，还可以用巡视窗口来设置对象的属性。巡视窗口有 3 个选项卡：

1）"属性"选项卡用来显示和修改选中的工作区中的对象的属性。左边窗口是浏览窗口，选中其中的某个参数组，可以在右边窗口显示和编辑相应的信息或参数。

2）"信息"选项卡用来显示所选对象和操作的详细信息，以及编译的报警信息。

3）"诊断"选项卡用来显示系统诊断事件和组态的报警事件。

（5）编辑器栏

巡视窗口下面标有⑧的区域是编辑器栏，显示所有打开的编辑器，可以在编辑器栏快速切换工作区中显示的编辑器。

（6）任务卡

标有⑥的区域为任务卡，任务卡的功能与编辑器有关。可以通过任务卡进行进一步的或附加操作。例如从库或硬件目录中选择对象，搜索与替换项目中的对象，将预定义的对象拖放到工作区。

可以用最右边竖条上的按钮来切换任务卡显示的内容。图 1-9 中的任务卡显示的是硬件目录，任务卡的下面标有⑦的区域是选中的硬件对象的信息窗口，包括对象的图形、名称、版本号、订货号和简要的描述。

1-3
博途软件的视窗介绍

视频"博途软件的视窗介绍"可通过扫描二维码 1-3 播放。

1.2 S7-1200 的寻址

SIMATIC S7 CPU 中可以按位、字节和双字对存储单元进行寻址。

二进制数的每 1 位（bit）只有 0 和 1 两种不同的取值，可用来表示数字量的两种不同状态，如触点的断开和闭合，线圈的断电和通电等。8 位二进制数组成 1 个字节（Byte），其中的第 0 位为最低位、第 7 位为最高位。两个字节组成 1 个字（Word），其中的第 0 位为最低位，第 15 位为最高位。两个字组成 1 个双字（Double Word），其中的第 0 位为最低位，第 31 位为最高位。

S7 系列 CPU 不同的存储单元都是以字节为单位。

对位数据的寻址由字节地址和位地址组成，如 I1.2，其中的区域标识符"I"表示寻址输入（Input）映像区，字节地址为 1，位地址为 2，"."为字节地址与位地址之间的分隔符，这种存取方式为"字节.位"寻址方式，如图 1-10 所示，其中 MSB 为最高有效位，LSB 为最低有效位。

对字节、字和双字数据寻址时需要指明区域标识符、数据类型和存储区域内首字节的地址。例如，字节 MB10 表示由 M10.7～M10.0 这 8 位（高位地址在前，低位地址在后）组成的 1 个节字，M 为位存储区域标识符，B 表示字节（B 是 Byte 的缩写），10 为首字节地址；相邻的两个字节组成 1 个字，MW10 表示由 MB10 和 MB11 组成的 1 个字，M 为位存储区域标识符，W 表示字（W 是 Word 的缩写），10 为首字节的地址；MD10 表示由 MB10～MB13 组成的双字，M 为位存储区域标识符，D 表示双字（D 是 Double Word 的缩写），10 为起始字节的地址。位、字节、字和双字的构成示意图如图 1-11 所示。

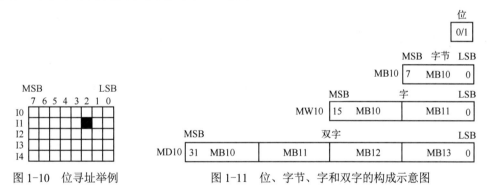

图 1-10　位寻址举例　　　　　图 1-11　位、字节、字和双字的构成示意图

1.3　位逻辑指令

1.3.1　触点指令

1. 常开触点和常闭触点

触点分为常开触点和常闭触点，常开触点在指定的位为"1"状态（ON）时闭合，为"0"状态（OFF）时断开；常闭触点在指定的位为"1"状态（ON）时断开，为"0"状态（OFF）时闭合。触点符号中间的"/"表示常闭，触点指令中变量的数据类型为位（Bool）型，在编程时触点可以并联和串联使用，但不能放在梯形图的最后，触点和线圈指令的应用举例如图 1-12 所示。

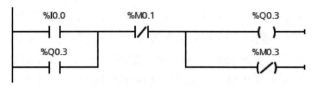

图 1-12　触点和线圈指令的应用举例

注意： 在使用绝对寻址方式时，绝对地址前面的 "%" 符号是编程软件自动添加的，不需要用户输入。

2. NOT（取反）触点

NOT 触点用来转换能流流入的逻辑状态。如果没有能流流入 NOT 触点，则有能流流出。如果有能流流入 NOT 触点，则没有能流流出。在图 1-13 中，若 I0.0 为 1，Q0.1 为 0，则有能流流入 NOT 触点，经过 NOT 触点后，则无能流流向 Q0.5；或 I0.0 为 1，Q0.1 为 1，或 I0.0 为 0，Q0.1 为 0（或为 1）则无能流流入 NOT 触点，经过 NOT 触点后，则有能流流向 Q0.5。

图 1-13　NOT（取反）触点指令应用举例

1.3.2　线圈指令

线圈指令为输出指令，是将线圈的状态写入到指定的地址。驱动线圈的触点电路接通时，线圈流过 "能流" 指定位对应的映像寄存器为 1，反之则为 0。如果是 Q 区地址，CPU 将输出的值传送给对应的过程映像输出，PLC 在 RUN（运行）模式时，接通或断开连接到相应输出点的负载。输出线圈指令可以放在梯形图的任意位置，变量类型为 Bool 型。输出线圈指令既可以多个串联使用，也可以多个并联使用。建议初学时将输出线圈单独或并联使用，并且放在每个电路的最后，即梯形图的最右侧，如图 1-12 所示。

取反线圈中间有 "/" 符号，如果有能流经过图 1-12 中 M0.3 的取反线圈，则 M0.3 的输出位为 "0" 状态，其常开触点断开，反之 M0.3 的输出位为 1 状态，其常开触点闭合。

视频 "触点及线圈指令" 可通过扫描二维码 1-4 播放。

1.3.3　置位/复位指令

1. 单点置位/复位指令

S（Set，置位或置 1）指令将指定的单个地址位置位（变为 "1" 状态并保持，一直保持到它被另一个指令复位为止）。

R（Reset，复位或置 0）指令将指定的单个地址位复位（变为 "0" 状态并保持，一直保持到它被另一个指令置位为止）。

置位和复位指令最主要的特点是具有记忆和保持功能。在图 1-14 中若 I0.0=1，M0.0=0 时，Q0.0 被置位，此时即使 I0.0 和 M0.0 不再满足上述关系，Q0.0 仍然保持为 1，直到 Q0.0 对应的复位条件满足，即当 I0.2=1，Q0.3=0 时，Q0.0 被复位为 0。

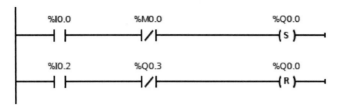

图 1-14 置位/复位指令应用举例

 注意：与 S7-200 和 S7-300/400 不同，S7-1200 的梯形图允许在一个程序段内输入多个独立电路（见图 1-14），建议初学者在一个程序段中只输入一个独立电路。

视频"置位/复位指令"可通过扫描二维码 1-5 播放。

2. 多点置位/复位指令

SET_BF（Set bit field，多点置位，也称置位位域）指令将指定的地址开始的连续若干个（n）位地址置位（变为"1"状态并保持，一直保持到它被另一个指令复位为止）。

RESET_BF（Reset bit field，多点复位，也称复位位域）指令将指定的地址开始的连续若干个（n）位地址复位（变为 0 状态并保持，一直保持到它被另一个指令置位为止）。

在图 1-15 中，若 I0.1=1，则从 Q0.3 开始的 4 个连续的位被置位并保持"1"状态，即 Q0.3～Q0.6 一起被置位；当 M0.2=1 时，则从 Q0.3 开始的 4 个连续的位被复位并保持"0"状态，即 Q0.3～Q0.6 一起被复位。多点置位和复位指令线圈下方的 n 值为 1 时，其功能等同于置位和复位指令。

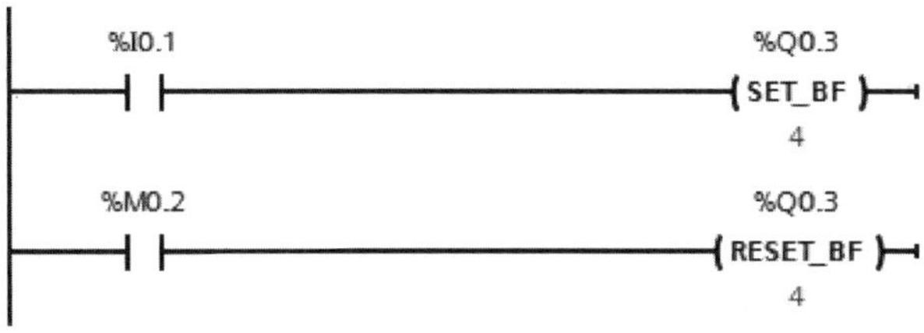

图 1-15 多点置位/复位指令应用举例

3. 触发器的置位/复位指令

触发器的置位/复位指令如图 1-16 所示。可以看出触发器有置位输入和复位输入两个输入端，分别用于根据输入端的逻辑运算结果（RLO）=1，对存储器位置位和复位。当 I0.0=1，I0.1=0 时，Q0.0 被复位，Q0.1 被置位；当 I0.0=0，I0.1=1 时，Q0.0 被置位，Q0.1 被复位。若两个输入的信号逻辑结果全为 1，则触发器的哪一个输入端在下面哪个就起作用，即触发器的置位/复位指令分为置位优先和复位优先两种。

触发器指令上的 M0.0 和 M0.1 称为标志位，R、S 输入端首先对标志位进行复位和置位，然后再将标志位的状态送到输出端。如果用置位指令把输出置位，则当 CPU 暖启动时输出被复位。若在图 1-16 中，将 M0.0 声明为保持，则当 CPU 暖启动时，它就一直保持置位状态，被启动复位的 Q0.0 再次赋值为"1"（ON）状态。

后面介绍的诸多指令通常也带有标志位，其含义类似。

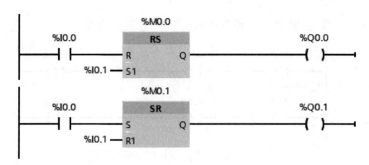

图 1-16　触发器的置位/复位指令应用举例

1.3.4　边沿检测指令

1. 边沿检测触点指令

边沿检测触点指令，又称扫描操作数的信号边沿指令，包括 P 触点和 N 触点指令（见图 1-17），是当触点地址位的值从"0"到"1"（上升沿或正边沿，Positive）或从"1"到"0"（下降沿或负边沿，Negative）变化时，该触点地址保持 1 个扫描周期的高电平，即对应常开触点接通 1 个扫描周期，在其他任何情况下，该触点均断开。触点边沿指令可以放置在程序段中除分支结尾外的任何位置。

P 触点下面的 M0.0 或 N 触点下面的 M1.0 为边沿存储位，用来存储上一次扫描循环时 I0.1 或 I0.2 的状态。通过比较 I0.1 或 I0.2 的当前状态和上一次循环的状态，来检测信号的边沿。边沿存储位的地址只能在程序中使用一次，它的状态不能在其他地方被改写。只能用 M、DB 或 FB 的静态局部变量（Static）作为边沿存储位，不能用块的临时局部数据或 I/O 变量作为边沿存储位。

在图 1-17 中，当 I0.0 为 1，且当 I0.1 有从"0"到"1"的上升沿时，Q0.6 接通 1 个扫描周期。当 I0.2 从"1"到"0"时，Q1.0 接通 1 个扫描周期。

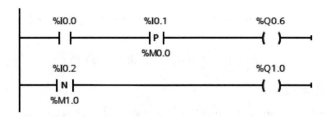

图 1-17　边沿检测触点指令应用举例

视频"边沿检测触点指令"可通过扫描二维码 1-6 播放。

2. 边沿检测线圈指令

边沿检测线圈指令，又称信号边沿置位操作数指令，包括 P 线圈和 N 线圈（见图 1-18），仅在流进该线圈的能流（即 RLO）中检测到上升沿或下降沿变化时，线圈对应的位地址接通 1 个扫描周期，其他情况下该线圈对应的位地址为"0"状态。

1-6
边沿检测触点指令

线圈边沿指令不会影响逻辑运算结果 RLO，它们对能流是畅通无阻的，其输入端的逻辑运算结果会被立即送给它的输出端，它们可以放置在程序段的中间或最右边，若放在程序段的最前面，则 N 线圈指令将无法执行。

在图 1-18 中，当线圈输入端的信号状态从"0"切换到"1"时，Q0.0 接通 1 个扫描周期。当 M0.3=0，I0.1=1 时，Q0.2 被置位，此时 M0.2=0，当 I0.1 从"1"到"0"或 M0.3 从"0"到"1"时，M0.2 接通 1 个扫描周期，Q0.2 仍为 1。图 1-18 中 M0.0 或 M0.1 为 P 线圈或 N 线圈输入端的 RLO 的边沿存储位。

图 1-18　边沿检测线圈指令应用举例

3. TRIG 边沿检测指令

TRIG 边沿检测指令分为检测 RLO 的信号边沿指令和检测信号边沿指令。

检测 RLO 的信号边沿指令包括 P_TRIG 和 N_TRIG 指令（见图 1-19），当在该指令的"CLK"输入端检测到能流（即 RLO）上升沿或下降沿时，输出端接通 1 个扫描周期。在图 1-19 中，当 I0.0 和 M0.0 相与的结果有一个上升沿时，Q0.3 接通 1 个扫描周期，I0.0 和 M0.0 相与的结果保存在 M1.0 中。当 I1.2 从"1"到"0"时，M2.0 接通 1 个扫描周期，此行中的 N_TRIG 指令功能同 I1.2 下边沿检测触点指令。P_TRIG 和 N_TRIG 指令不能放在电路的开始处和结束处。

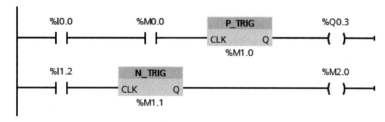

图 1-19　信号边沿检测指令应用举例

检测信号边沿指令，包括 R_TRIG 和 F_TRIG 指令（见图 1-20）。它们都是函数块，在调用时应为它们指定背景数据块。这两条指令将输入 CLK 当前状态与背景数据块中的边沿存储位保存的上一个扫描周期的 CLK 的状态进行比较，如果指令检测到 CLK 的上升沿或下降沿，将会通过 Q 端输出 1 个扫描周期的脉冲。R_TRIG 和 F_TRIG 指令不能放在电路的开始处和结束处。

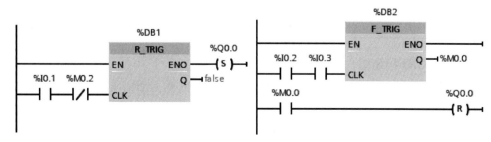

图 1-20　检测信号边沿指令应用举例

1.4 案例 1 电动机点动运行的 PLC 控制

1.4.1 目的

1）掌握触点指令和线圈输出指令的应用。
2）掌握 S7-1200 PLC 输入/输出接线方法。
3）掌握 TIA 博途编程软件的简单使用。
4）掌握 S7-1200 PLC 项目的下载方法。
5）掌握 PLC 的控制过程。

1.4.2 任务

使用 S7-1200 PLC 实现电动机的点动运行控制。

1.4.3 步骤

1. I/O 分配

在 PLC 控制系统中，较为重要的是确定 PLC 的输入和输出元器件。对于初学者来说，经常搞不清哪些元器件应该作为 PLC 的输入，哪些元器件应该作为 PLC 的输出。其实很简单，只要记住一个原则即可：发出指令的元器件作为 PLC 的输入，如按钮、开关等；执行动作的元器件作为 PLC 的输出，如接触器、电磁阀、指示灯等。

根据本案例的任务要求，按下按钮 SB 时，交流接触器 KM 线圈得电，电动机直接起动并运行；松开按钮 SB 时，交流接触器 KM 线圈失电，电动机则停止运行。可以看出，发出指令的元器件是按钮，则 SB 作为 PLC 的输入元器件；通过交流接触器 KM 的线圈得失电，其主触点闭合与断开，使得电动机运行或停止，则执行元器件为交流接触器 KM，即交流接触器 KM 应作为 PLC 的输出元件。根据上述分析，进给电动机的 PLC 控制 I/O 分配如表 1-3 所示。

表 1-3 电动机的点动运行的 PLC 控制 I/O 分配表

输 入		输 出	
输入继电器	元 器 件	输出继电器	元 器 件
I0.0	按钮 SB	Q0.0	交流接触器 KM

2. 主电路及 I/O 接线图

根据控制要求，电动机应为直接起动，其主电路如图 1-21 所示。根据控制要求和表 1-3 绘制出电动机点动运行 PLC 控制的 I/O 接线图如图 1-22 所示。

如不特殊说明，本书均采用 CPU 1214C（AC/DC/RLY，交流电源/直流输入/继电器输出）型西门子 S7-1200 PLC。

注意：对于继电器输出型 PLC 的输出端子来说，允许额定电压为 AC 5～250V，或 DC 5～30V，故接触器的线圈额定电压应为交流 220V 及以下或使用直流 24V。

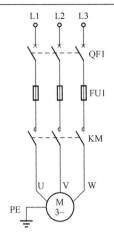
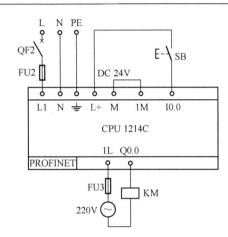

图 1-21　电动机点动控制主电路　　　图 1-22　电动机点动运行 PLC 控制的 I/O 接线图

3．硬件连接

（1）主电路连接

首先，使用导线将三相断路器 QF1 的出线端与熔断器 FU1 的进线端对应相连接；其次，使用导线将熔断器 FU1 的出线端与交流接触器 KM 主触点的进线端对应相连接；最后，使用导线将交流接触器 KM 主触点的出线端与电动机 M 的电源输入端对应相连接，电动机连接成星形或三角形，取决于所选用电动机铭牌上的连接标注。

（2）控制电路连接

在连接控制电路之前，必须断开 S7-1200 PLC 的电源。

首先，进行 PLC 输入端的外部连接：使用导线将 PLC 本身自带的 DC 24V 负极性端子 M 与其相邻的接线端子 1M（PLC 输入信号的内部公共端）相连接，将 DC 24V 正极性端子 L+ 与按钮 SB 的进线端相连接，将按钮 SB 的出线端与 PLC 输入端 I0.0 相连接；

其次，进行 PLC 输出端的外部电路连接：使用导线将交流电源 220V 的相线（俗称火线）端 L 经熔断器 FU3 后接至 PLC 输出点内部电路的公共端 1L，将交流电源 220V 的中性线（俗称零线）端 N 接到交流接触器 KM 线圈的出线端，将交流接触器 KM 线圈的进线端接与 PLC 输出端 Q0.0 相连接。

 注意：S7-1200 PLC 的电源端在左上方，以太网接口在左下方，输入端在上方，输出端在下方。

4．创建工程项目

（1）创建项目

双击桌面上的 ![TIA] 图标，打开 TIA 博途编程软件，在项目启动窗口中单击"创建新项目"选项，然后在右侧的"创建新项目"窗口中输入项目名称"M_Diandong"，选择项目保存路径，然后单击"创建"按钮，创建项目完成。

（2）硬件组态

选择"设备组态"选项，在打开的窗口右侧单击"添加新设备"，在"控制器"中选择 CPU 1214C AC/DC/RLY V4.2 版本（必须选择与硬件一致的 CPU 型号及版本号），双击选中的 CPU 型号或单击右下角的"添加"按钮，添加新设备成功，并弹出项目的编辑窗口。

（3）编写程序

单击项目视图中项目树下的"程序块"，打开"程序块"文件夹，双击主程序块 Main[OB1]，在项目树的右侧，即编程窗口中显示程序编辑器窗口。打开程序编辑器时，自动选择程序段 1，如图 1-23a 所示。

单击程序编辑器窗口中工具栏上的常开触点按钮，（或打开右侧"指令"任务卡中基本指令列表"位逻辑运算"文件夹后，双击文件夹中的常开触点行），在程序行的最左边会出现一个常开触点，触点上面红色的问号表示地址未赋值，同时在"程序段 1"的左边出现叉符号⊗，表示此程序段正在编辑中，或有错误，如图 1-23b 所示。

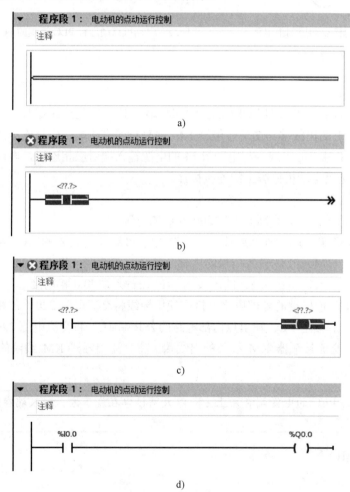

图 1-23　生成的梯形图

继续单击程序编辑器工具栏上的常开触点按钮（或打开指令树中基本指令列表"位逻辑运算"文件夹后，双击文件夹中的线圈行），在梯形图的最右端会出现一个线圈，如图 1-23c 所示。单击或双击常开触点上方处，输入常开触点的地址 I0.0（不区分大小写），输入完成后连续按两次键盘上的〈Enter〉键，光标自动移至下一个需要输入地址处，再输入线圈的地址 Q0.0，如图 1-23d 所示。每生成一个触点或线圈时，也可在它们的上方立即添加相应的地址。程序段编辑正确后，程序段左边的叉符号❎自动消失。

程序编写后，需要对其进行编译。单击程序编辑器工具栏上的"编译"按钮🖫，对项目进行编译。如果程序错误，则编译后在编辑器下面的巡视窗口中将会显示错误的具体信息。必须改正程序中所有的错误才能下载。如果没有编译程序，在下载之前 TIA 博途编程软件将会自动对程序进行编译。

用户编写或修改程序时，应对其保存，即使程序块没有输入完整，或者有错误，也可以保存项目，只要单击项目视图中工具栏上的"保存项目"按钮🖫 保存项目便可。

5. 通信设置和项目下载

CPU 通过以太网与运行 TIA 博途软件的计算机进行通信。计算机直接连接单台 CPU 时，可以使用标准的以太网电缆，也可以使用交叉以太网电缆。一对一的通信不需要交换机，两台以上的设备通信则需要交换机。下载项目之前得先对 CPU 和计算机进行正确的通信设置，方可保证成功下载（TIA Portal V16 软件可以不用设置计算机的 IP 地址，但首次下载过程比较慢，建议将计算机和 PLC 的 IP 地址修改在同一网段内）。

选中项目树中的设备名称"PLC_1"，单击项目视图中工具栏上的"下载"按钮⬇️，（或在项目视图中执行菜单命令"在线"→"下载到设备"）打开"扩展的下载到设备"对话框，如图 1-24 所示。将"PG/PC 接口的类型"选择为"PN/IE"，如果计算机上有不止一块以太网卡（如笔记本式计算机一般有一块有线网卡和一块无线网卡），将"PG/PC 接口"选择为实际使用的网卡。

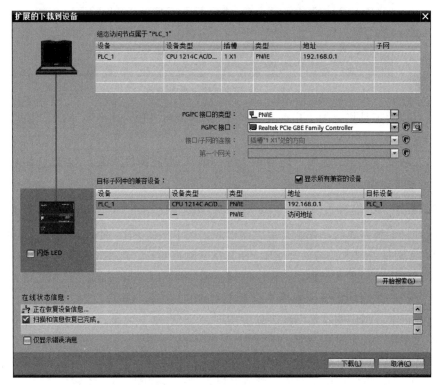

图 1-24 扩展的下载对话框

选中"显示所有兼容的设备"复选框，单击"开始搜索"按钮，经过一段时间后，在下面的"目标子网中的兼容设备"列表中，将会出现网络上的 S7-1200 CPU 以及它的以太网地址，计算机与 PLC 之间的连线由断开变为接通。CPU 所在方框的背景色填充为橙色，表示 CPU 进入在线状态，此时"下载"按钮变为亮色，即有效状态。在图 1-24 所示扩展的下载对话框中，如果同一个网络上有多个 CPU，为了确认设备列表中的 CPU 与硬件设备中哪个 CPU 相对应，可选中列表中的某个 CPU，勾选左边的 CPU 图标下面的"闪烁 LED"复选框，对应的硬件设备 CPU 上的 3 个运行状态指示灯将会闪烁，若取消勾选"闪烁 LED"复选框，3 个运行状态指示灯停止闪烁。

选中列表中的 S7-1200，单击右下角"下载"按钮，编程软件首先对项目进行编译，并进行装载前检查（见图 1-25），如果出现检查有问题，可单击"无动作"后的倒三角按钮，选择"全部停止"，此时"下载"按钮会再次变亮，排除问题后，再次单击"下载"按钮，系统开始装载组态，完成组态后，单击"完成"按钮，即下载完成。

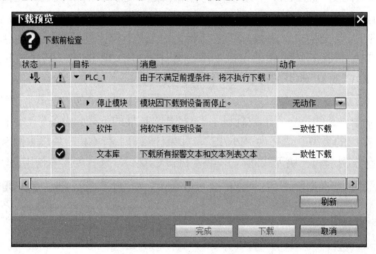

图 1-25　下载前检查对话框

单击项目视图工具栏上的"启动 CPU"图标，将 PLC 切换到 RUN 模式，RUN/STOP LED 变为绿色。

打开以太网接口上面的盖板，通信正常时 Link LED（绿色）亮，Rx/Tx LED（黄色）周期性闪动。

6. 调试程序

本案例项目下载完成后，先断开主电路电源，按下按钮 SB，使其常开触点接通，观察交流接触器 KM 线圈是否得电。再松开 SB，使其常开触点断开，观察交流接触器 KM 线圈是否失电。若上述现象与控制要求一致，则程序编写正确，且 PLC 的外部线路连接正确。

在程序及控制线路均正确无误后，合上主电路的断路器 QF1，再按上述方法进行调试，如果电动机起停正常，则说明本案例控制任务实现。

上述通过按钮的控制过程分析如下：

如图 1-26 所示（将 PLC 的输入电路等效为一个输入继电器线路），合上断路器 QF1→按下按钮 SB→输入继电器线圈 I0.0 得电→其常开触点闭合→线圈 Q0.0 中有信号流流过→输出继电器线圈 Q0.0 得电→其常开触点闭合→接触器线圈 KM 得电→其常开主触点闭合→电动机起动并运行。

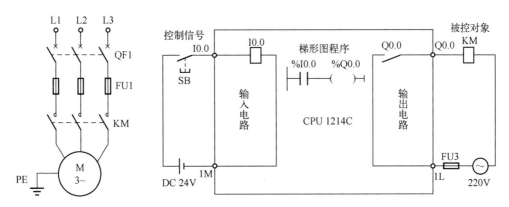

图 1-26 控制过程分析图

松开按钮 SB→输入继电器线圈 I0.0 失电→其常开触点复位断开→线圈 Q0.0 中没有信号流流过→输出继电器线圈 Q0.0 失电→其常开触点复位断开→接触器线圈 KM 失电→其常开主触点复位断开→电动机停止运行。

1.4.4 训练

1）训练 1：使用外部直流 24V 电源作为 PLC 的输入信号电源实现本案例。

2）训练 2：用一个开关控制一盏直流 24V 指示灯的亮灭。

3）训练 3：双按钮实现电动机的点动运行控制（按下任意一个按钮或同时按下两个按钮后电动机实现点动控制）。

1.5 案例 2 电动机连续运行的 PLC 控制

1.5.1 目的

1）掌握自锁的编程方法。

2）掌握热继电器在 PLC 控制中的应用。

3）掌握输入信号外部电源连接方法。

4）掌握变量表的使用。

1.5.2 任务

电动机驱动的机床设备中的主轴在对机械零件进行加工时需要连续运行。本案例的任务主要是用 S7-1200 PLC 对电动机实现连续运行控制。

1.5.3 步骤

1. I/O 分配

根据 PLC 输入/输出点分配原则及本案例控制要求，进行 I/O 地址分配，如表 1-4 所示，在此将热继电器触点接到 PLC 的输入回路。

表 1-4　电动机连续运行的 PLC 控制 I/O 分配表

输　　入		输　　出	
输入继电器	元　器　件	输出继电器	元　器　件
I0.0	停止按钮 SB1	Q0.0	交流接触器 KM
I0.1	起动按钮 SB2		
I0.2	热继电器 FR		

2. 主电路及 I/O 接线图

电动机的连续运行控制主电路如图 1-27 所示。根据控制要求及表 1-4 的 I/O 分配表，电动机连续运行的 PLC 控制 I/O 接线图如图 1-28 所示（在此，为易于阅读程序，本书中停止按钮和热继电器触点采用常开触点，而在工程应用中停止按钮和保护性元件均使用其常闭触点）。

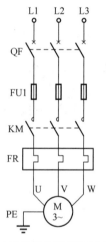

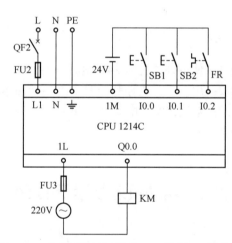

图 1-27　电动机连续运行控制主电路　　　　图 1-28　电动机连续运行的 PLC 控制 I/O 接线图

3. 创建工程项目

双击桌面上的 图标，打开 TIA 博途编程软件，在 Portal 视图中选择"创建新项目"，输入项目名称"M_lianxu"，选择项目保存路径，然后单击"创建"按钮，创建项目完成。硬件组态过程同案例 1，不需要信号模块、通信模块和信号板，后续项目若未做特殊说明亦同本项目。

4. 编辑变量表

在软件较为复杂的控制系统中，若使用的输入/输出点较多，在阅读程序时每个输入/输出点对应的元器件不易熟记，因此使用符号地址则会大大提高阅读和调试程序的便利。S7-1200 提供变量表功能，可以用变量表来定义变量的符号地址或常数的符号。可以为存储器类型 I、Q、M、DB 等创建变量表。

（1）生成和修改变量

打开项目树的"PLC 变量"文件夹，双击其中的"添加新变量表"，在"PLC 变量"文件夹下生成一个新变量表，名称为"变量表_1[0]"，其中"0"表示目前变量表里没有变量。双击新生成的变量表或打开默认变量表（见图 1-29），在变量表的"名称"列输入变量的名称；单击"数据类型"列右侧隐藏的按钮，设置变量的数据类型（只能使用基本数据类型），在此项目中，均为"Bool"型；在"地址"列输入变量的绝对地址，"%"是自动添加的。

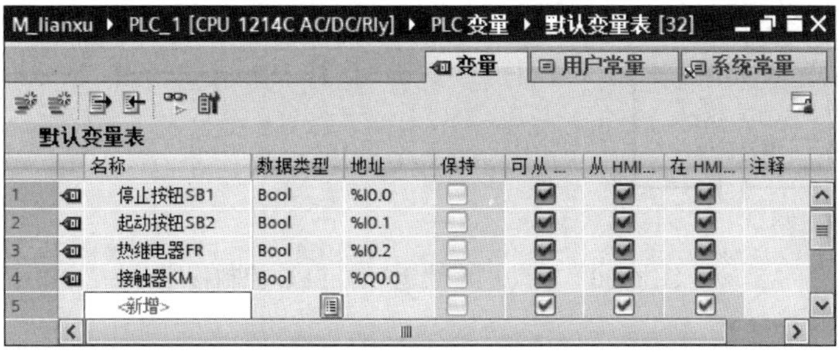

图 1-29　电动机连续运行的 PLC 控制的变量表

也可以双击"PLC 变量"文件夹中的"显示所有变量"，或双击"PLC 变量"文件夹中的"默认变量表[28]"，在打开的变量表中会生成项目所需要的变量。

首先，用 PLC 变量表定义变量的符号地址，然后在用户程序中使用它们。也可以在变量表中修改自动生成的符号地址的名称。

（2）变量表中变量的排序

单击变量表中的"地址"，其后出现向上的三角形，各变量按地址的第一个字母（I、Q 和 M 等）升序排列（从 A 到 Z）。再单击一次该单元，各变量按地址的第一个字母降序排列。可以用同样的方法，根据变量的名称和数据类型等来排列变量。

（3）快速生成变量

选中变量"停止按钮 SB1"左边的标签 ，用鼠标按住左下角的蓝色小正方形不放，向下拖动鼠标，在空白行生成新的变量，它继承了上一行的变量"停止按钮 SB1"的数据类型和地址，其名称为上一行名称依次增 1，或选中"名称"，然后鼠标按住左下角的蓝色小正方形不放，向下拖动鼠标，同样也可以生成一个或多个新的相同数据和地址类型。如果选中最下面一行的变量向下拖动，可以快速生成多个同类型的变量。

（4）设置程序中地址的显示方式

单击编程窗口工具栏上的按钮 可以用下拉式菜单选择只显示绝对地址、只显示符号地址，或同时显示两种地址。

单击编程窗口工具栏上的按钮 可以在上述 3 种地址显示方式之间切换。

（5）全局变量与局部变量

PLC 变量表中的全局变量可用于整个 PLC 中所有的代码块，在所有代码块中具有相同的意义和唯一的名称。在变量表中，可以为输入 I、输出 Q 和位存储器 M 的位、字节、字和双字定义全局变量。在程序中，全局变量被自动添加双引号，如"停止 SB1"。

局部变量只能在它被定义的块中使用，而且只能通过符号寻址访问，同一个变量的名称可以在不同的块中分别使用一次。可以在块的接口区定义块的输入/输出参数（Input、Output 和 Inout 参数）和临时数据（Temp），以及定义 FB 的静态变量（Static）。在程序中，局部变量被自动添加#号，如"#正向起动 SB2"。

5．编写程序

根据要求，使用起保停方法编写本案例的程序，如图 1-30 所示。在此编程过程中，需要运用编程窗口工具栏中的打开分支按钮和关闭分支按钮。

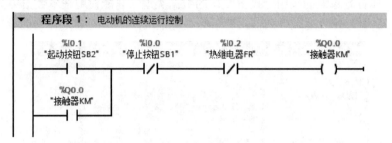

图 1-30　电动机连续运行的 PLC 控制程序

6．调试程序

按照案例 1 介绍的方法将本案例程序下载到 CPU 中。首先，进行控制电路的调试，在确定程序编写及控制线路连接正确的情况下再接通主电路，进行整个系统的联机调试。按下起动按钮 SB2，观察电动机是否起动并连续运行，若连续运行，再按下停止按钮 SB1，观察电动机能否停止运行。若上述调试现象与控制要求一致，则说明本案例任务实现。

1.5.4　训练

1）训练 1：用置位/复位指令及触发器的置位/复位指令实现本案例，并且要求将热继电器触点作为输入信号。

2）训练 2：用 PLC 实现电动机点动和连续运行的控制，要求用一个转换开关、一个起动按钮和一个停止按钮实现其控制功能。

3）训练 3：用 PLC 实现一台电动机的异地起停控制。

1.6　定时器及计数器指令

1.6.1　定时器指令

1．脉冲定时器

在梯形图中输入脉冲定时器指令时，打开右边的指令窗口，将"定时器操作"文件夹中的定时器指令拖放到梯形图中的适当位置。在出现的"调用选项"对话框中，可以修改将要生成的背景数据块的名称，或采用默认的名称，单击"确定"按钮，自动生成数据块。

脉冲定时器类似于数字电路中上升沿触发的单稳态电路，其应用如图 1-31a 所示，图 1-31b 为其工作时序图。在图 1-31a 中，"%DB1"表示定时器的背景数据块（此处只显示了绝对地址，因此背景数据块地址显示为"%DB1"，也可设置显示符号地址），TP 表示脉冲定时器。

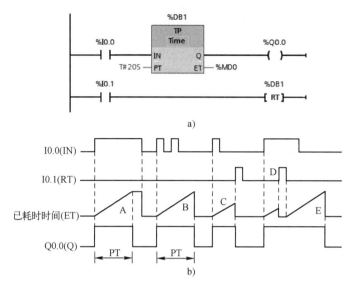

图 1-31　脉冲定时器及其时序图

a) 脉冲定时器　b) 时序图

脉冲定时器的工作原理如下。

1）起动：当输入端 IN 从"0"变为"1"时，定时器起动，此时输出端 Q 也置为"1"，开始输出脉冲。到达 PT（Preset Time）预置的时间时，输出端 Q 变为"0"状态（见图 1-31b 波形 A、B、E）。输入端 IN 输入的脉冲宽度可以小于输出端 Q 的脉冲宽度。在脉冲输出期间，即使输入端 IN 输入发生了变化又出现上升沿（见波形 B），也不影响脉冲的输出。到达预设值后，如果输入端 IN 输入为"1"，则定时器停止定时且保持当前定时值。若输入端 IN 输入为"0"，则定时器定时时间清零。

2）输出：在定时器定时过程中，输出端 Q 为"1"，定时器停止定时，不论是保持当前值还是清零当前值其输出皆为"0"状态。

3）复位：当图 1-31a 中的 I0.1 为"1"时，定时器复位线圈（RT）通电，定时器被复位。如果此时正在定时，且输入端 IN 输入为"0"状态，将使已耗时间值清零，输出端 Q 输出也变为"0"（见波形 C）。如果此时正在定时，且输入端 IN 输入为"1"状态，将使已耗时间值清零，输出端 Q 输出保持为"1"状态（见波形 D）。复位信号 I0.1 变为"0"状态时，如果输入端 IN 输入为"1"状态，将重新开始定时（见波形 E）。

图 1-31a 中的 ET（Elapsed Time）为已耗时间值，即定时开始后经过的时间，它的数据类型为 32 位的 Time，采用 T#标识符，单位为 ms，最大定时时间长达 T#24D_20H_31M_23S_647MS（D、H、M、S、MS 分别为日、小时、分、秒和毫秒），可以不给输出 ET 指定地址。

定时器指令可以放在程序段的中间或结束处。IEC 定时器没有编号，在使用对定时器复位的 RT（Reset Time）指令时，可以用背景数据块的编号或符号名来指定需要复位的定时器。如果没有必要，不用对定时器使用 RT 指令。

【例 1-1】　按下起动按钮 I0.0，电动机立即直接起动并运行，工作 3h 后自动停止。在运行过程中若发生故障（如过载 I0.2 接通），或按下停止按钮 I0.1，电动机立即停止运行，如图 1-32 所示。

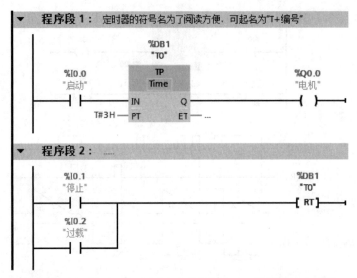

图 1-32　电动机起动运行后自动停止程序——使用脉冲定时器

2. 接通延时定时器

接通延时定时器如图 1-33a 所示，图 1-33b 为其工作时序图。在图 1-33a 中，"%DB2"表示定时器的背景数据块，TON 表示接通延时定时器。

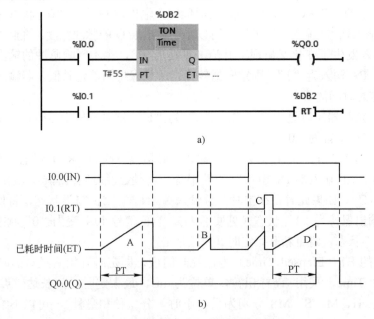

图 1-33　接通延时定时器及其时序图

a) 接通延时定时器　b) 时序图

接通延时定时器的工作原理如下。

1）起动：接通延时定时器的使能输入端 IN 的输入电路由"0"变为"1"时开始定时。定时时间大于等于预置时间 PT 指定的设定值时，定时器停止计时且保持为预设值，即已耗时间值 ET 保持不变（见图 1-33b 的波形 A），只要输入端 IN 为"1"，定时器就一直起作用。

2）输出：当定时时间到，且输入端 IN 为"1"，此时输出端 Q 变为"1"状态。

3）复位：输入端 IN 的电路断开时，定时器被复位，已耗时间值被清零，输出端 Q 变为"0"状态。CPU 第一次扫描时，定时器输出端 Q 被清零。如果输入端 IN 在未达到 PT 设定的时间变为"0"（见波形 B），输出端 Q 保持"0"状态不变。图 1-33a 中的 I0.1 为"1"状态时，定时器复位线圈 RT 通过（见波形C），定时器被复位，已耗时间值被清零，输出端 Q 变为"0"状态。I0.1 变为"0"状态，如果输入端 IN 为"1"状态，将开始重新定时（见波形 D）。

【例 1-2】　使用接通延迟定时器实现【例 1-1】中电动机的起停控制，如图 1-34 所示。

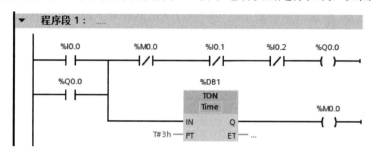

图 1-34　电动机起动运行后自动停止程序——使用接通延时定时器

视频"接通延时定时器指令"可通过扫描二维码 1-7 播放。

1-7
接通延时定时
器指令

3. 关断延时定时器

关断延时定时器如图 1-35a 所示，图 1-35b 为其工作时序图。在图 1-35a 中，TOF 表示关断延时定时器。

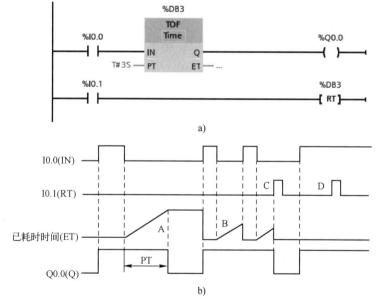

图 1-35　关断延时定时器及其时序图

a）关断延时定时器　b）时序图

关断延时定时器的工作原理如下。

1）起动：关断延时定时器的输入端 IN 由"0"变为"1"时，定时器尚未定时且当前定时值清零。当输入端 IN 由"1"变为"0"时，定时器起动开始定时，已耗时间值从 0 逐渐增大。当定时器时间到达预设值时，定时器停止计时并保持当前值（见图 1-35b 波形 A）。

2）输出：当输入端 IN 从"0"变为"1"时，输出端 Q 变为"1"状态，如果输入端 IN 又变为"0"，则输出继续保持"1"，直到到达预设的时间。如果已耗时间未达到 PT 设定的值时，输入端 IN 又变为"1"状态，输出端 Q 将保持"1"状态（见图 1-35b 波形 B）。

3）复位：当 I0.1 为"1"时，定时器复位线圈 RT 通电。如果输入端 IN 为"0"状态，则定时器被复位，已耗时间值被清零，输出端 Q 变为"0"状态（见图 1-35b 波形 C）。如果复位时输入端 IN 为"1"状态，则复位信号不起作用（见图 1-35b 波形 D）。

【例 1-3】 通过关断延迟定时器实现电动机停止后其冷却风扇延时 2min 后停止，如图 1-36 所示。

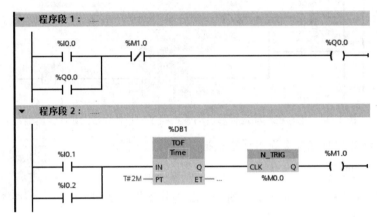

图 1-36 冷却风扇延时停止程序

4. 保持型接通延时定时器

保持型接通延时定时器（又称时间累加器）如图 1-37a 所示，图 1-37b 为其工作时序图。在图 1-37a 中，TONR 表示保持型接通延时定时器。

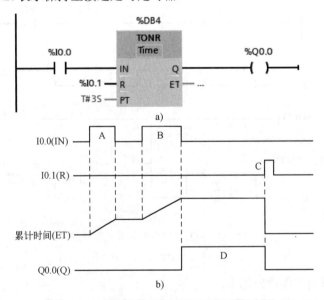

图 1-37 保持型接通延时定时器及其时序图

a) 保持型接通延时定时器 b) 时序图

其工作原理如下。

1）起动：当定时器的输入端 IN 从"0"到"1"时，定时器起动，开始定时（见图 1-37b 波形 A 和 B），当输入端 IN 变为"0"时，定时器停止工作并保持当前计时值（累计值）。当定时器的输入端 IN 又从"0"变为"1"时，定时器继续计时，当前值继续增加。如此重复，直到定时器当前值达到预设值时，定时器停止计时。

2）输出：当定时器计时时间到达预设值时，输出端 Q 变为"1"状态（见图 1-37b 波形 D）。

3）复位：当复位输入 I0.1 为"1"时（见图 1-37b 波形 C），TONR 被复位，它的累计时间值变为零，同时输出端 Q 变为"0"状态。

1.6.2　计数器指令

S7-1200 PLC 提供 3 种计数器：加计数器、减计数器和加减计数器。它们属于软件计数器，最大计数速率受到其所在 OB（组织块）的执行速率的限制。如果需要速度更高的计数器，可以使用内置的高速计数器。

与定时器类似，使用 S7-1200 的计数器时，每个计数器需要使用一个存储在数据块中的结构来保存计数器数据。在程序编辑器中放置计数器即可分配该数据块，可以采用默认设置，也可以手动自行设置。

使用计数器需要设置计数器的计数数据类型，计数值的数据范围取决于所选的数据类型。如果计数值是无符号整型数，则可以减计数到零或加计数到范围限值。如果计数值是有符号整数，则可以减计数到负整数限值或加计数到正整数限值。支持的数据类型包括有符号短整数 SInt、整数 Int、双整数 DInt、无符号短整数 USInt、无符号整数 UInt、无符号双整数 UDInt。

1. 加计数器

加计数器如图 1-38a 所示，图 1-38b 为其工作时序图。在图 1-38a 中，CTU 表示加计数器，图中计数器数据类型是整数，预设值 PV（Preset Value）为 3，其工作原理如下。

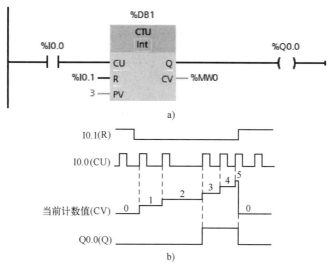

图 1-38　加计数器及其时序图

a）加计数器　b）时序图

当接在输入端 R 的复位输入 I0.1 为 "0" 状态，接在输入端 CU（Count Up）的加计数脉冲从 "0" 到 "1" 时（即输入端出现上升沿），计数值 CV（Count Value）加 1，直到 CV 达到指定的数据类型的上限值。此后 CU 输入的状态变化不再起作用，即 CV 的值不再增加。

当计数值 CV 大于等于预设值 PV 时，输出 Q 变为 "1" 状态，反之为 "0" 状态。第一次执行指令时，CV 被清零。

各类计数器的复位输入端 R 为 "1" 状态时，计数器被复位，输出 Q 变为 "0" 状态，CV 被清零。

打开计数器的背景数据块，可以看到其结构如图 1-39 所示，其他计数器的背景数据块与此类似，不再赘述。

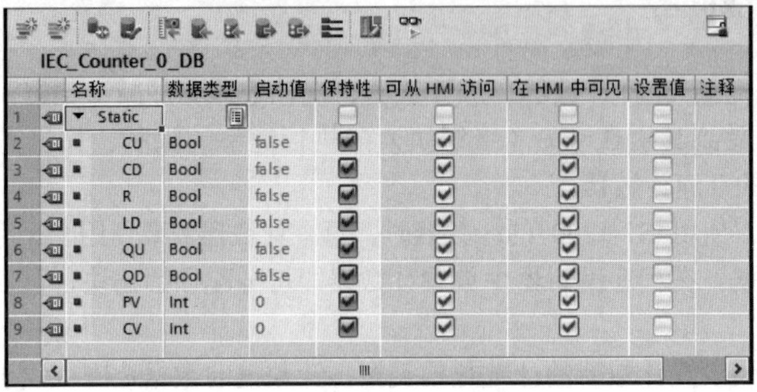

		名称	数据类型	启动值	保持性	可从 HMI 访问	在 HMI 中可见	设置值	注释
1		▼ Static							
2		CU	Bool	false	☑	☑	☑	☐	
3		CD	Bool	false	☑	☑	☑	☐	
4		R	Bool	false	☑	☑	☑	☐	
5		LD	Bool	false	☑	☑	☑	☐	
6		QU	Bool	false	☑	☑	☑	☐	
7		QD	Bool	false	☑	☑	☑	☐	
8		PV	Int	0	☑	☑	☑	☐	
9		CV	Int	0	☑	☑	☑	☐	

图 1-39　计数器的背景数据块结构

视频 "加计数器指令" 可通过扫描二维码 1-8 播放。

1-8
加计数器指令

2. 减计数器

减计数器如图 1-40a 所示，图 1-40b 为其工作时序图。在图 1-40a 中，CTD 表示减计数器，图中计数器数据类型是整数，预设值 PV 为 3，其工作原理如下。

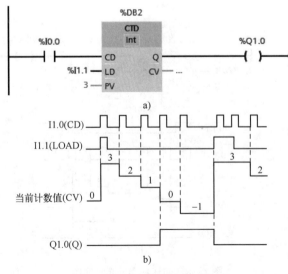

图 1-40　减计数器及其时序图

a）减计数器　b）时序图

减计数器的装载输入 LD（LOAD）为"1"状态时，输出端 Q 被复位为 0，并把预设值 PV 装入 CV。在减计数器 CD（Count Down）的上升沿，当前计数值 CV 减 1，直到 CV 达到指定的数据类型的下限值。此后 CD 输入的状态变化不再起作用，CV 的值不再减小。

当前计数值 CV 小于等于 0 时，输出 Q 为"1"状态，反之输出 Q 为"0"状态。第一次执行指令时，CV 值被清零。

3. 加减计数器

加减计数器如图 1-41a 所示，图 1-41b 为其工作时序图。在图 1-41 中，CTUD 表示加减计数器，图中计数器数据类型是整数，预设值 PV 为 3，其工作原理如下。

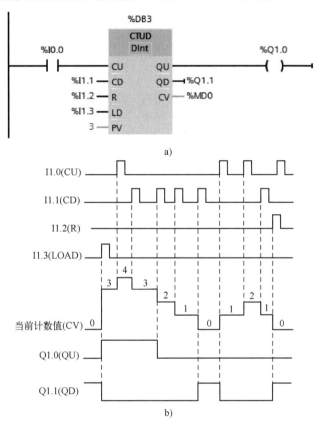

图 1-41　加减计数器及其时序图

a) 加减计数器　b) 时序图

在加计数输入 CU 的上升沿，加减计数器的当前值 CV 加 1，直到 CV 达到指定的数据类型的上限值。达到上限值时，CV 不再增加。

在减计数输入 CD 的上升沿，加减计数器的当前值 CV 减 1，直到 CV 达到指定的数据类型的下限值。达到下限值时，CV 不再减小。

如果同时出现计数脉冲 CU 和 CD 的上升沿，CV 保持不变。CV 大于等于预设值 PV 时，输出 QU 为"1"状态，反之为"0"状态。CV 值小于等于 0 时，输出 QD 为"1"状态，反之为"0"状态。

装载输入 LD 为"1"状态，预设值 PV 被装入当前计数值 CV，输出 QU 变为"1"状态，QD 被复位为"0"状态。

复位输入 R 为 "1" 状态时，计数器被复位，CU、CD、LD 不再起作用，同时当前计数值 CV 被清零，输出 QU 变为 "0" 状态，QD 被复位为 "1" 状态。

1.7 案例 3 电动机丫-△减压起动的 PLC 控制

1.7.1 目的

1）掌握定时器指令的应用。
2）掌握不同类型负载的连接方法。
3）掌握使用程序状态功能调试程序的方法。

1.7.2 任务

使用 S7-1200 PLC 实现电动机的丫-△减压起动控制：用 PLC 实现电动机的丫-△减压起动控制，即按下起动按钮，星（丫）形联结的电动机起动；起动结束后（起动时间为 5s），电动机切换成三角形（△）联结并运行；若按下停止按钮，电动机停止运转。系统要求起动和运行时有相应指示，同时电路还必须具有必要的短路保护、过载保护等功能。

1.7.3 步骤

1. I/O 分配

根据 PLC 输入/输出点分配原则及本案例控制要求，进行 I/O 地址分配，如表 1-5 所示。

表 1-5 电动机丫-△减压起动控制 I/O 分配表

输 入		输 出	
输入继电器	元 器 件	输出继电器	元 器 件
I0.0	停止按钮 SB1	Q0.0	电源接触器 KM1
I0.1	起动按钮 SB2	Q0.1	△联结的接触器 KM2
I0.2	热继电器 FR	Q0.2	丫联结的接触器 KM3
		Q0.3	丫联结的起动指示 HL1
		Q0.4	△联结的运行指示 HL2

2. 主电路及 I/O 接线图

电动机丫-△减压起动控制主电路如图 1-42 所示。根据控制要求及表 1-5 的 I/O 分配表，电动机丫-△减压起动控制 I/O 接线图可绘制如图 1-43 所示。读者可考虑一下：若指示灯的电压类型或电压等级与接触器线圈不一致时，其 I/O 接线图又该如何绘制（提示：使用 PLC 的分组输出连接或使用接触器辅助常开触点另行连接等）。

3. 创建工程项目

双击桌面上的 图标，打开 TIA 博途编程软件，在 Portal 视图中选择 "创建新项目"，输入项目名称"M_xingjiao",选择项目保存路径,然后单击"创建"按钮,创建项目完成。

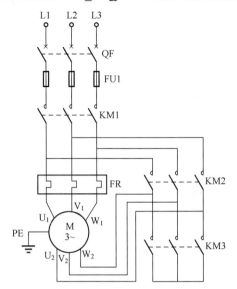

图 1-42　电动机丫-△减压起动控制主电路

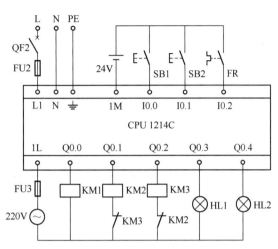

图 1-43　电动机丫-△减压起动控制的 I/O 接线图

4. 编辑变量表

本案例的变量表如图 1-44 所示。

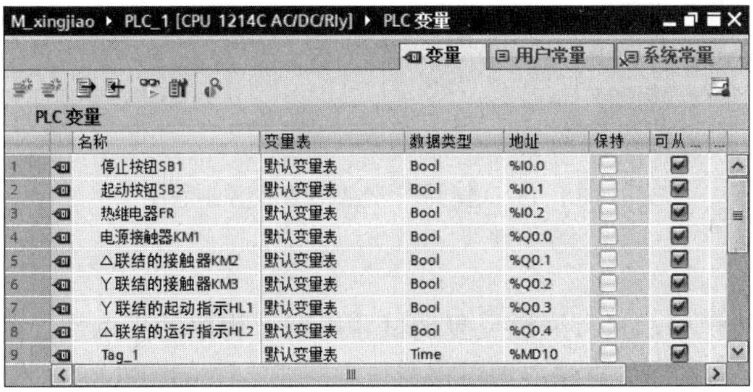

	名称	变量表	数据类型	地址	保持	可从…	
1	停止按钮SB1	默认变量表	Bool	%I0.0		☑	
2	起动按钮SB2	默认变量表	Bool	%I0.1		☑	
3	热继电器FR	默认变量表	Bool	%I0.2		☑	
4	电源接触器KM1	默认变量表	Bool	%Q0.0		☑	
5	△联结的接触器KM2	默认变量表	Bool	%Q0.1		☑	
6	丫联结的接触器KM3	默认变量表	Bool	%Q0.2		☑	
7	丫联结的起动指示HL1	默认变量表	Bool	%Q0.3		☑	
8	△联结的运行指示HL2	默认变量表	Bool	%Q0.4		☑	
9	Tag_1	默认变量表	Time	%MD10		☑	

图 1-44　电动机丫-△减压起动控制变量表

5. 编写程序

根据要求,编写的控制程序如图 1-45 所示。

图 1-45 中需要使用定时器 DB1 的常开和常闭触点("IEC_Timer_0_DB".Q)来接通△联结的接触器和断开丫联结的接触器,此触点输入字符较多,当然也可以通过复制的方法,但也不是很方便,这里可以对其重命名,方法如下:

右击项目树中 PLC_1 执行菜单命令程序块→系统块→IEC_Timer_0_DB[DB1],选择"重命名",然后输入新名称,如 T0(这种名称与 S7-200 系列 PLC 中定时器的编号类似,便于记忆和使用);或选择"属性",在"常规"属性中对其名称进行更改;或在程序编辑中右击定时器名称,选择"重命名数据块",在弹出的"重命名块"对话框中对其名称进行更改。

图 1-45 中的定时器常开和常闭触点设置若使用上述方法,必须加上定时器的输出位"Q",如"T0".Q,这样做相对来说不太方便,但便于阅读,这时可以在定时器的输出中加一位

存储器如 M0.0，这样在以后的程序段中若使用定时器的常开或常闭触点就可以直接使用 M0.0 的常开或常闭触点进行替代。

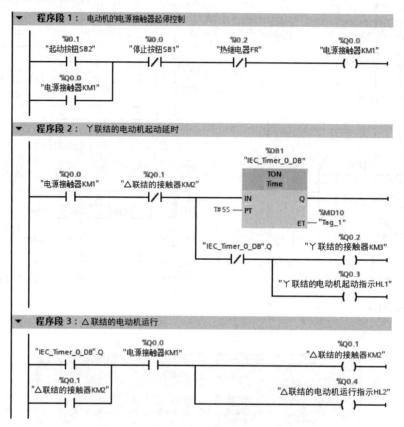

图 1-45　电动机丫-△减压起动控制程序

6. 调试程序

对于相对复杂的程序，只有通过反复调试才能确定程序的正确性，并投入使用。S7-1200 PLC 提供两种调试用户程序的方法：程序状态与监控表（Watch Table）。本节主要介绍程序状态法调试用户程序。当然使用 TIA 博途软件仿真功能也可调试用户程序，但要求博途软件版本在 V13 及以上，且 S7-1200 PLC 的硬件版本在 V4.0 及以上方可使用仿真功能。

程序状态可以监视程序的运行，显示程序中操作数的值和网络的逻辑运行结果（RLO），查找到用户程序的逻辑错误，还可以修改某些变量的值。

（1）启动程序状态监视

与 PLC 建立好在线连接后，打开需要监视的代码块，单击程序编辑器窗口工具栏上的 🔲 按钮，启动程序状态监视。如果在线（PLC 中的）程序与离线（计算机中的）程序不一致，将会出现警告对话框。需要重新下载项目，在线、离线的项目一致后，才能启动程序状态功能。进入在线模式后，程序编辑器最上面的标题栏变为橘红色。

如果在运行测试程序时出现功能错误，可能会对人员或设备造成严重损害，应确保程序调试完全正确再启动 PLC 以避免出现这样的危险情况。

（2）程序状态的显示

启动程序状态后，梯形图用绿色连续实线表示状态满足，即有"能流"流过，见图 1-46 中较浅的实线。用蓝色虚线表示状态不满足，没有能流经过。用灰色连续线表示状态未知或程序没有执行，黑色表示没有连接。

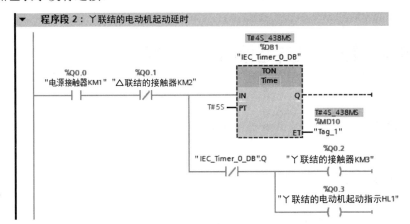

图 1-46 程序状态监视下的程序段 2——定时器未输出

Bool 变量为 "0" 状态和 "1" 状态时，它们的常开触点和线圈分别用蓝色虚线和绿色连续实线来表示，常闭触点的显示与变量状态的关系则反之。

进入程序状态之前，梯形图中的线和元件因为状态未知，全部为黑色。启动程序状态监视后，梯形图左侧垂直的"电源"线和与它连接的水平线均为连续的绿线，表示有能流从"电源"线流出。有能流流过的处于闭合状态的触点、方框指令、线圈和"导线"均用连续的绿色实线表示。

从图 1-46 中可以看出电动机正处于丫联结的电动机起动延时阶段，TON 的输入端 IN 有能流流入，开始定时。TON 的已耗时间值 ET 从 0 开始增大，图 1-46 中已耗时间值为 4s438ms。当到达 5s 时，定时器的输出端 Q 变为 "1" 状态，其常闭触点（"IEC_Timer_0_DB".Q）已断开，表示此时电动机已起动完成。

（3）在程序状态修改变量的值

右击程序状态中的某个变量，执行出现的快捷菜单中的某个命令，可以修改该变量的值：对于 Bool 变量，执行命令"修改"→"修改为 1"或"修改"→"修改为 0"（不能修改连接外部硬件输入电路的输入过程映像（I）的值），如果被修改的变量同时受到程序的控制（如受线圈控制的 Bool 变量），则程序控制的作用优先，对于其他数据类型的变量，执行命令"修改"→"修改操作数"；也可以修改变量在程序段中的显示格式。

将调试好的用户程序下载到 CPU 中，并连接好线路。按下电动机起动按钮 SB2，观察电动机是否进行丫联结并起动，星形起动指示灯 HL1 是否点亮，同时观察定时器 DB1 的定时时间，延时 5s 后，是否切换为△联结并运行，三角形运行指示灯 HL2 是否点亮。上述调试现象与控制要求一致，则说明本项目任务实现。

1.7.4 训练

1）训练 1：用定时器指令设计周期为 5s 和脉宽为 3s 的振荡电路。

2）训练 2：用断电延时定时器实现电动机的丫-△减压起动控制，并要求可通过提前切换按钮进行丫-△切换的减压起动控制。

3）训练 3：用 PLC 实现两台较小容量电动机的顺序起动和顺序停止控制，要求第一台电动机起动 3s 后第二台电动机自行起动；第一台电动机停止 5s 后第二台电动机自行停止。若任一台电动机过载，两台电动机均立即停止运行。

1.8 案例 4　电动机循环起停的 PLC 控制

1.8.1　目的

1）掌握计数器指令的应用。
2）掌握直流输出型 CPU 驱动交流负载的方法。
3）掌握系统和时钟存储器字节的使用。
4）掌握使用监控表监控和调试程序的方法。

1.8.2　任务

使用 S7-1200 PLC 实现电动机的循环起停控制，即按下起动按钮，电动机起动并正向运转 5s，停止 3s，再反向运转 5s，停止 3s，然后再正向运转，如此循环 5 次后停止运转，同时循环结束指示灯以频率 1Hz 闪烁，直至按下停止按钮；若按下的停止按钮松开时，电动机才停止运行。该电路必须具有必要的短路保护、过载保护等功能。

1.8.3　步骤

1. I/O 分配

根据 PLC 输入/输出点分配原则及本案例控制要求，进行 I/O 地址分配，如表 1-6 所示。

表 1-6　电动机的循环起停控制 I/O 分配表

输　入		输　出	
输入继电器	元 器 件	输出继电器	元 器 件
I0.0	停止按钮 SB1	Q0.0	正转接触器 KM1
I0.1	起动按钮 SB2	Q0.1	反转接触器 KM2
I0.2	热继电器 FR	Q0.5	循环结束指示灯 HL

2. I/O 接线图

电动机的循环起停控制主电路如图 1-47 所示。根据控制要求及表 1-6 的 I/O 分配表，电动机的循环起停控制 I/O 接线图如图 1-48 所示。

3. 创建工程项目

双击桌面上的 图标，打开 TIA 博途编程软件，在 Portal 视图中选择"创建新项目"，输入项目名称"M_xunhuan"，选择项目保存路径，然后单击"创建"按钮，创建项目完成。

4. 编辑变量表

本案例要求电动机起停循环结束后指示灯以频率 1Hz 闪烁（秒级闪烁），如果使用定时器来实现则需要两个定时器，如果采用 CPU 集成的时钟存储器来实现则会方便许多。同时，CPU 还可集成为多个特殊位寄存器，在 PLC 的编程中作用重大，故在此加以介绍。

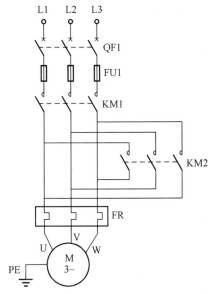

图 1-47　电动机的循环起停控制主电路　　　　图 1-48　电动机的循环起停控制 I/O 接线图

S7-1200 PLC 通过 CPU 模块的参数设置来实现系统常用的某些特殊位，如首次扫描接通一次特殊位、始终为 1（高电平）特殊位等。

（1）系统存储器字节设置

双击项目树某个 PLC 文件夹中的"设备组态"，打开该 PLC 的设备视图。选中 CPU 后，再选中巡视窗口中"属性"下的"常规"选项，打开位于"脉冲发生器"文件夹下的"系统和时钟存储器"选项，便可对它们进行设置。单击右边窗口的复选框"允许使用系统存储器字节"，采用默认的 MB1 作为系统存储字节，如图 1-49 所示。可以修改系统存储器字节的地址。

将 MB1 设置为系统存储器字节后，该字节的 M1.0～M1.3 的意义如下。

1）M1.0（首次循环）：仅在进入 RUN 模式的首次扫描时为"1"状态，以后为"0"状态。

2）M1.1（诊断图形已更改）：CPU 登录了诊断事件时，在一个扫描周期内为"1"状态。

3）M1.2（始终为 1）：总是为"1"状态，其常开触点总是闭合的。

4）M1.3（始终为 0）：总是为"0"状态，其常闭触点总是闭合的。

（2）时钟存储器字节设置

单击右边窗口的复选框"启用时钟存储字节"，采用默认的 MB0 作为时钟存储字节，如图 1-49 所示。可以修改时钟存储字节的地址。

时钟脉冲是一个周期内"0"状态和"1"状态所占的时间各为 50% 的方波信号，时钟存储器字节每一位对应的时钟脉冲的周期与频率见表 1-7。CPU 在扫描循环开始时会初始化这些位。

表 1-7　时钟存储器字节每一位对应的时钟脉冲的周期与频率

位	7	6	5	4	3	2	1	0
周期/s	2	1.6	1	0.8	0.5	0.4	0.2	0.1
频率/Hz	0.5	0.625	1	1.25	2	2.5	5	10

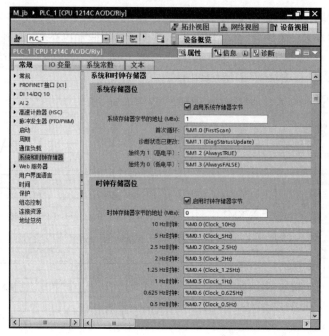

图 1-49 组态系统存储器字节与时钟存储字节

注意： 一旦指定了系统存储器和时钟存储字节后，这个字节就不能再用于其他用途（并且这个字节的 8 位只能使用触点，不能使用线圈），否则将会使用户程序运行出错，甚至造成设备损坏或人身伤害。

本案例变量表如图 1-50 所示。

M_xunhuan ▸ PLC_1 [CPU 1214C AC/DC/Rly] ▸ PLC 变量

变量 | 用户常量 | 系统常量

PLC 变量

	名称	变量表	数据类型	地址
1	停止按钮SB1	默认变量表	Bool	%I0.0
2	起动按钮SB2	默认变量表	Bool	%I0.1
3	热继电器FR	默认变量表	Bool	%I0.2
4	正转接触器KM1	默认变量表	Bool	%Q0.0
5	反转接触器KM2	默认变量表	Bool	%Q0.1
6	循环结束指示灯HL	默认变量表	Bool	%Q0.5
7	Clock_Byte	默认变量表	Byte	%MB0
8	Clock_10Hz	默认变量表	Bool	%M0.0
9	Clock_5Hz	默认变量表	Bool	%M0.1
10	Clock_2.5Hz	默认变量表	Bool	%M0.2
11	Clock_2Hz	默认变量表	Bool	%M0.3
12	Clock_1.25Hz	默认变量表	Bool	%M0.4
13	Clock_1Hz	默认变量表	Bool	%M0.5
14	Clock_0.625Hz	默认变量表	Bool	%M0.6
15	Clock_0.5Hz	默认变量表	Bool	%M0.7
16	System_Byte	默认变量表	Byte	%MB1
17	FirstScan	默认变量表	Bool	%M1.0
18	DiagStatusUpdate	默认变量表	Bool	%M1.1
19	AlwaysTRUE	默认变量表	Bool	%M1.2
20	AlwaysFALSE	默认变量表	Bool	%M1.3
21	正停	默认变量表	Bool	%M2.0
22	反停	默认变量表	Bool	%M2.1
23	单循环结束	默认变量表	Bool	%M2.2
24	循环次数	默认变量表	Int	%MW4

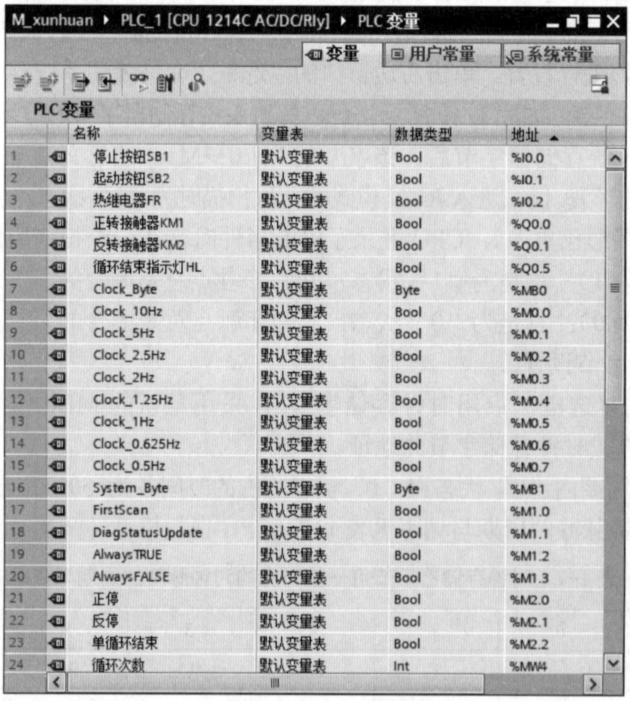

图 1-50 电动机循环起停控制变量表

5．梯形图程序

根据要求，使用起保停方法编写的梯形图如图 1-51 所示。

6．调试程序

使用监控表可以在工作区同时监控、修改和强制用户感兴趣的全部变量。一个项目可以生成多个监控表，以满足不同的调试要求。

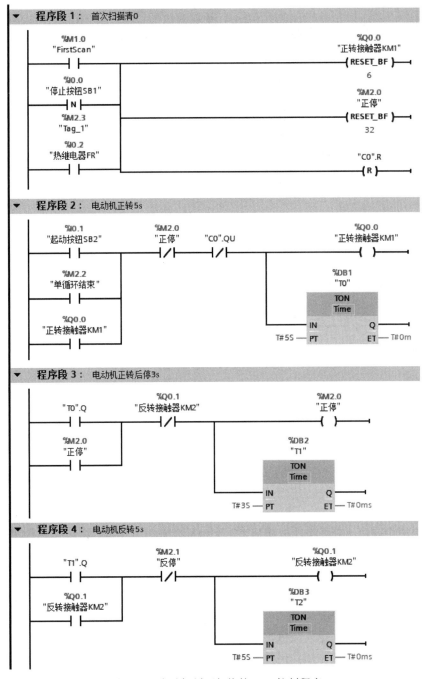

图 1-51　电动机循环起停的 PLC 控制程序

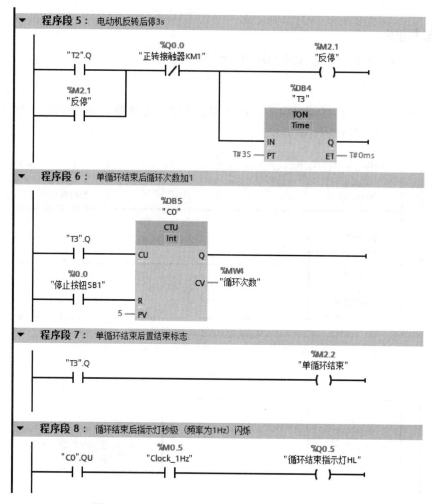

图 1-51　电动机循环起停的 PLC 控制程序（续）

（1）用监控表监控和修改变量的基本步骤

1）生成新的监控表或打开已有的监控表，生成要监视的变量，编辑和检查监控表的内容。

2）建立计算机与 CPU 之间的硬件连接，将用户程序下载到 PLC。

3）将 PLC 由 STOP 模式切换到 RUN 模式。

4）用监控表监视、修改和强制变量。

（2）生成监控表

打开项目树中 PLC 的"监视与强制表"文件夹，双击其中的"添加新监控表"（见图 1-52），生成一个新的监控表，并在工作区自动打开它。根据需要，可以为一台 PLC 生成多个监控表。应将有关联的变量放在同一个监控表内。

图 1-52　生成监控表

（3）在监控表中输入变量

在监控表的"名称"列输入 PLC 变量表中定义过的变量的符号地址，"地址"列将会自动出现该变量的地址。而在"地址"列输入 PLC 变量表中定义过的地址，"名称"列将会自动出现它的名称。

如果输入了错误的变量名称或地址，将在出错的单元下面出现红色背景的错误提示方框。

可以使用监控表的"显示格式"列默认的显示格式，也可以右击该列的某个单元，在弹出的快捷菜单中选中需要的显示格式。在图 1-53 中，监控表用二进制模式显示 MW4，可以同时显示和分别修改 M4.0~M5.7 这 16 个位变量。这种更改位变量显示格式的方法可用于 I、Q 和 M，可以用字节（8 位）、字（16 位）或双字（32 位）来监控和修改位变量。

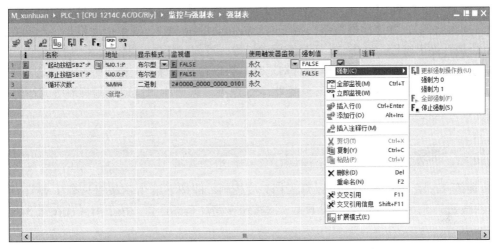

图 1-53　在线的监控表

（4）监视变量

可以用监控表的工具栏上的按钮来执行各种功能。与 CPU 建立在线连接后，单击工具栏上的 按钮，启动"全部监视"功能，将在"监视值"列连续显示变量的动态实际值。再次单击该按钮，将关闭监视功能。单击工具栏上的 按钮，可以对所选变量的数值进行一次立即更新，该功能主要用于 STOP 模式下的监视和修改。

位变量为 TRUE（"1"状态）时，监视值列的方形指示灯为绿色。位变量为 FALSE（"0"状态）时，监视值列的方形指示灯为灰色。

图 1-53 的 MW4 为已循环次数，在电动机工作循环过程中，MW4 的值会不断增大。

（5）修改变量

按钮 用于显示或隐藏"修改值"列，在待修改变量的"修改值"列中输入新的变量值。输入 Bool 型变量的修改值"0"或"1"后，单击监控表其他地方，它们将变为"FALSE"（假）或"TRUE"（真）。

单击工具栏上的"立即一次性修改所有选定值"按钮 ，或右击变量，执行出现的快捷菜单中的"立即修改"命令，将修改值立即送入 CPU。

右击某个位变量，执行出现的快捷菜单中的"修改为 0"或"修改为 1"命令，可以将选中的变量修改为"0"或"1"。

单击工具栏上的 按钮，或执行出现的快捷菜单中的"使用触发器修改"命令，在定义的用户程序的触发点，修改所有选中的变量。

如果没有启动监视功能，执行快捷菜单中的"立即监视"命令，将读取一次监视值。

在 RUN 模式下修改变量时，各变量会同时受到用户程序的控制。假设用户程序运行的结果使 Q0.0 的线圈得电，用监控表不可能将 Q0.0 修改或保持为"1"状态。在 RUN 模式下不能改变 I 区分配给硬件的数字量输入点的状态，因为它们的状态取决于外部输入电路的通和断状态。

在程序运行时如果修改变量值出错，可能导致人身或财产的损害。执行修改功能之前，应确认不会有危险情况出现。

将调试好的用户程序和设备组态一起下载到 CPU 中（注意：由于本案例设置了 CPU 的系统存储器字节和时钟存储器字节，它们属于"设备组态"，因此必须选中 PLC 文件夹将设备组态和程序块一起下载到 CPU 中，否则设备组态的内容将不会起效。后续项目若有设备组态项，下载项目同本案例），并连接好线路。按下电动机起动按钮 SB2，观察电动机是否起动并正向运行，5s 后是否停止运行，停止 3s 后是否反向运行，反向运行 5s 再停止 3s 后是否再次正向运行，如此循环是否为 5 次。循环结束后指示灯是否以秒级闪烁，无论何时按下电动机停止按钮 SB1，电动机是否立即停止，且循环结束指示灯熄灭。若上述调试现象与控制要求一致，则说明本案例任务实现。

1.8.4 训练

1）训练 1：用 PLC 实现组合吊灯三档亮度控制，即按下第 1 次按钮只有 1 盏灯点亮，按下第 2 次按钮第 1、2 盏灯点亮，按下第 3 次按钮 3 盏灯全部点亮，按下第 4 次按钮 3 盏灯全部熄灭。

2）训练 2：用 PLC 实现电动机延时停止控制，要求使用计数器和定时器实现在电动机运行时按下停止按钮 5s 后电动机停止运行。

3）训练 3：用 PLC 实现地下车库有无空余车位提示控制，设地下车库共有 100 个停车位。要求有车辆入库时，空余车位数减 1，有车辆出库时，空余车位数加 1，当有空余车位时绿灯亮，无空余车位时红灯亮并以秒级闪烁，以提示车库已无空余车位。

1.9 习题与思考

1. 美国数字设备公司于_____年研制出世界上第一台 PLC。

2. PLC 主要由_____、_____、_____、_____等组成。

3. PLC 的常用编程语言有_____、_____、_____、_____、_____等，而 S7-1200 的编程语言有_____、_____。

4. PLC 是通过周期扫描工作方式来完成控制的，每个周期包括_____、_____、_____。

5. S7-1200 PLC 中输出指令（对应于梯形图中的线圈）是否可以用于过程映像输入寄存器？

6. 若设置系统存储器字节，则第_____位在首次扫描时为 ON，第_____位一直为 ON。

7. 接通延时定时器 TON 的使能（IN）输入电路_____时开始定时，当前值大于等于预设值时其输出端 Q 为_____状态。使能输入电路_____时定时器的当前值被复位。

8. 保持型接通延时定时器 TONR 的使能输入电路_____时开始定时，使能输入电路断开时，当前值_____。使能输入电路再次接通时_____。当_____输入为"1"时，TONR 被复位。

9. 关断延时定时器 TOF 的使能输入电路接通时，定时器输出端 Q 立即变为_____，当前值被_____。使能输入电路断开时，当前值从 0 开始_____。当前值大于等于预设值时，定时器输出端 Q 变为_____。

10. 若加计数器的计数输入电路 CU_____、复位输入电路 R_____，计数器的当前值加 1。当前值 CV 大于等于预设值 PV 时，输出端 Q 变为_____状态。复位输入电路为_____时，计数器被复位，复位后的当前值_____。

11. PLC 内部的"软继电器"能提供多少个触点供编程使用？

12. 输入继电器有无输出线圈？

13. 如何防止正反转直接切换或丫-△切换时短路现象的发生？

14. 用一个转换开关控制两盏直流 24V 指示灯，以显示控制系统运行时所处的"自动"或"手动"状态，即向左旋转转换开关，其中一盏灯亮表示控制系统当前处于"自动"状态；向右旋转转换开关，另一盏灯亮表示控制系统当前处于"手动"状态。

15. 使用 CPU1214CDC/DC/DC 型 PLC 设计两地均能控制同一台电动机的起动和停止。

16. 用 R、S 指令或 RS 指令编程实现电动机的正反转运行控制。

17. 要求将热继电器的常开或常闭触点作为 PLC 的输入信号实现案例 4 的控制任务。

18. 用两个按钮控制一盏直流 24V 指示灯的亮灭，要求同时按下两个按钮，指示灯方可点亮。

19. 用 PLC 实现小车往复运动控制，系统起动后小车前进，行驶 15s，停止 3s，再后退 15s，停止 3s，如此往复运动 20 次，循环结束后指示灯以秒级闪烁 5 次后熄灭（使用时钟存储器实现指示灯秒级闪烁功能）。

20. 用 PLC 实现：按第 1 次按钮，第 1 盏灯点亮；按第 2 次按钮，第 2 盏灯亮；按第 3 次按钮，第 3 盏灯点亮，按第 4 次按钮，3 盏灯全部熄灭。

第2章 功能指令的编程及应用

本章重点介绍西门子 S7-1200 PLC 中的数据类型、数据处理指令（包括移动指令、比较指令、移位指令、转换指令、数学运算指令、逻辑运算指令和程序控制指令等），读者通过本章学习能快速掌握 S7-1200 PLC 的数据处理指令、运算指令及程序控制指令在工程项目中的应用。

2.1 数据类型

数据类型可以用来描述数据的长度（即二进制的位数）和属性。S7-1200 PLC 使用下列数据类型：基本数据类型、复杂数据类型、参数类型、系统数据类型和硬件数据类型。在此，只介绍基本数据类型和复杂数据类型。

2.1.1 基本数据类型

表 2-1 给出了基本数据类型的属性。

表 2-1 基本数据类型的属性

数据类型	位　数	取 值 范 围	举　例
位（Bool）	1	1/0	1、0 或 TRUE、FALSE
字节（Byte）	8	16#00～16#FF	16#08、16#27
字（Word）	16	16#0000～16#FFFF	16#1000、16#F0F2
双字（DoubleWord）	32	16#00000000～16#FFFFFFFF	16#12345678
字符（Char）	8	16#00～16#FF	'A'、'@'
有符号短整数（SInt）	8	−128～127	−111、108
整数（Int）	16	−32768～+32767	−1011、1088
双整数（DInt）	32	−2 147 483 648～2 147 483 647	−11100、10080
无符号短整数（USInt）	8	0～255	10、90
无符号整数（UInt）	16	0～65535	110、990
无符号双整数（UDInt）	32	0～4 294 967 295	100、900
浮点数（Real）	32	±1.1 755 494e−38～±3.402 823e+38	12.345
双精度浮点数（LReal）	64	±2.2 250 738 585 072 020e−308～ ±1.7 976 931 348 623 157e+308	123.45
时间（Time）	32	T#−24d20h31m23s648ms～ T#24d20h31m23s647ms	T#1D_2H_3M_4S_5MS

1. 位

位（Bool）数据长为 1 位，数据格式为布尔文本，只有两个取值 TRUE/FALSE（真/假），对应二进制数中的"1"和"0"，常用于开关量的逻辑计算，存储空间为 1 位。

2．字节

字节（Byte）数据长度为 8 位，16#表示十六进制数，取值范围为 16#00~16#FF。

3．字

字（Word）数据长度为 16 位，由两个字节组成，编号低的字节为高位字节，编号高的字节为低位字节，取值范围为 16#0000~16#FFFF。

4．双字

双字（Double Word）数据长度为 32 位，由两个字组成，即 4 个字节组成，编号低的字为高位字节，编号高的字为低位字节，取值范围为 16#00000000~16#FFFFFFFF。

5．整数

整数（Int）数据类型长度为 8、16、32 位，又分带符号整数和无符号整数。带符号十进制数，最高位为符号位，最高位是 0 表示正数，最高位是 1 表示负数。整数用补码表示，正数的补码就是它的本身，将一个正数对应的二进制数的各位数求反码后加 1，可以得到绝对值与它相同的负数的补码。

6．浮点数

浮点数（Real）又分为 32 位和 64 位浮点数。浮点数的优点是用很少的存储空间可以表示非常大和非常小的数。PLC 输入和输出的数据大多数为整数，用浮点数来处理这些数据时需要进行整数和浮点数之间的相互转换，需要注意的是，浮点数的运算速度比整数运算的慢很多。

7．时间

时间（Time）数据类型长度为 32 位，其格式为 T#天数（day）小时数（hour）分钟数（minute）秒数（second）毫秒数（millisecond）。时间数据类型以表示毫秒时间的有符号双整数形式存储。

视频"基本数据类型"可通过扫描二维码 2-1 播放。

2-1
基本数据类型

2.1.2　复杂数据类型

复杂数据类型是由基本数据类型组合而成，这对于组织复杂数据十分有用，主要有以下几种。

1．数组型

数组（Array）数据类型是由相同类型的数据组成的。后续章节将会介绍在数据块中生成数组的方法。

2．字符串型

字符串（String）是由字符组成的一维数组，每个字节存放 1 个字符。第 1 个字节是字符串的最大字符长度，第 2 个字节是字符串当前有效字符的个数，字符从第 3 个字节开始存放，1 个字符串最多有 254 个字符。

用单引号表示字符串常数，例如'ABCDEFG'是有 7 个字符的字符串常数。

3．日期时间型

日期时间（DTL）数据类型表示由日期和时间定义的时间点，它由 12 个字节组成。可以在全局数据块或块的接口区中定义 DTL 数据类型变量。每个数据需要的字节数及取值范围如表 2-2 所示。

表 2-2　DTL 数据类型

数　据	字　节　数	取　值　范　围	数　据	字　节　数	取　值　范　围
年	2	1970～2554	h	1	0～23
月	1	1～12	min	1	0～59
日	1	1～31	s	1	0～59
星期	1	1～7（星期日～星期六）	ms	4	0～999 999 999

4. 结构型

结构（Struct）数据类型是由不同数据类型组合而成的复杂数据，通常用来定义一组相关的数据，如电动机的额定数据可以定义如下：

```
Motor: STRUCT
    Speed: INT
    Current: REAL
END_STRUCT
```

其中：STRUCT 为结构的关键词；Motor 为结构类型名（用户自定义）；Speed 和 Current 为结构的两个元素，INT 和 REAL 是这两个元素的类型关键词；END_STRUCT 是结构的结束关键词。

2.2　数据处理指令

在西门子 S7 系列 PLC 的梯形图中，用方框表示某些指令、函数（FC）和函数块（FB），输入信号均在方框的左边，输出信号均在方框的右边。梯形图中有一条提供"能流"的左侧垂直线，当其左侧逻辑运算结果 RLO 为"1"时，能流流到方框指令的左侧使能输入端 EN（Enable input），"使能"有允许的意思。只有在使能输入端有能流时，方框指令才能执行。

如果方框指令 EN 端有能流流入，而且执行时无错误，则使能输出 ENO（Enable Output）端将能流流入下一个软元件，如图 2-1 所示。如果执行过程中有错误，能流将在出现错误的方框指令处终止。

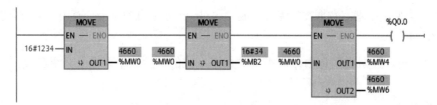

图 2-1　MOVE 指令

2.2.1　移动指令

1. MOVE 指令

MOVE（移动）指令是用于将输入端 IN 的源数据传送（复制）给输出端 OUT1 的目的地址，并且转换为 OUT1 指定的数据类型，源数据保持不变，如图 2-1 所示。IN 和 OUT1 可以是 Bool 类型之外的所有基本数据类型和 DTL、Struct、Array 等数据类型。IN 还可以是常数。

同一条指令的输入参数和输出参数的数据类型可以不相同，如 MB0 中的数据传送到 MW10。如果将 MW4 中超过 255 的数据传送到 MB6，则只将 MW4 的低字节（MB5）中的数据传送到 MB6，应避免出现这种情况。

如果想把一个数据同时传给多个不同的存储单元，可单击 MOVE 指令方框中的图标✚来添加输出端，如图 2-1 中最右侧 MOVE 指令。若添加多了，可通过选中输出端 OUT，然后按键盘上的〈Delete〉键进行删除。

在图 2-1 中，将十六进制数 16#1234（十进制为 4660）传送给 MW0；若将超过 255 的 1 个字中的数据（MW0 中的数据 4660）传送给 1 个字节（MB2），此时只将低字节（MB1）中的数据（16#34）传送给目标存储单元（MB2）；将同一个数据（4660）通过增加 MOVE 指令的输出端（OUT2）将其传送给 MW4 和 MW6 这两个不同的存储单元。在 3 个 MOVE 指令执行无误时，能流流入 Q0.0。

视频"移动值指令"可通过扫描二维码 2-2 播放。

2. SWAP 指令

SWAP（交换）指令用于调换二字节和四字节数据元素的字节顺序，但不改变每个字节中的位顺序，需要指定数据类型。

IN 和 OUT 为 Word 数据类型时，SWAP 指令交换输入端 IN 输入的高、低字节后，保存到 OUT 指定的地址，如图 2-2 所示。

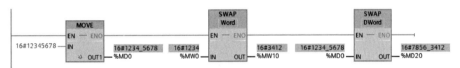

图 2-2　SWAP 指令

IN 和 OUT 为 DWord 数据类型时，SWAP 指令交换 4B 中数据的顺序，交换后保存到 OUT 指定的地址，如图 2-2 所示。

在监控状态下，可以改变数据的显示格式，使其观察的数据一目了然，数据可在十进制和十六进制之间转换。在图 2-2 中，若 MW0 中显示的数据是十进制数 4660 而不是十六进制数 16#1234，则执行交换指令后，MW10 中显示的数据就不能明显表示出由数据十六进制数 16#1234 通过交换高低字节而来。右击地址 MW0，在弹出的菜单中选中"修改"，然后单击其中的"显示格式"，便可在十进制和十六进制之间相互转换，如图 2-3 所示。

图 2-3　数据显示格式的转换

2.2.2 比较指令

1. 比较指令

比较指令用来比较数据类型相同的两个数 IN1 和 IN2 的大小，相比较的两个数 IN1 和 IN2 分别在触点的上面和下面，它们的数据类型必须相同。操作数可以是 I、Q、M、L、D 存储区中的变量或常数。比较两个字符串时，实际上比较的是它们各自对应字符的 ASCII 码的大小，第一个不相同的字符决定了比较的结果。

图 2-4 中比较指令的运算符号及数据类型可视为一个等效的常开触点，比较符号可以是"==（等于）""<>（不等于）"">（大于）"">=（大于等于）""<（小于）"和"<=（小于等于）"，比较的数据类型有多种，比较指令的运算符号及数据类型在指令的下拉式列表中可见，如图 2-4 所示。当满足比较关系式给出的条件时，等效触点闭合。

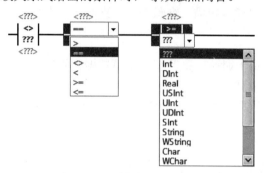

图 2-4 比较指令的运算符号及数据类型

生成比较指令后，双击触点中间比较符号下面的问号，单击出现的▾按钮，用下拉式列表设置要比较的数的数据类型。如果想修改比较指令的比较符号，只要双击比较符号，然后单击出现的▾按钮，就可以用下拉式列表修改比较符号。

【例 2-1】 用比较指令实现一个周期振荡电路，如图 2-5 所示。

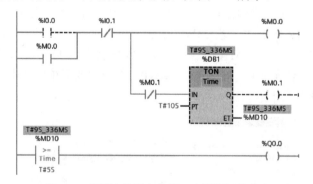

图 2-5 使用比较指令实现一个周期振荡电路

MD10 用于保存定时器 TON 的已耗时间值 ET，其数据类型为 Time。输入比较指令上面的操作数后，指令中的数据类型自动变为"Time"。IN2 输入 5 后，不会自动变为 5s，而是显示 5ms，它是以 ms 为单位的，要么直接输入"T#5S"或"5s"，否则容易出错。

【例 2-2】 要求用 3 盏灯（分别为红灯、绿灯、黄灯）表示地下车库车位数的显示。系统工作时若空余车位大于 10 个，绿灯亮；空余车位为 1～10 个，黄灯亮；无空余车位，红灯亮。

空余车位显示控制程序如图 2-6 所示。

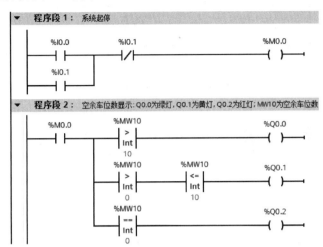

图 2-6　空余车位显示控制程序

视频"比较指令"可通过扫描二维码 2-3 播放。

2. 范围内与范围外比较指令

范围内比较指令 IN_RANGE（也称值在范围内）与范围外比较
指令 OUT_RANGE（也称值在范围外）可以等效为一个触点。如果有能流流入指令框，则执行
比较。图 2-7 中 IN_RANGE 指令的参数 VAL 满足 MIN≤VAL≤MAX（-123≤MW2≤3579），
或 OUT_RANGE 指令的参数 VAL 满足 VAL< MIN 或 VAL>MAX（MB5<28 或 MB5>118）
时，等效触点闭合，有能流流出指令框的输出端。如果不满足比较条件，没有能流流出。如果
没有能流流入指令框，则不执行比较，没有能流流出。

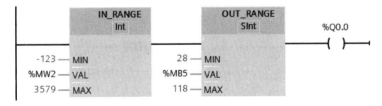

图 2-7　范围内与范围外比较指令

指令的 MIN、MAX 和 VAL 的数据类型必须相同，可选 SInt、Int、DInt、USInt、UInt、
UDInt、Real，可以是 I、Q、M、L、D 存储区中的变量或常数。双击指令名称下面的问号，点
击出现的按钮，用下拉式列表框设置要比较的数据的数据类型。

读者可使用范围内和范围外比较指令实现【例 2-2】的控制要求。

3. OK 与 NOT_OK 指令

OK 与 NOT_OK 指令用来检测输入数据是否是实数（即浮点数）。如果是实数，OK 指令触
点闭合，反之 NOT_OK 指令触点闭合。触点上面变量的数据类型为 Real，如图 2-8 所示。

在图 2-8 中，当 MD10 和 MD20 中为有效的实数时，会激活"实数比较指令"，如果结果
为真，则 Q0.0 接通。

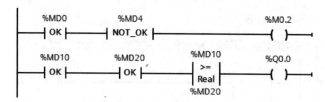

图 2-8　OK 与 NOT_OK 指令及使用

2.2.3　移位和循环移位指令

下面介绍移位指令和循环移位指令。

1. 移位指令

移位指令 SHL（或 SHR）将输入参数 IN 指定的存储单元的整个内容逐位左移（或右移）若干位，移位的位数用输入参数 N 来定义，移位的结果保存在输出参数 OUT 指定的地址。

无符号数移位和有符号数左移后空出来的位用 0 填充。有符号数右移后空出来的位用符号位（原来的最高位填充），正数的符号位为 0，负数的符号位为 1。

移位位数 N 为 0 时不会发生移位，但是 IN 指定的输入值会被复制给 OUT 指定的地址。如果 N 大于被移位的存储单元的位数，所有原来的位都被移出后，将全部被 0 或符号位取代。移位操作的 ENO 总是为 "1" 状态。

将基本指令列表中的移位指令拖放到梯形图后，单击移位指令后将在方框指令中名称下面问号的右侧和名称的右上角出现黄色三角符号，将鼠标移至（或单击）方框指令中名称下面和右上角出现的黄色三角符号时，会出现按钮▾；单击方框指令名称下面问号右侧的按钮▾，可以用下拉式列表设置变量的数据类型和修改操作数的数据类型，单击方框指令名称右上角的按钮▾，可以用下拉式列表设置移位指令类型，如图 2-9 所示。

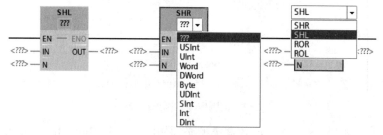

图 2-9　移位指令

执行移位指令时应注意，如果将移位后的数据要送回原地址，应使用边沿检测触点（P 触点或 N 触点），否则在能流流入的每个扫描周期都要移位一次。

左移 n 位相当于乘以 2^n，右移 n 位相当于除以 2^n，当然得在数据存在的范围内，如图 2-10 所示。整数 200 左移 3 位，相当于乘以 8，等于 1600；整数 -200 右移 2 位，相当于除以 4，等于 -50。

视频 "移位指令" 可通过扫描二维码 2-4 播放。

2. 循环移位指令

循环移位指令 ROL（或 ROR）将输入参数 IN 指定的存储单元

的整个内容逐位循环左移（或循环右移）若干位后，即移出来的位又被送回存储单元另一端空出来的位，原始的位不会丢失。N 为移位的位数，移位的结果保存在输出参数 OUT 指定的地址。N 为 0 时不会发生移位，但是 IN 指定的输入值会被复制给 OUT 指定的地址。移位位数 N 可以大于被移位的存储单元的位数，执行指令后，ENO 总是为"1"状态。

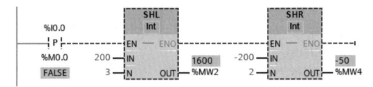

图 2-10 移位指令的应用

在图 2-11 中，M1.0 为系统存储器，首次扫描为"1"，即首次扫描时将十进制数 125 （16#7D）赋给 MB10，将十进制数-125（16#83，表示负数时使用补码形式，即原码取反后加 1 且符号位不变，-125 的原码的二进制形式为 2#1111 1101，反码为 2#1000 0010，补码为 2#1000 0011，即 16#83）赋给 MB20。

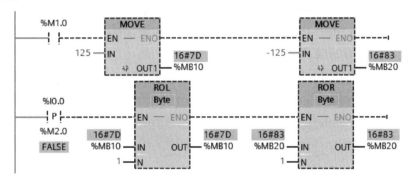

图 2-11 循环移位指令的应用——指令执行前

在图 2-11 中，当 I0.0 出现一次上升沿时，循环左移和循环右移指令各执行一次，都循环移一位，MB10 的数据 16#7D（2#0111 1101）向左循环移一位后为 2#1111 1010，即为 16#FA；MB20 的数据 16#83（2#1000 0011）向右循环移一位后为 2#1100 0001，即 16#C1，如图 2-12 所示。从图 2-12 中可以看出，循环移位时最高位移入最低位，或最低位移入最高位，即符号位跟着一起移，始终遵循"移出来的位又被送回存储单元另一端空出来的位"的原则，可以看出，带符号的数据进行循环移位时，容易发生意想不到的结果，因此应谨慎使用循环移位。

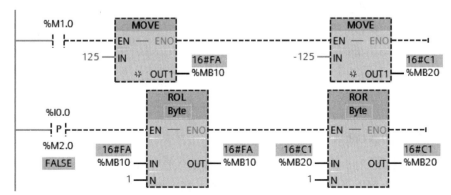

图 2-12 循环移位指令的应用——指令执行后

2.2.4 转换指令

1. CONV 指令

CONV（Convert，转换）指令将数据从一种数据类型转换为另一种数据类型，如图 2-13 所示，使用时单击一下指令的"问号"位置，可以从下拉式列表中选择输入数据类型和输出数据类型。

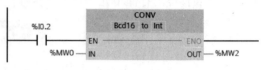

图 2-13 数据转换指令

参数 IN 和 OUT 的数据类型可以为 Byte、Word、DWord、SInt、Int、DInt、USInt、UInt、UDInt、BCD16、BCD32、Real、LReal、Char、WChar。

EN 输入端有能流流入时，CONV 指令可以将 IN 输入指定的数据转换为 OUT 指定的数据类型。数据类型 BCD16 只能转换为 Int，BCD32 只能转换为 DInt。

2. ROUND 和 TRUNC 指令

ROUND（取整）指令用于将浮点数转换为整数。浮点数的小数点部分舍入为最接近的整数值。如果浮点数刚好是两个连续整数的一半，则实数舍入为偶数。如 ROUND(10.5)=10，ROUND(11.5)=12，如图 2-14 所示。

TRUNC（截取）指令用于将浮点数转换为整数，浮点数的小数部分被截取成零，如图 2-14 所示。

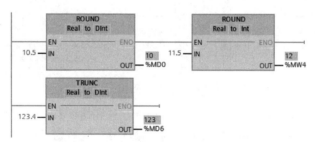

图 2-14 取整和截取指令

3. CEIL 和 FLOOR 指令

CEIL（上取整）指令用于将浮点数转换为大于或等于该实数的最小整数，如图 2-15 所示。
FLOOR（下取整）指令用于将浮点数转换为小于或等于该实数的最大整数，如图 2-15 所示。

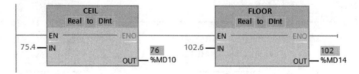

图 2-15 上取整和下取整指令

4. SCALE_X 和 NORM_X 指令

SCALE_X（缩放或称标定）指令可以将浮点数输入值 VALUE（0.0≤VALUE≤1.0）线性转换（映射）为参数 MIN（下限）和 MAX（上限）定义的数值范围之间的整数。转换结果保存在 OUT 指定的地址，如图 2-16 所示。

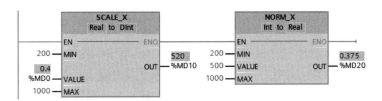

图 2-16 SCALE_X 和 NORM_X 指令

单击方框指令名称下面的问号，用下拉列表设置变量的数据类型。参数 MIN、MAX 和 OUT 的数据类型应相同，可以是 SInt、Int、Dint、USInt、UInt、UDInt 和 Real，MIN 和 MAX 也可以是常数。

各变量之间的线性关系如图 2-17 所示。将图 2-16 中 SCALE_X 指令的参数代入该线性关系公式后可求得 OUT 的值：

$$OUT=VALUE×(MAX-MIN)+MIN=0.4×(1000-200)+200=520$$

如果参数 VALUE 小于 0.0 或大于 1.0，可以生成小于 MIN 或大于 MAX 的 OUT，此时 ENO 为 "1" 状态。

NORM_X 指令是将整数输入 VALUE（MIN≤VALUE≤MAX）线性转换（标准化或称规格化）为 0.0～1.0 之间的浮点数，转换结果保存在 OUT 指定的地址，如图 2-16 所示。

NORM_X 的输出 OUT 的数据类型为 Real，单击方框指令名称下面的问号，用下拉列表设置输入 VALUE 变量的数据类型。输入参数 MIN、MAX 和 VALUE 的数据类型应相同，可以是 SInt、Int、DInt、USInt、UInt、UDInt 和 Real，也可以是常数。

各变量之间的线性关系如图 2-18 所示。将图 2-16 中 NORM_X 指令的参数代入该线性关系公式后可求得 OUT 的值：

$$OUT=(VALUE-MIN)/(MAX-MIN)=(500-200)/(1000-200)=0.375$$

如果参数 VALUE 小于 MIN 或大于 MAX，可以生成小于 0.0 或大于 1.0 的 OUT，此时 ENO 为 "1" 状态。使 ENO 为 "0" 状态的条件与指令 SCALE_X 的相同。

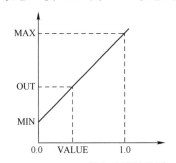

图 2-17 SCALE_X 指令的线性关系

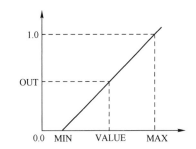

图 2-18 NORM_X 指令的线性关系

2.3 案例 5 跑马灯的 PLC 控制

2.3.1 目的

1）掌握移动指令的应用。

2）掌握比较指令的应用。

2.3.2　任务

使用 S7-1200 PLC 实现一个 8 盏灯的跑马灯控制，要求：按下开始按钮后，第 1 盏灯点亮，1s 后第 1 盏灯熄灭，第 2 盏灯点亮，再过 1s 后第 2 盏灯熄灭，第 3 盏灯点亮……直到第 8 盏灯点亮；再过 1s 后，第 8 盏灯熄灭第 1 盏灯再次点亮，如此循环。无论何时按下停止按钮，8 盏灯全部熄灭。

2.3.3　步骤

1．I/O 分配

根据 PLC 输入/输出点分配原则及本案例控制要求，进行 I/O 地址分配，如表 2-3 所示。

表 2-3　跑马灯的 PLC 控制 I/O 分配表

输　入		输　出	
输入继电器	元　器　件	输出继电器	元　器　件
I0.0	起动按钮 SB1	Q0.0…Q0.7	灯 HL1…灯 HL8
I0.1	停止按钮 SB2		

2．I/O 接线图

根据控制要求及表 2-3 的 I/O 分配表，跑马灯 PLC 控制的 I/O 接线图如图 2-19 所示。

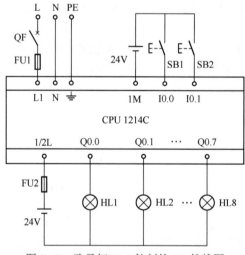

图 2-19　跑马灯 PLC 控制的 I/O 接线图

3．创建工程项目

双击桌面上的 🆅🅰 图标，打开 TIA 博途编程软件，在 Portal 视图中选择"创建新项目"，输入项目名称"D_pm"，选择项目保存路径，然后单击"创建"按钮创建项目完成。

4．编辑变量表

本案例变量表如图 2-20 所示。

5．编写程序

本案例要求每 1s 接在 QB0 端的 8 盏灯以跑马灯的形式流动。这里的时间信号由定时器产生，使用移动和比较指令编写程序，这样程序通俗易懂，如图 2-21 所示。

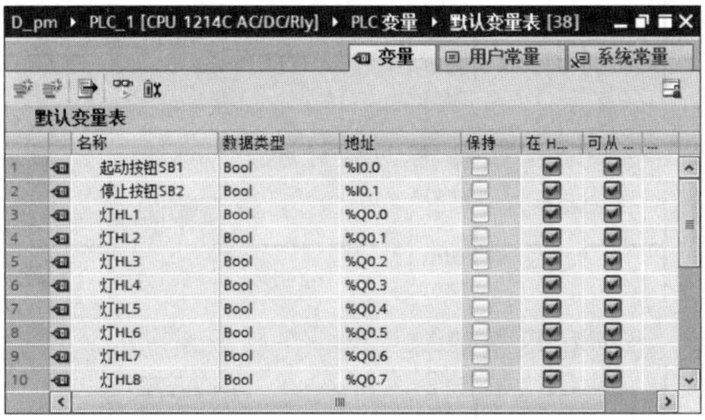

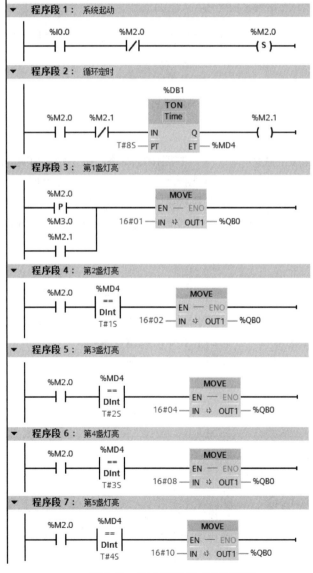

图 2-20 跑马灯的 PLC 控制变量表

图 2-21 跑马灯的 PLC 控制程序

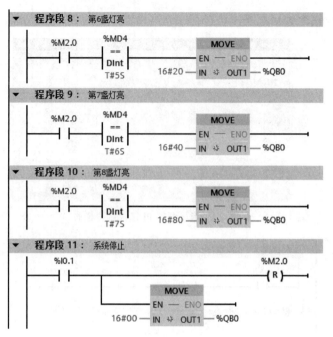

图 2-21　跑马灯的 PLC 控制程序（续）

6．调试程序

将调试好的用户程序下载到 CPU 中，并连接好线路。按下跑马灯起动按钮 SB1，观察 8 盏灯点亮的情况，是否逐一点亮，8s 后再次循环。在任意一盏灯点亮时，若再次按下跑马灯起动按钮 SB1，观察 8 盏灯亮的情况，是重新从第 1 盏点亮，还是灯的点亮不受起动按钮影响；无论何时按下停止按钮 SB2，8 盏灯是否全部熄灭。若上述调试现象与控制要求一致，则说明本案例任务实现。

2.3.4　训练

1）训练 1：用 MOVE 指令实现笼型三相异步电动机的丫-△减压起动控制。
2）训练 2：将本案例用时钟存储器字节和比较指令实现。
3）训练 3：将本案例用移位或循环移位指令实现。

2.4　运算指令

运算指令包括数学运算指令和逻辑运算指令。

2.4.1　数学运算指令

数学运算指令包括整数运算和浮点数运算指令，本节主要介绍整数运算指令，如加、减、乘、除、余数、取反、加 1、减 1 等指令，如表 2-4 所示。

表 2-4 数学运算指令

梯 形 图	功 能 描 述	梯 形 图	功 能 描 述
ADD Auto (???) EN — ENO IN1 OUT IN2 ✱	IN1+IN2=OUT	SUB Auto (???) EN — ENO IN1 OUT IN2	IN1-IN2=OUT
MUL Auto (???) EN — ENO IN1 OUT IN2 ✱	IN1×IN2=OUT	DIV Auto (???) EN — ENO IN1 OUT IN2	IN1 / IN2=OUT
MOD Auto (???) EN — ENO IN1 OUT IN2	求整数除法的余数	NEG ??? EN — ENO IN OUT	将输入值的符号取反
INC ??? EN ENO IN/OUT	将参数 IN/OUT 的值加 1	DEC ??? EN ENO IN/OUT	将参数 IN/OUT 的值减 1

数学运算指令中的 ADD、SUB、MUL、DIV 分别是加、减、乘、除指令。它们执行的操作见表 2-4。操作数的数据类型可选 SInt、Int、DInt、USInt、UInt、UDInt、Real 和 LReal，输入参数 IN1 和 IN2 可以是常数。IN1、IN2 和 OUT 的数据类型应该相同。

整数除法指令将得到的商截位取整后，作为整数格式的输出参数 OUT。

单击输入参数（或称变量）IN2 后面的符号✱可增加输入参数的个数，也可以右击 ADD 或MUL（方框指令中输入变量后面带有✱符号的都可以增加输入变量个数）指令，执行出现的快捷菜单中的"插入输入"命令，ADD 或 MUL 指令将会增加一个输入变量。选中输入变量（如IN3）或输入变量前的"短横线"，这时"短横线"将变粗，若按下键盘上的〈Delete〉键（或右击输入变量或"短横线"，选择快捷菜单中的"删除"命令），则可以对已选中的输入变量进行删除。

【例 2-3】 编程实现[(12+26+47)-56]×35÷26 的运行结果，并保存在 MW20 中。根据要求编写的运算程序如图 2-22 所示。

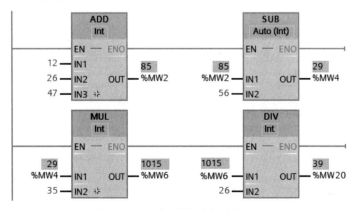

图 2-22 四则运算指令的应用示例

将 ADD 和 SUB 指令拖放到梯形图后，单击指令方框中指令名称下面的问号，再单击出现的按钮▼，用下拉列表框设置操作数的数据类型，或采用指令的"Auto"数据类型，输入变量后，自动出现指令运算数据类型，如图 2-22 中的 SUB 指令。

2-5 加法指令

编程过程中需要注意的是，需要将整数转换成浮点数后方可进行上式的最后一步（除法）运算。

2-6 减法指令

视频"加法指令"可通过扫描二维码 2-5 播放。

视频"减法指令"可通过扫描二维码 2-6 播放。

视频"乘法指令"可通过扫描二维码 2-7 播放。

2-7 乘法指令

视频"除法指令"可通过扫描二维码 2-8 播放。

2.4.2 逻辑运算指令

逻辑运算指令包括与、或、异或、取反、解码、编码、选择、多路复用和多路分用指令，本节主要介绍与、或、异或、取反指令，如表 2-5 所示。

2-8 除法指令

表 2-5 逻辑运算指令

梯 形 图	描 述	梯 形 图	描 述
AND ??? EN — ENO IN1 OUT IN2	与逻辑运算	OR ??? EN — ENO IN1 OUT IN2	或逻辑运算
XOR ??? EN — ENO IN1 OUT IN2	异或逻辑运算	INV ??? EN — ENO IN OUT	取反逻辑运算

逻辑运算指令用于对两个输入（或多个）IN1 和 IN2 逐位进行逻辑运算，逻辑运算的结果存放在输出 OUT 指定的地址中，如图 2-23 所示。

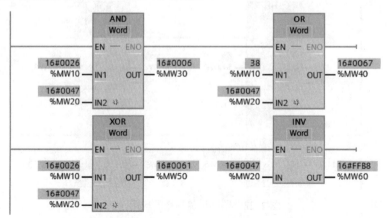

图 2-23 AND、OR、XOR 和 INV 指令的应用示例

与（AND）运算时两个（或多个）操作数的同一位如果均为 1，则运算结果的对应位为 1，否则为 0。

或（OR）运算时两个（或多个）操作数的同一位如果均为 0，则运算结果的对应位为 0，否则为 1。

异或（XOR）运算时两个（若有多个输入，则两两运算）操作数的同一位如果不相同，则运算结果的对应位为 1，否则为 0。

与、或、异或指令的操作数 IN1、IN2 和 OUT 的数据类型为十六进制的 Byte、Word 和 DWord。

取反（INV）指令用于将 IN 输入中的二进制数逐位取反，即二进制数的各位由 0 变 1，由 1 变 0，运算结果存放在输出 OUT 指定的地址中。

视频"逻辑与指令"可通过扫描二维码 2-9 播放。

2-9
逻辑与指令

2.5　案例 6　9s 倒计时的 PLC 控制

2.5.1　目的

1）掌握数学运算指令的应用。
2）掌握数码管与 PLC 的连接方法。
3）掌握数码管的驱动方法。

2.5.2　任务

使用 S7-1200 PLC 实现 9s 倒计时控制，要求按下起动按钮后，数码管上显示 9，松开起动按钮后数码管上显示值每秒递减，减到 0 时停止。无论何时按下停止按钮，数码管显示 0，再次按下开始按钮，数码管上的显示值依然从数字 9 开始递减。

2.5.3　步骤

1. I/O 分配

根据 PLC 输入/输出点分配原则及本案例控制要求，可知本案例的输入点为起动和停止按钮，输出为 1 个数码管，在此使用七段共阴极数码管，因此可对本案例进行 I/O 地址分配，如表 2-6 所示。

表 2-6　9s 倒计时的 PLC 控制 I/O 分配表

输　　入		输　　出	
输入继电器	元器件	输出继电器	元器件
I0.0	起动按钮 SB1	Q0.0	数码管显示 a 段
I0.1	停止按钮 SB2	Q0.1	数码管显示 b 段

（续）

输　　入		输　　出	
输入继电器	元器件	输出继电器	元器件
		Q0.2	数码管显示 c 段
		Q0.3	数码管显示 d 段
		Q0.4	数码管显示 e 段
		Q0.5	数码管显示 f 段
		Q0.6	数码管显示 g 段

2. I/O 接线图

根据控制要求及表 2-6 的 I/O 分配表，9s 倒计时 PLC 控制的 I/O 接线图如图 2-24 所示。

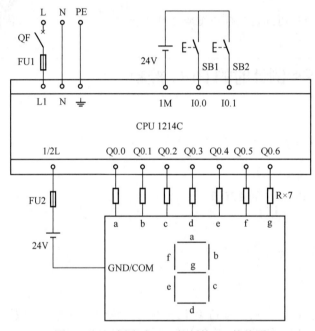

图 2-24　9s 倒计时 PLC 控制的 I/O 接线图

3. 创建工程项目

双击桌面上的 ![TIA] 图标，打开 TIA 博途编程软件，在 Portal 视图中选择"创建新项目"，输入项目名称"D_djs"，选择项目保存路径，然后单击"创建"按钮完成项目的创建，并进行项目的硬件组态。

4. 编辑变量表

本案例变量表如图 2-25 所示。

5. 编写程序

S7-1200 PLC 中没有段译码指令，在数码显示时只能使用按字符驱动或按段驱动。本案例采用按字符驱动，所谓按字符驱动，即需要显示什么字符就输送相应的显示代码，如显示"2"，则驱动代码为 2#01011011（共阴接法，对应段为 1 时亮），具体程序如图 2-26 所示。

D_djs ▸ PLC_1 [CPU 1214C AC/DC/Rly] ▸ PLC 变量 ▸ 变量表_1 [9]

变量表_1

	名称	数据类型	地址	保持	在 HMI...	可从 ...
1	起动按钮SB1	Bool	%I0.0	☐	☑	☑
2	停止按钮SB2	Bool	%I0.1	☐	☑	☑
3	数码管显示a段	Bool	%Q0.0	☐	☑	☑
4	数码管显示b段	Bool	%Q0.1	☐	☑	☑
5	数码管显示c段	Bool	%Q0.2	☐	☑	☑
6	数码管显示d段	Bool	%Q0.3	☐	☑	☑
7	数码管显示e段	Bool	%Q0.4	☐	☑	☑
8	数码管显示f段	Bool	%Q0.5	☐	☑	☑
9	数码管显示g段	Bool	%Q0.6	☐	☑	☑

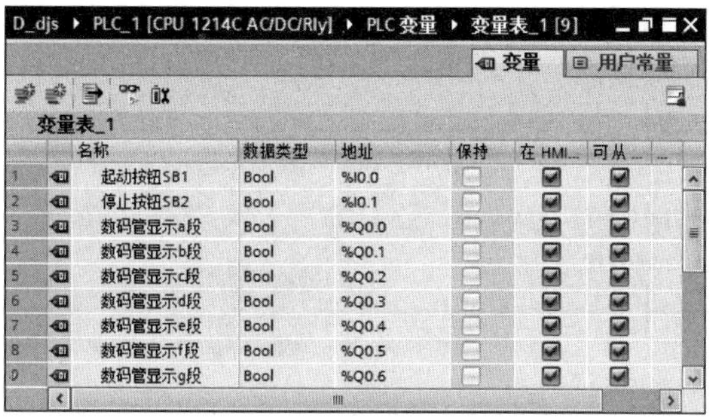

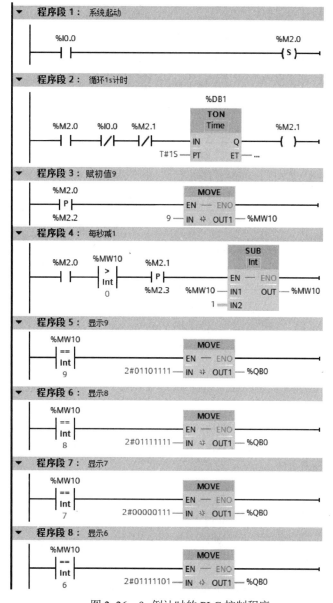

图 2-25　9s 倒计时 PLC 控制的变量表

图 2-26　9s 倒计时的 PLC 控制程序

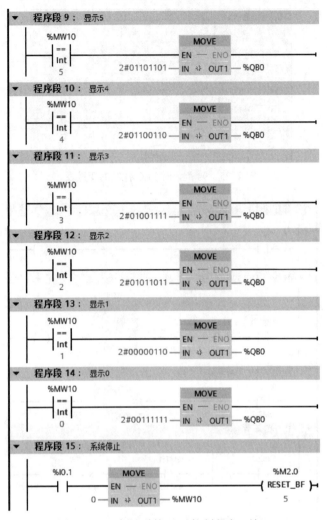

图 2-26 9s 倒计时的 PLC 控制程序（续）

6. 调试程序

将调试好的用户程序及设备组态一起下载到 CPU 中，并连接好线路。按下起动按钮 SB1 不松开，观察此时 Q0.0～Q0.6 灯灭情况，显示的数字是否为 9，松开起动按钮 SB1 后，数码管上显示的数字是否从 9 每隔 1s 依次递减，直到为 0。按下停止按钮 SB2 后，再次起动 9s 倒计时，在倒计时过程中，按下停止按钮 SB2 后，是否显示数字 0，若上述调试现象与控制要求一致，则说明本案例任务实现。

2.5.4 训练

1）训练 1：用按段驱动法（显示数字时需要哪段亮程序就输出相应的段）实现本案例控制要求。

2）训练 2：用共阳极数码管实现本案例控制要求。

3）训练 3：用按段驱动法实现 15s 倒计时的 PLC 控制。

2.6 程序控制指令

1. JMP（JMPN）及 LABEL 指令

在没有执行跳转指令时，各个程序段按从上到下的先后顺序执行，这种执行方式称为线性扫描。跳转指令可以中止程序的线性扫描，跳转到指令中的地址标签所在的目的地址。跳转时不执行跳转指令与标签之间的程序，跳到目的地址后，程序继续按线性扫描的方式顺序执行。跳转指令可以往前跳，也可以往后跳。

只能在同一个代码块内跳转，即跳转指令与对应的跳转目的地址应在同一个代码块内。在一个块内，同一个跳转目的地址只能出现一次，即可以从不同的程序段跳转到同一个标签处，同一代码块内不能出现重复的标签。

JMP 为 1 时的跳转指令，如果跳转条件满足（图 2-27 中 I0.0 的常开触点闭合），监控时 JMP（Jump，为"1"时块中跳转）指令的线圈通电（跳转线圈为绿色），跳转被执行，将跳转到指令给出的标签 abc 处，执行标签之后的第一条指令。被跳过的程序段的指令没有被执行，这些程序段的梯形图为灰色。标签在程序段的开始处（单击指令树"基本指令"文件夹中"程序控制操作"指令文件夹下的图标，便在程序段的下方梯形图的上方出现，然后双击问号可输入标签名），标签的第一个字符必须是字母，其余的可以是字母、数字和下画线。如果跳转条件不满足，将继续执行下一个程序段的程序。

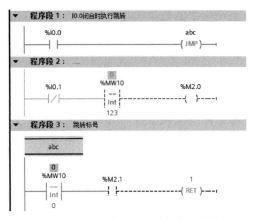

图 2-27　JMP 和 RET 指令应用示例

JMP 为 0 时的跳转指令，即为"0"时块中跳转，该指令的线圈断电时，将跳转到指令给出的标签处，执行标签之后的第一条指令。

视频"跳转及标签指令"可通过扫描二维码 2-10 播放。

2-10
跳转及标签指令

2. RET 指令

RET（返回）指令的线圈通电时，停止执行当前的块，不再执行指令后面的程序，返回调用它的块后，执行调用指令后的程序，如图 2-27 所示。RET 指令的线圈断电时，继续执行它下面的程序。RET 线圈上面是块的返回值，数据类型是 Bool。如果当前的块是 OB，则返回值被忽略。如果当前是函数 FC 或函数块 FB，返回值作为函数 FC 或函数块 FB 的 ENO 的值传送给调用它的块。

一般情况下并不需要在块结束时使用 RET 指令来结束块，操作系统将会自动完成这一任务。RET 指令用来有条件地结束块，一个块可以使用多条 RET 指令。

3. JMP_LIST 及 SWITCH 指令

使用 JMP_LIST（定义跳转列表）指令可定义多个有条件跳转，执行由 K 参数值指定的程序段中的程序。

可使用跳转标签定义跳转，跳转标签可以用指令框的输出指定。可在指令框中增加输出的数量（默认输出只有两个），S7-1200 CPU 最多可以声明 32 个输出。

输出编号从"0"开始，每增加一个新输出，都会按升序连续递增。在指令的输出中只能指定跳转标签，而不能指定指令或操作数。

K 参数值将指定输出编号，因而程序将从跳转标签处继续执行。如果 K 参数值大于可用的输出编号，则继续执行块中下个程序段中的程序。

在图 2-28 中，当 K 参数值为 1 时，程序跳转至目标输出 DEST1（Destination，目的地）所指定的标签处 SZY 开始执行。

使用 SWITCH（跳转分支，又称为跳转分配器）指令可根据一个或多个比较指令的结果，定义要执行的多个程序跳转。在参数 K 中指定要比较的值，将该值与各个输入值进行比较。可以为每个输入选择比较运算符。

各比较指令的可用性取决于指令的数据类型，可以从指令框的"<???>"下拉列表中选择该指令的数据类型。如果选择了一种比较指令并且尚未定义该指令的数据类型，则"<???>"下拉列表中仅提供所选比较指令允许的数据类型。

该指令从第一个比较开始执行，直至满足比较条件为止。如果满足比较条件，则将不考虑后续比较条件。如果不满足任何指定的比较条件，则将执行输出 ELSE 处的跳转，如果输出 ELSE 中未定义程序跳转，则程序从下一个程序段继续执行。

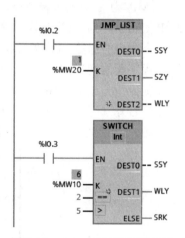

图 2-28　JMP_LIST 和 SWITCH
指令应用示例

可在指令功能框中增加输出的数量。输出编号从"0"开始，每增加一个新输出，都会按升序连续递增。在指令的输出中指定跳转标签（LABEL）。不能在该指令的输出上指定指令或操作数。

每个增加的输出都会自动插入一个输入。如果满足输入的比较条件，则将执行相应输出处设定的跳转。

在图 2-28 中，当参数 K 值为 6 时，满足大于 5 的条件，则程序跳转至目标输出 DEST1 所指定的标签处 WLY 开始执行。

4. RE_TRIGR 指令

监控定时器又称为看门狗（Watchdog），每次扫描循环它都会被自动复位一次，正常工作时，最大扫描循环时间小于监控定时器的时间设定值时，因此它不会起作用。

以下情况扫描循环时间可能大于监控定时器的设定时间，监控定时器将会起作用：

1）用户程序太长。

2）一个扫描循环内执行中断程序的时间很长。

3）循环指令执行的时间太长。

可以在程序中的任意位置使用 RE_TRIGR（重置周期监控时间，或称重新触发循环周期监控时间）指令，来复位监控定时器，如图 2-29 所示。该指令仅在优先级为 1 的程序循环 OB 和它调用的块中起作用；该指令在 OB80 中将被忽略。如果在优先级较高的块中（例如硬件中断、诊断中断和循环中断 OB）调用该指令，使能输出 ENO 将被置为 0，不执行该指令。

在组态 CPU 时，可以用参数"周期"设置循环周期监控时间，即最大循环时间，默认值为 150ms，最大设置值为 6000ms。

5. STP 指令

STP 指令的 EN 输入为"1"状态时，使 PLC 进入 STOP 模式。执行 STP 指令后，将使 CPU 集成的输出、信号板和信号模块的数字量输出或模拟量输出进入组态时设置的安全状态。可以使输出冻结在最后的状态，或将替代值设置为安全状态，如图 2-30 所示，组态模拟量输出与此类似。默认的数字量输出状态为 FALSE，默认的模拟量输出为"0"。

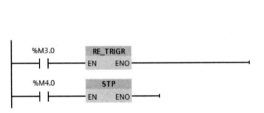

图 2-29　RE_TRIGR 和 STP 应用示例

图 2-30　组态数字量输出点

2.7　习题与思考

1．I2.7 是输入字节＿＿＿＿＿＿＿的第＿＿＿＿＿＿＿位。

2．MW0 是由＿＿＿＿＿＿＿、＿＿＿＿＿＿＿两个字节组成；其中＿＿＿＿＿＿＿是 MW0 的高字节，＿＿＿＿＿＿＿是 MW0 的低字节。

3．QD10 是由＿＿＿＿＿＿＿、＿＿＿＿＿＿＿、＿＿＿＿＿＿＿、＿＿＿＿＿＿＿字节组成。

4．Word（字）是 16 位＿＿＿＿＿＿＿符号数，Int（整数）是 16 位＿＿＿＿＿＿＿符号数。

5．字节、字、双字、整数、双整数和浮点数哪些是有符号的？哪些是无符号的？

6．使用定时器及比较指令编写占空比为 1:2、周期为 1.2s 的连续脉冲信号。

7．使用循环移位指令实现接在输出字 QB0 端口 8 盏灯的跑马灯往复点亮控制。

8．使用数学运算指令实现[8+9×6/(12+10)]/(6-2)运算，并将结果保存在 MW10 中。

9．使用逻辑运算指令将 MW0 和 MW10 合并后分别送到 MD20 的低字和高字中。

10．某设备有 3 台风机，当设备处于运行状态时，如果有两台或两台以上风机工作，则指示灯常亮，指示"正常"；如果仅有一台风机工作，则该指示灯以 0.5Hz 的频率闪烁，指示"一级报警"；如果没有风机工作，则指示灯以 2Hz 的频率闪烁，指示"严重报警"；当设备不运行时，指示灯不亮。

11．9s 倒计时控制，要求按下开始按钮后，数码管上显示 9，松开开始按钮后显示值按每秒递减，减到 0 时停止，然后再次从 9 开始倒计时，不断循环。无论何时按下停止按钮，数码管显示当前值，再次按下开始按钮，数码管显示值从当前值继续递减。

12．3 组抢答器控制，要求在主持人按下开始按钮后，3 组抢答按钮中按下任意一个按钮后，主持人前面的显示器能实时显示该组的编号，抢答成功组台前的指示灯亮起，同时锁住抢答器，使其他组按下抢答按钮时无效。若主持人按下停止按钮，则不能进行抢答，且显示器无显示。

第3章　程序结构的编程及应用

本章重点介绍西门子 S7-1200 PLC 中函数、函数块及组织块（包括程序循环组织块、启动组织块、循环中断组织块、延时中断组织块、硬件中断组织块）的创建及组态，并通过 3 个案例将其应用加以详细介绍，读者通过本章学习，能掌握 S7-1200 PLC 控制系统程序结构化、模块化的设计，以提高程序的可读性、可移植性和可维护性。

3.1　函数与函数块

S7-1200 PLC 同 S7-300/400 PLC 一样，编程采用块的概念，即将程序分解为独立的、自成体系的各个部件，块类似于子程序的功能，但类型更多，功能更强大。在工业控制中，程序往往是非常庞大和复杂的，采用块的概念便于大规模的设计和程序阅读及理解，还可以设计标准化的块程序进行重复调用，使程序结构清晰明了、修改方便、调试简单。采用块结构显著增加了 PLC 程序的组织透明性、可理解性和易维护性。

S7-1200 PLC 程序提供了多种不同类型的块，如表 3-1 所示。

表 3-1　S7-1200 PLC 的用户程序中的块

块（Block）	简 要 描 述
组织块（OB）	操作系统与用户程序的接口，决定用户程序的结构
函数（FC）	用户编写的包含经常使用的功能的子程序，无专用的存储区
函数块（FB）	用户编写的包含经常使用的功能的子程序，有专用的存储区（即背景数据块）
数据块（DB）	存储用户数据的数据区域

函数（Function，FC，又称为功能）和函数块（Function Block，FB，又称为功能块）都是用户编写的程序块，类似于子程序功能，它们包含完成特定任务的程序。用户可以将具有相同或相近控制过程的程序，编写好 FC 或 FB，然后在主程序 OB1 或其他程序块（包括组织块、函数和函数块）中调用 FC 或 FB。

FC 或 FB 与调用它的块共享输入、输出参数，执行完 FC 和 FB 后，将执行结果返回给调用它的程序块。

FC 没有固定的存储区，功能执行结束后，其局部变量中的临时数据就丢失了。可以用全局变量来存储那些在功能执行结果后需要保存的数据。而 FB 是有自己的存储区（背景数据块）的块，FB 的典型应用是执行不能在一个扫描周期结束的操作。每次调用 FB 时，都需要指定一个背景数据块。后者随函数块的调用而打开，在调用结束时自动关闭。FB 的输入、输出参数和静态变量（Static）用指定的背景数据块保存，但是不会保存临时局部变量（Temp）中的数据。函数块执行完后，背景数据块中的数据不会丢失。

视频"用户程序及块的创建"可通过扫描二维码 3-1 播放。

3-1
用户程序及块
的创建

3.1.1 函数

1. 生成 FC

打开 TIA 博途软件的项目视图，生成一个名为"FC_First"的新项目。双击项目树中的"添加新设备"，添加一个新设备，CPU 的型号选择为 CPU 1214C AC/DC/RLY。

打开项目视图中项目树中的文件夹"\PLC_1\程序块"，双击其中的"添加新块"，如图 3-1 左侧，打开"添加新块"对话框，如图 3-2 所示，单击其中的"函数"按钮，FC 默认编号方式为"自动"，且编号为 1，编程语言为 LAD（梯形图）。设置函数的名称为"M_lianxu"，默认名称为"块_1"（也可以对其重命名，右击项目树中程序块文件夹下的 FC，选择弹出列表中的"重命名"，然后对其更改名称）。勾选左下角的"新增并打开"选项，然后单击"确定"按钮，自动生成 FC1，并打开其编程窗口，此时可以在项目树的文件夹"\PLC_1\程序块"中看到新生成的 FC1(M_lianxu[FC1])，如图 3-1 所示。

图 3-1　FC1 的局部变量

2. 生成 FC 的局部数据

将鼠标的光标放在 FC1 的程序区最上面的分隔条上，按住鼠标的左键，往下拉动分隔条，分隔条上面为块接口（Interface）区，如图 3-1 右侧，分隔条下面是程序编辑区。将水平分隔条拉至程序编程器视窗的顶部，不再显示块接口区，但是它仍然存在。或者通过单击块接口区与程序编辑区之间的▲和▼按钮隐藏或显示块接口区。

在块接口区中可以生成局部变量，但只能在它所在的块中使用，且为符号寻址访问。块的局部变量的名称由字符（包括汉字）、下画线和数字组成，在编程时程序编辑器会自动在局部变量名前加上#号来标识它们（全局变量或符号使用双引号，绝对地址使用%）。由图 3-1 可知，函数主要用到以下 5 种局部变量。

1）Input（输入参数）：由调用它的块提供的输入数据。

图 3-2　添加新块——函数

2）Output（输出参数）：返回给调用它的块的程序执行结果。

3）InOut（输入/输出参数）：初值由调用它的块提供，块执行后将它的值返回给调用它的块。

4）Temp（临时数据）：暂时保存在局部堆栈中的数据。只是在执行块时使用临时数据，执行完后不再保存临时数据的数值，它可能被别的块的临时数据覆盖。

5）Return（返回）：Return 中的 M_lianxu（返回值）属于输出参数。

在函数 FC1 中实现两台电动机的连续运行控制，控制模式相同：按下起动按钮（电动机 1 对应 I0.0，电动机 2 对应 I0.2），电动机起动运行（电动机 1 对应 Q0.0，电动机 2 对应 Q0.2），按下停止按钮（电动机 1 对应 I0.1，电动机 2 对应 I0.3），电动机停止运行，电动机工作指示分别为 Q0.1 和 Q0.3。在此，电动机过载保护用的热继电器常闭触点接在 PLC 的输出回路中。

下面生成上述电动机连续控制的函数局部变量。

在 Input 下面的"名称"列生成变量"Start"和"Stop"，单击"数据类型"后的按钮▣，用下拉列表设置其数据类型为 Bool（默认为 Bool 型）。

在 InOut 下面的"名称"列生成变量"Display"，选择数据类型为 Bool。

在 Output 下面的"名称"列生成变量"Motor"，选择数据类型为 Bool。

生成局部变量时，不需要指定存储器地址。根据各变量的数据类型，程序编辑器会自动为所有局部变量指定存储器地址。

图 3-1 中的返回值 M_lianxu（函数 FC 的名称）属于输出参数，默认的数据类型为 Void，该数据类型不保存数据，用于函数不需要返回值的情况。在调用 FC1 时，看不到 M_lianxu。如果将它设置为 Void 以外的数据类型，在 FC1 内部编程时可以使用该变量，调用 FC1 时可以在方框的右边看到作为输出参数的 M_lianxu。

3．编写 FC 程序

在自动打开的 FC1 程序编辑视窗中编写上述电动机连续运行控制的程序，程序编辑窗口与主程序 Main[OB1]编辑窗口相同。电动机连续运行的程序设计如图 3-3 所示，并对其进行编译。

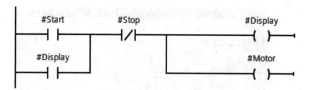

图 3-3   FC1 的电动机连续运行程序

编程时单击触点或线圈上方的<??.?>时，可手动输入其名称，或再次单击<??.?>，通过弹出的按钮▦，用下拉列表选择其变量。

 注意： 如果定义变量"Dispaly"为"Output"参数，则在编写 FC1 程序的自锁常开触点时，系统会提示""# Display"变量被声明为输出，但是可读"的警告！并且此处触点无法显示黑色而为棕色。在主程序编译时也会提出相应的警告。在执行程序时，电动机只能点动，不能连续，即线圈得电，而自锁触点不能闭合。

4. 在 OB1 中调用 FC1

在 OB1 程序编辑视窗中，将项目树中的 FC1 拖放到右边的程序区的水平"导线"上，如图 3-4 所示。FC1 的方框中左边的"Start"等是 FC1 的接口区中定义的输入参数和输入/输出参数，右边的"Motor"是输出参数。它们被称为 FC 的形式参数，简称为形参。形参在 FC 内部的程序中使用，在其他逻辑块（包括组织块、函数和函数块）调用 FC 时，需要为每个形参指定实际的参数，简称为实参。实参与它对应的形参应具有相同的数据类型。

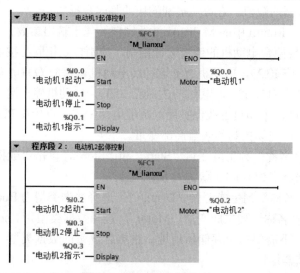

图 3-4   在 OB1 中调用 FC1

指定形参时，可以使用变量表和全局数据块中定义的符号地址或绝对地址，也可以是调用 FC1 的块（例如 OB1）的局部变量。

如果在 FC1 中不使用局部变量，直接使用绝对地址或符号地址进行编程，则如同在主程序中编程一样，若使用 FC1 程序段，必须在主程序或其他逻辑块加以调用。若上述控制要求在 FC1 中未使用局部变量（无形式参数），则编程如图 3-5 所示。

在 OB1 中调用 FC1（有形参），如图 3-6 所示。

从上述使用形参和未使用形参进行 FC1 的编程及调用来看，使用形参编程比较灵活、方便，特别是对于功能相同或相近的程序来说，只需要在调用的逻辑块中改变 FC 的实参即可，便于用户阅读及程序的维护，而且能做到模块化和结构化的编程，比线性化方式编程更易理解控制系统的各种功能及各功能之间的相互关系。建议用户使用有形参的 FC 的编程方式，包括 3.1.2 节中对 FB 的编程。

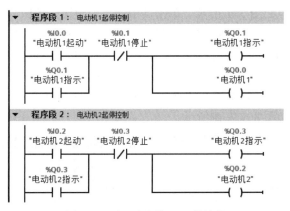

图 3-5　无形式参数 FC1 的编程

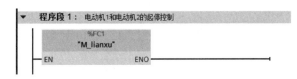

图 3-6　有形参 FC1 的调用

5．调试 FC 程序

选中项目 PLC_1，将组态数据和用户程序下载到 CPU，将 CPU 切换到 RUN 模式。单击巡视窗口编辑器栏上相应 FC 按钮，打开 FC 的程序编辑视窗，单击工具栏上的 按钮，启动程序状态监控功能，监控方法同主程序。

6．为块提供密码保护

选中需要密码保护的 FC（或 FB、OB 等其他逻辑块），右击执行命令"编辑"→"专有技术保护"，在打开的"定义密码"对话框中输入新密码和确认密码，单击"确定"按钮后，项目树中相应的 FC 的图标上会出现一把锁的符号 ，表示相应的 FC 受到保护。

单击巡视窗口编辑器栏上相应 FC 按钮，打开 FC 程序编辑视窗，此时可以看到接口区的变量，但是看不到程序区的程序。双击项目树中程序块文件夹下带保护的 FC 时，会弹出"访问保护"对话框，要求输入 FC 的保护密码，密码输入正确后，单击"确定"按钮，可以看到程序区的程序。

视频"无形参函数的创建与调用"可通过扫描二维码 3-2 播放。

视频"带形参函数的创建与调用"可通过扫描二维码 3-3 播放。

3.1.2　函数块

1．生成 FB

打开 TIA 博途软件的项目视图，生成一个名为"FB_First"的新项目。双击项目树中的

"添加新设备"，添加一个新设备，CPU 的型号选择为 CPU 1214C AC/DC/RLY。

打开项目视图中的文件夹 "\PLC_1\程序块"，双击其中的 "添加新块"，如图 3-7 左侧，打开 "添加新块" 对话框，如图 3-1 所示，单击其中的 "函数块" 按钮，FB 默认编号方式为 "自动"，且编号为 1，编程语言为 LAD（梯形图）。设置函数块的名称为 "M_baozha"，默认名称为 "块_1"（也可以对其重命名，右击程序块文件夹下的 FB，选择弹出列表中的 "重命名"，然后对其更改名称）。勾选左下角的 "新增并打开" 选项，然后单击 "确定" 按钮，自动生成 FB1，并打开其程序编辑窗口，此时可以在项目树的文件夹 "\PLC_1\程序块" 中看到新生成的 FB1(M_baozha[FB1])，如图 3-7 左侧所示。

图 3-7　FB1 的局部变量

2. 生成 FB 的局部数据

将鼠标的光标放在 FB1 的程序区最上面的分隔条上，按住鼠标的左键，往下拉动分隔条，分隔条上面的功能接口（Interface）区，如图 3-7 右侧，分隔条下面是程序编辑区。将水平分隔条拉至程序编程器视窗的顶部，不再显示接口区，但是它仍然存在。

与函数相同，函数块的局部变量中也有 Input（输入）参数、Output（输出）参数、InOut（输入/输出）参数和 Temp（临时）等参数。

函数块执行完后，下一次重新调用它时，其 Static（静态）变量中的值保持不变。

背景数据块中的变量就是其函数块变量中的 Input、Output、InOut 参数和 Static 变量，如图 3-7 和图 3-8 所示。函数块的数据永久性地保存在它的背景数据块中，在函数块执行完后也不会丢失，以供下次使用。其他代码块可以访问背景数据块中的变量。不能直接删除和修改背景数据块中的变量，只能在它的函数块的功能接口区中删除和修改这些变量。

图 3-8　FB1 的背景数据块

函数块的输入、输出参数和静态变量，它们被自动指定为一个默认值，可以修改这些默认值。变量的默认值被传送给 FB 的背景数据块，作为同一变量的初始值。可以在背景数据块中修改变量的初始值。调用 FB 时，没有指定实参的形参使用背景数据块中的初始值。

3．编写 FB 程序

在此，FB 程序的控制要求为：用输入参数 Start 和 Stop 控制输出参数 Motor。按下 Start，断电延时定时器（TOF）开始定时，输出参数 Brake 为"1"状态，经过输入参数 T_time 设置的时间预置值后，停止制动。

在自动打开的 FB1 程序编辑视窗中编写上述电动机及抱闸控制的程序，程序编辑窗口与主程序 Main[OB1]编辑窗口相同。其控制程序如图 3-9 所示，并对其进行编译。

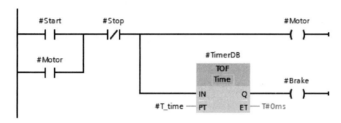

图 3-9　FB1 中的程序

 注意：将定时器 TOF 指令拖放到 FB 的程序区时，在弹出的"调用选项"对话框中选中"多重背景"，在"接口参数中的名称"栏用选择框选中列表中的"TimerDB"，用 FB 的静态变量"TimerDB"提供定时器的背景数据块，即定时器的背景数据块不能用实参，而要用静态变量中的形参（如 TimerDB），其数据类型为 IEC_TIMER。这样做的好处是含有定时器的 FB 可被多次调用，而且在每次调用时，都会有独立的 DB 块存放单独的定时器数据用于定时。如果定时器指令的背景数据块用实参，则在多次被调用时，定时器不能独立工作，因而相互影响导致程序执行错误，除非含有定时器的 FB 只被调用 1 次。

4．在 OB1 中调用 FB

在 OB1 程序编辑视窗中，将项目树中的 FB 拖放到右边的程序区的水平"导线"上，松开鼠标左键时，在弹出的"调用选项"对话框中，输入 FB1 背景数据块名称，这里采用默认名称，如图 3-10 所示，单击"确定"按钮后，则自动生成 FB1 的背景数据块 DB1。FB1 的方框中左边的"Start"等是 FB1 的接口区中定义的输入参数和输入/输出参数，右边的"Brake"是输出参数。它们是 FB1 的形参，在此将它们的实参分别赋值为 I0.0、I0.1、T#15S、Q0.0、Q0.1，如图 3-11 所示。

图 3-10　创建 FB1 的背景数据块

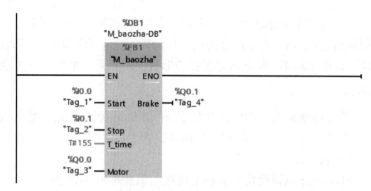

图 3-11　在 OB1 中调用 FB1

5. 处理调用错误

在 OB1 中已经调用了 FB1，若在 FB1 中增/减某个参数、修改某个参数名称或某个参数默认值，则 OB1 中被调用的 FB1 的方框、字符、背景数据块将变为红色，这时单击程序编辑器工具栏上的 🔽 按钮（更新不一致的块调用），此时 FB1 中的红色错误标记将会消失。也可以在 OB1 中删除 FB1，重新调用即可。

3.2　案例 7　多级分频器的 PLC 控制

3.2.1　目的

1）掌握无形参函数 FC 的应用。
2）掌握有形参函数 FC 的应用。

3.2.2　任务

使用 S7-1200 PLC 实现多级分频器的控制，要求当转换开关 SA 接通时，分别从 Q0.0、Q0.1、Q0.2 和 Q0.3 输出频率为 1Hz、0.5Hz、0.25Hz 和 0.125Hz 的脉冲信号，同时接在输出端 Q0.5、Q0.6、Q0.7 和 Q1.0 的相应指示灯亮。当转换开关 SA 关断时，无脉冲输出且所有指示灯全部熄灭。

3.2.3　步骤

1. I/O 分配

根据 PLC 输入/输出点分配原则及本案例控制要求，进行 I/O 地址分配，如表 3-2 所示。

表 3-2　多级分频器的 PLC 控制 I/O 分配表

输　　入		输　　出	
输入继电器	元器件	输出继电器	元器件
I0.0	转换开关 SA	Q0.0	1Hz 脉冲输出

（续）

输　　入		输　　出	
输入继电器	元器件	输出继电器	元器件
		Q0.1	0.5Hz 脉冲输出
		Q0.2	0.25Hz 脉冲输出
		Q0.3	0.125Hz 脉冲输出
		Q0.5	1Hz 脉冲指示 HL1
		Q0.6	0.5Hz 脉冲指示 HL2
		Q0.7	0.25Hz 脉冲指示 HL3
		Q1.0	0.125Hz 脉冲指示 HL4

2. 硬件原理图

根据控制要求及表 3-2 的 I/O 分配表，多级分频器 PLC 控制的 I/O 接线图如图 3-12 所示。

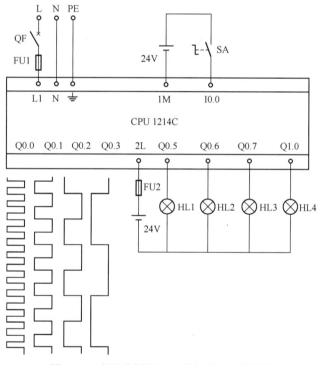

图 3-12　多级分频器 PLC 控制的 I/O 接线图

 注意： 本案例采用 CPU 1214C DC/DC/DC 型 PLC，除非将 PLC 的输出频率降低，以确保最高输出频率为 1Hz，否则不宜采用 AC/DC/RLY 型 CPU。

3. 创建工程项目

双击桌面上的 TIA 图标，打开 TIA 博途编程软件，在 Portal 视图中选择"创建新项目"，输入项目名称"F_duofen"，选择项目保存路径，然后单击"创建"按钮完成创建，并进行项目的硬件组态。

4. 编辑变量表

本案例变量表如图 3-13 所示。

图 3-13　多级分频器 PLC 控制的变量表

5. 编写程序

（1）创建无形参函数 FC1

当转换开关 SA 未接通时，主要是将 PLC 的输出端口清 0，程序比较简单，在此采用无形参数函数 FC1。

1）生成函数 FC1。

打开项目视图中的文件夹"\PLC_1\程序块"，双击其中的"添加新块"，打开"添加新块"对话框，单击其中的"函数"按钮，生成 FC1，设置函数块的名称为"清零"。

2）编写 FC1 的程序。

无形参函数的 FC1 程序如图 3-14 所示。

（2）创建有形参函数 FC2

4 个分频输出的电路原理一样，但它们的输入/输出参数不一样，所以只要生成一个有参函数 FC2，分 4 次调用即可。

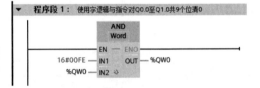

图 3-14　无形参函数的 FC1 程序

1）生成函数 FC2。

打开项目视图中的文件夹"\PLC_1\程序块"，双击其中的"添加新块"，打开"添加新块"对话框，单击其中的"函数"按钮，生成 FC2，设置函数块的名称为"二分频器"。

2）编辑 FC2 的局部变量。

在 FC2 中需要定义 4 个局部变量，如表 3-3 所示。

表 3-3　函数 FC2 的局部变量

接口类型	变 量 名	数据类型	注　　释	接口类型	变 量 名	数据类型	注　　释
Input	S_IN	Bool	脉冲输入信号	Output	LDE	Bool	输出状态指示
Input	F_P	Bool	边沿检测标志	InOut	S_OUT	Bool	脉冲输出信号

3）编写 FC2 程序。

二分频电路时序图如图 3-15 所示。可以看到，输入信号每出现一次上升沿，输出便改变一次状态，据此可以采用上升沿检测指令实现。

使用跳转指令实现的二分频电路的 FC2 程序如图 3-16 所示。

如果输入信号"S_IN"出现上升沿，则对"S_OUT"取反，然后将信号"S_OUT"状态送"LED"显示，否则程序直接跳转到"SSY"处执行，将"S_OUT"信号状态送"LED"显示。

（3）在 OB1 中调用 FC1 和 FC2 程序

本案例需要启用系统储存器字节和时间存储器字节，均采用默认字节。首次"S_IN"信号取自时钟存储器字节中位 M0.3，即提供 2Hz 脉冲信号；同时，还需要使用首次循环位 M1.0，调用 FC1 清零函数，OB1 程序如图 3-17 所示。

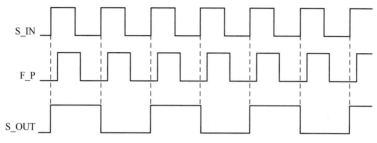

图 3-15　二分频电路时序图

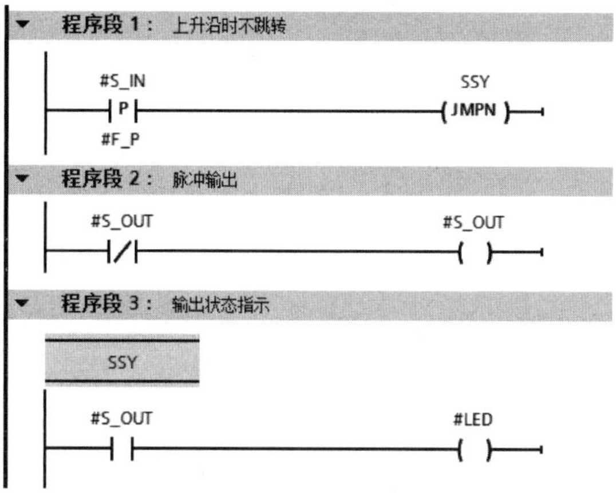

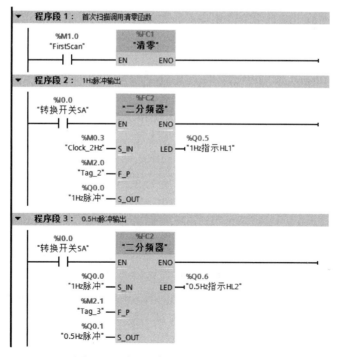

图 3-16　FC2 程序

图 3-17　多级分频器的 PLC 控制程序

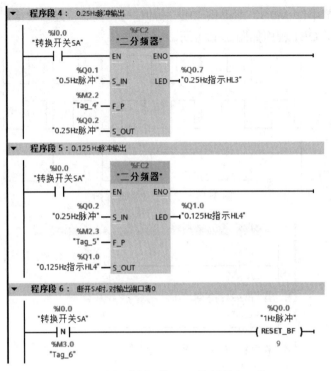

图 3-17　多级分频器的 PLC 控制程序（续）

6. 调试程序

将调试好的用户程序及设备组态下载到 CPU 中，并连接好线路。接通转换开关 SA，观察 PLC 输出端 Q0.0～Q0.3 的 LED 闪烁情况及输出端 Q0.5～Q1.0 上 4 盏指示灯亮灭情况，若断开转换开关 SA，PLC 的输出端是否均停止输出。如果上述调试现象与控制要求一致，则说明本案例任务实现。

3.2.4　训练

1）训练 1：用二级分频器电路实现 3Hz、6Hz 和 12Hz 的脉冲输出。

2）训练 2：用函数 FC 实现电动机的丫-△减压起动控制。

3）训练 3：用函数块 FB 实现两台电动机的顺起逆停控制，延时时间均为 5s，在 FB 的输入参数中设置初始值或使用静态变量。

3.3　组织块

组织块（Organization Block，OB）是操作系统与用户程序的接口，由操作系统调用。组织块除了可以用来实现 PLC 扫描循环控制以外，还可以完成 PLC 的起动、中断程序的执行和错误处理等功能。熟悉各类组织块的使用对于提高编程效率和程序的执行速率有很大的帮助。

3.3.1　事件和组织块

事件是 S7-1200 PLC 操作系统的基础，有能够启动 OB 和无法启动 OB 两种类型的事件。能够启动 OB 的事件会调用已分配给该事件的 OB 或按照事件的优先级将其输入队列，如果没有为该事件分配 OB，则会触发默认系统响应。无法启动 OB 的事件会触发相关事件类别的默认系统响应。因此，用户程序循环取决于事件和给这些事件分配的 OB，以及包含在 OB 中的程序代码或在 OB 中调用的程序代码。

表 3-4 所示为能够启动 OB 的事件，其中包括相关的事件类别。无法启动 OB 的事件如表 3-5 所示，其中包括操作系统的相应响应。

表 3-4　能够启动 OB 的事件

事件类别	OB 号	OB 数目	启动事件	OB 优先级	优先级组
程序循环	1 或≥123	≥1	启动或结束上一个循环 OB	1	1
启动	100 或≥123	≥0	STOP 到 RUN 的转换	1	
时间中断	10～17 或≥123	最多 2 个	已到达启动时间	2	2
延时中断	20～23 或≥123	最多 4 个	延时时间到	3	
循环中断	30～38 或≥123		固定的循环时间到	8	
硬件中断	40～47 或≥123	≤50	上升沿≤16 个，下降沿≤16 个	18	
			HSC：计数值=参考值（最多 6 次）HSC：计数方向变化（最多 6 次）HSC：外部复位（最多 6 次）	18	
诊断错误中断	82	0 或 1	模块检测到错误	5	
时间错误	80	0 或 1	超过最大循环时间，调用的 OB 正在执行，队列溢出，因中断负载过高而丢失中断	26	3

表 3-5　无法启动 OB 的事件

事件类型	事件	事件优先级	系统响应
插入/卸下	插入/卸下模块	21	STOP
访问错误	刷新过程映像的 I/O 访问错误	22	忽略
编程错误	块内的编程错误	23	STOP
I/O 访问错误	块内的 I/O 访问错误	24	STOP
超过最大循环时间两倍	超过最大循环时间两倍	27	STOP

事件一般按优先级的高低来处理，先处理高优先级的事件。优先级相同的事件按"先来先服务"的原则处理。

高优先级组的事件可以中断低优先级组的事件的 OB 的执行，例如第 2 优先级组的所有事件都可以中断程序循环 OB 的执行，第 3 优先级组的时间错误 OB 可以中断所有其他的 OB。

一个 OB 正在执行时，如果出现了另一个具有相同或较低优先级组的事件，后者不会中断正在处理的 OB，将根据它的优先级添加到对应的中断队列排队等待。当前的 OB 被处理完后，再处理排队的事件。

3.3.2 程序循环组织块

需要连续执行的程序放在程序循环组织块 OB1 中，因此 OB1 也常被称为主程序（Main），CPU 在 RUN 模式下循环执行 OB1，可以在 OB1 中调用 FC 和 FB。一般用户程序都写在 OB1 中。

如果用户程序生成了其他程序循环 OB，CPU 按 OB 的编号顺序执行它们，首先执行主程序 OB1，然后执行编号大于等于 123 的循环程序 OB。一般只需要一个程序循环组织块。打开 TIA 博途编程软件的项目视图，生成一个名为"组织块例程"的新项目。双击项目树中的"添加新设备"，添加一个新设备，CPU 的型号为 CPU 1214C。

打开项目视图中的文件夹"\PLC_1\程序块"，双击其中的"添加新块"，单击打开的对话框中的"组织块"按钮，如图 3-18 所示，选中列表中的"Program cycle"，生成一个程序循环组织块，OB 默认的编号为 123（可手动设置 OB 的编号，最大编号为 32767），语言为 LAD（梯形图）。块的名称为默认的 Main_1。单击右下角的"确认"按钮，OB 块被自动生成，可以在项目树的文件夹"\PLC_1\程序块"中看到新生成的 OB123。

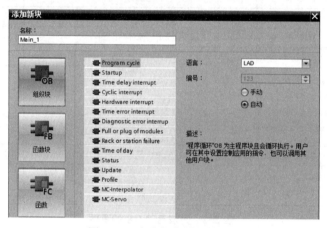

图 3-18　生成程序循环组织块

分别在 OB1 和 OB123 中输入简单的程序，如图 3-19 和图 3-20 所示，将它们下载到 CPU，并切换到 RUN 模式后，可以用 I0.0 和 I0.1 分别控制 Q0.0、Q0.1 和 Q0.2，说明 OB1 和 OB123 均被循环执行。

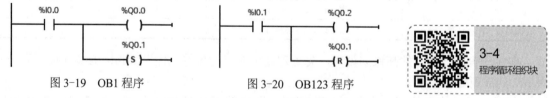

图 3-19　OB1 程序　　　　图 3-20　OB123 程序

视频"程序循环组织块"可通过扫描二维码 3-4 播放。

3.3.3 启动组织块

接通 CPU 电源后，S7-1200 PLC 在开始执行用户程序循环组织块之前首先执行启动组织块。通过编写启动 OB，可以在启动程序中为程序循环组织块指定一些初始的变量，或给某些变量赋值，即初始化。系统对启动 OB 数量没有要求，允许生成多个启动 OB，默认的是 OB100，其他启动 OB 的编号应大于等于 123，一般只需要一个启动 OB，或不使用。

S7-1200 PLC 支持 3 种启动模式：不重新启动模式、暖启动-RUN 模式、暖启动-断电前的操作模式。无论选择哪种启动模式，已编写的所有启动 OB 都会执行，并且 CPU 是按 OB 的编号顺序执行它们，首先执行启动组织块 OB100，然后执行编号大于等于 123 的启动组织块 OB，如图 3-21 所示。

图 3-21　S7-1200 PLC 的启动模式

在"组织块例程"中，用上述方法生成启动组织块 OB100 和 OB124。分别在启动组织块 OB100 和 OB124 中生成初始化程序，如图 3-22 和图 3-23 所示。将它们下载到 CPU，并切换到 RUN 模式后，可以看到 QB100 被初始化为 16#F0，再经过执行 OB124 中的程序，最后 QB0 被初始化为 16#FF。

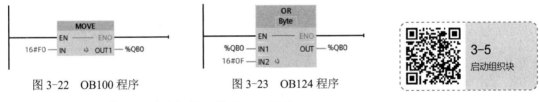

图 3-22　OB100 程序　　　　图 3-23　OB124 程序

视频"启动组织块"可通过扫描二维码 3-5 播放。

3.3.4　循环中断组织块

中断功能是用中断程序及时地处理中断事件，中断事件与用户程序的执行时序无关，有的中断事件不能事先预测何时发生。中断程序不是由用户程序调用的，而是在中断事件发生时由操作系统调用。中断程序是用户编写的。中断程序应该优化，在执行完某项特定任务后应返回被中断的程序。设计中断程序时应遵循"越短越好"的原则。

S7-1200 PLC 提供了表 3-4 中所述的中断组织块。下面首先介绍循环中断组织块。

在设定的时间间隔，循环中断（Cyclic interrupt）组织块被周期性地执行，例如周期性地定时执行闭环控制系统的 PID 运算程序等，循环中断 OB 的编号为 30～38 或大于等于 123。

用上述介绍的方法生成循环中断组织块 OB30，如图 3-24 所示。可以看出循环中断的时间间隔（循环时间）的默认值为 100ms（是基本时钟周期 1ms 的整数倍），可将它设置为 1～60000ms。

右击项目树下程序块文件夹中已生成的 Cyclic interrupt[OB30]，在弹出的对话框中单击"属性"选项，打开循环中断 OB 的属性对话框，在"常规"选项卡中可以更改 OB 的编号，在"循环中断"选项中（如图 3-25 所示），可以修改已生成循环中断 OB 的循环时间及相移。

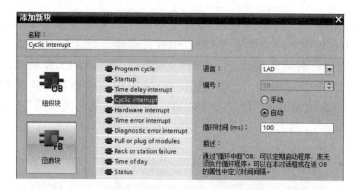

图 3-24 生成循环中断组织块 OB30

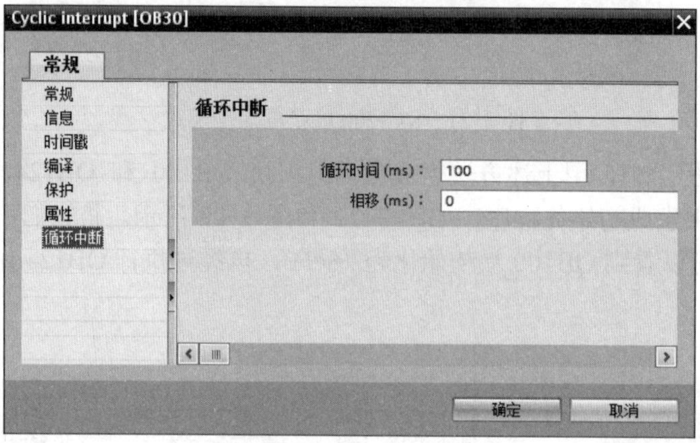

图 3-25 循环中断组织块 OB 的属性对话框

相移（相位偏移，默认值为 0）是基本时间周期相比启动时间所偏移的时间，用于错开不同时间间隔的几个循环中断 OB，使它们不会被同时执行，即如果使用多个循环中断 OB，当这些循环中断 OB 的时间基数有公倍数时，可以使用该相移来防止他们同时被启动。相移的设置范围为 1~100（单位是 ms），其数值必须是 0.001 的整数倍。

视频"循环中断组织块"可通过扫描二维码 3-6 播放。

3-6
循环中断组织块

3.3.5 延时中断组织块

定时器指令的定时误差较大，如果需要高精度的延时，可以使用时间延时中断。在过程事件出现后，延时一定的时间再执行时间延时（Time delay）中断 OB。在指令 SRT_DINT 的 EN 使能输入的上升沿，启动延时过程。用该指令的参数 DTIME（1~60000ms）来设置延时时间，如图 3-26 所示。用参数 OB_NR 来指定延时时间到时调用的 OB 的编号，S7-1200 PLC 未使用参数 SIGN，因此可以设置任意的值。RET_VAL 是指令执行的状态代码。

延时中断启用完后，若不再需要使用延时中断，则可使用 CAN_DINT 指令来取消已启动的延时中断 OB，还可以在超出所组态的延时时间之后取消调用待执行的延时中断 OB。在 OB_NR 参数中，可以指定将取消调用的组织块编号。

用上述方法生成时间延时中断 OB，其编号为 20~23 或大于等于 123。要使用延时中断

OB，需要调用指令 SRT_DINT 且将延时中断 OB 作为用户程序的一部分下载到 CPU。只有在 CPU 处于"RUN"模式时才会执行延时中断 OB。暖启动将清除延时中断 OB 的所有启动事件。

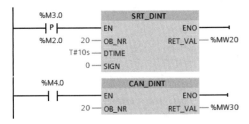

图 3-26　SRT_DINT 和 CAN_DINT 指令

视频"延时中断组织块"可通过扫描二维码 3-7 播放。

3.3.6　硬件中断组织块

1. 硬件中断事件与硬件中断组织块

硬件中断（Hardware interrupt）组织块用来处理需要快速响应的过程事件。出现 CPU 内置的数字量输入的上升沿、下降沿或高速计数器事件时，要立即中止当前正在执行的程序，改为执行对应的硬件中断 OB。硬件中断组织块没有启动信息。

最多可以生成 50 个硬件中断 OB，在硬件组态时定义中断事件，硬件中断 OB 的编号为 40～47 或大于等于 123。S7-1200 PLC 支持下列中断事件。

1）上升沿事件：CPU 内置的数字量输入（根据 CPU 型号而定，最多为 12 个）和 4 点信号板上的数字量输入由 OFF 变为 ON 时，产生的上升沿事件。

2）下降沿事件：上述数字量由 ON 变为 OFF 时，产生的下降沿事件。

3）高速计数器 1～6 的实际计数值等于设置值（CV=PV）。

4）高速计数器 1～6 的方向改变：计数值由增大变为减小，或由减小变为增大。

5）高速计数器 1～6 的外部复位：某些高速计数器的数字量外部复位输入由 OFF 变为 ON 时，将计数值复位为 0。

2. 生成硬件中断组织块

用上述介绍的方法生成硬件中断 OB40，如图 3-27 所示。可以看出硬件中断 OB 默认的编号是 40，名称为 Hardware interrupt，编程语言为 LAD（梯形图），若再生成一个硬件中断 OB，则编号为 41，名称为 Hardware interrupt_1。

3. 组态硬件中断 OB40

双击项目树的文件夹"PLC_1"中的"设备组态"，打开设备视图，首先选中 CPU，打开工作区下面的巡视窗口的"属性"选项卡，选中左边的"数字量输入"的通道 0，即 I0.0，如图 3-28 所示，选中复选框激活"启用上升沿检测"功能。单击"硬件中断"右边的■按钮，在弹出的 OB 列表中选择"Hardware interrupt[OB40]"，如图 3-29 所示，然后单击按钮☑以确定，如果单击☒按钮，则取消当前选择的中断 OB，如果单击■新增按钮，则说明弹出的 OB 列表中没有需要选中的硬件中断组织块，需要新增一个硬件中断组织块。如果选择 OB 列表中的"—"，表示没有 OB 连接到 I0.0 的上升沿中断事件。在此将 OB40 指定给 I0.0 的上升沿中断事件，出现该中断事件后，将会调用 OB40。

图 3-27　生成的硬件中断组织块 OB40

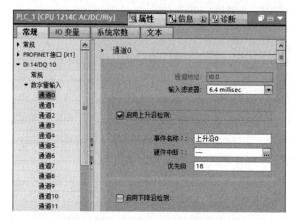

图 3-28　组态硬件中断组织块

图 3-29　为中断事件选择硬件中断组织块

4. 编写硬件中断 OB 的程序

根据控制要求，在硬件中断 OB 中编写相应的控制程序，其程序编辑视窗同主程序及其他程序块，编程内容根据控制要求而定。

视频"硬件中断组织块"可通过扫描二维码 3-8 播放。

3-8
硬件中断组织块

3.4　案例 8　电动机断续运行的 PLC 控制

3.4.1　目的

1）掌握启动组织块的应用。

2）掌握循环中断组织块的应用。

3.4.2　任务

使用 S7-1200 PLC 实现电动机断续运行的控制，要求电动机在起动后，工作 3h，停止 1h，再工作 3h，停止 1h，如此循环；当按下停止按钮后立即停止运行。系统要求使用循环中断组织块实现上述工作和停止时间的延时功能。

3.4.3　步骤

1. I/O 分配

根据 PLC 输入/输出点分配原则及本案例控制要求，进行 I/O 地址分配，如表 3-6 所示。

表 3-6　电动机断续运行的 PLC 控制 I/O 分配表

输　　入		输　　出	
输入继电器	元 器 件	输出继电器	元 器 件
I0.0	起动按钮 SB1	Q0.0	交流接触器 KM
I0.1	停止按钮 SB2		
I0.2	过载保护 FR		

2. I/O 接线图

根据控制要求及表 3-6 的 I/O 分配表，电动机断续运行 PLC 控制的 I/O 接线图如图 3-30 所示。

3. 创建工程项目

双击桌面上的 TIA 图标，打开 TIA 博途编程软件，在 Portal 视图中选择"创建新项目"，输入项目名称"M_duanxu"，选择项目保存路径，然后单击"创建"按钮完成创建。

4. 编辑变量表

本案例变量表如图 3-31 所示。

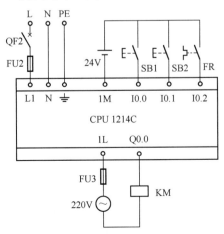

图 3-30　电动机断续运行 PLC 控制的 I/O 接线图

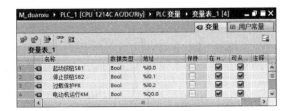

图 3-31　电动机断续运行 PLC 控制的变量表

5．编写程序

（1）生成 OB100

打开项目视图中的文件夹"\PLC_1\程序块"，双击其中的"添加新块"，单击打开的对话框中的"组织块"按钮，选中列表中的"Startup"，生成一个启动 OB100。

（2）编写 OB100 程序

在启动组织块中对循环中断计数值 MW10 清 0，其程序如图 3-32 所示。

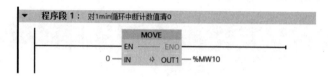

图 3-32　电动机断续运行 PLC 控制的 OB100 程序

（3）生成 OB30

打开项目视图中的文件夹"\PLC_1\程序块"，双击其中的"添加新块"，单击打开的对话框中的"组织块"按钮，选中列表中的"Cyclic interrupt"，生成一个循环中断 OB30，循环时间设置为 60000ms，即 1min。

（4）编写 OB30 程序

在循环中断组织块中对循环中断次数进行计数，当计数值为 240 次（即 4h 时），对计数值 MW10 清 0，其程序如图 3-33 所示。

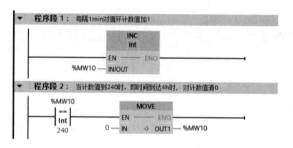

图 3-33　电动机断续运行的 PLC 控制 OB30 程序

（5）编写 OB1 程序

在主程序 OB1 中完成电动机的继续运行控制，即系统起动后时间小于 3h 时电动机运行，时间在 3～4h 之间时电动机停止运行，如此循环工作，其程序如图 3-34 所示。

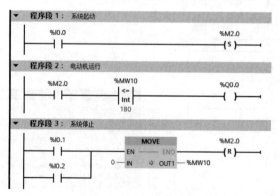

图 3-34　电动机断续运行 PLC 控制的 OB1 程序

6. 调试程序

将调试好的用户程序下载到 CPU 中，并连接好线路。按下起动按钮 SB1，观察电动机是否按系统设置时间进行断续运行（建议调试时将时间设置短些）；若按下停止按钮 SB2，电动机是否立即停止运行。若上述调试现象与控制要求一致，则说明本案例任务实现。

3.4.4　训练

1）训练 1：用循环中断实现两台电动机的顺起顺停控制。
2）训练 2：用循环中断实现 QB0 端口 8 盏彩灯以流水灯形式的点亮控制。
3）训练 3：用两个循环中断实现本案例控制。

3.5　案例 9　电动机延时停止的 PLC 控制

3.5.1　目的

1）掌握延时中断组织块的应用。
2）掌握硬件中断组织块的应用。

3.5.2　任务

使用 S7-1200 PLC 实现电动机延时停止的控制，要求系统起动后，电动机立即直接起动并运行；若按下停止按钮 60s 后电动机才能停止，若发生过载则电动机立即停止运行。系统要求使用延时中断实现电动机的延时停止，通过硬件中断实现过载立即停机功能。

3.5.3　步骤

1. I/O 分配

根据 PLC 输入/输出点分配原则及本案例控制要求，进行 I/O 地址分配，如表 3-7 所示。

表 3-7　电动机延时停止的 PLC 控制 I/O 分配表

输　入		输　出	
输入继电器	元 器 件	输出继电器	元 器 件
I0.0	系统起动按钮 SB1	Q0.0	交流接触器 KM
I0.1	电动机停止按钮 SB2		
I0.2	过载保护 FR		

2. I/O 接线图

根据控制要求及表 3-7 的 I/O 分配表，电动机延时停止 PLC 控制的 I/O 接线图如图 3-35 所示。

3. 创建工程项目

双击桌面上的图标，打开 TIA 博途编程软件，在 Portal 视图中选择"创建新项目"，输入项目名称"M_yanstz"，选择项目保存路径，然后单击"创建"按钮完成创建。

4. 编辑变量表

本案例变量表如图 3-36 所示。

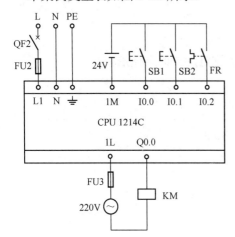

图 3-35　电动机延时停止 PLC 控制的 I/O 接线图

图 3-36　电动机延时停止 PLC 控制的变量表

5. 编写程序

（1）生成 OB40

打开项目视图中的文件夹"\PLC_1\程序块"，双击其中的"添加新块"，单击打开的对话框中的"组织块"按钮，选中列表中的"Hardware interrupt"，生成一个硬件中断 OB40。

（2）组态硬件中断 OB40

双击项目树的文件夹"PLC_1"中的"设备组态"，打开设备视图，首先选中 CPU，打开工作区下面的巡视窗口的"属性"选项卡，选中左边的"数字量输入"的通道 3，即 I0.2，可参考图 3-28，选中复选框激活"启用上升沿检测"功能。单击"硬件中断"右边的 按钮，在弹出的 OB 列表中选择"Hardware interrupt[OB40]"，然后单击 按钮以确定。出现该中断事件（电动机发生过载）后，将会调用 OB40。

（3）编写 OB40 程序

在硬件中断 OB40 程序中需要取消延时中断和停止电动机的运行，控制程序如图 3-37 所示。

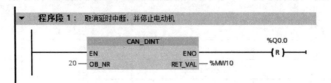

图 3-37　电动机延时停止 PLC 控制的 OB40 程序

（4）生成并编写 OB20 程序

打开项目视图中的文件夹"\PLC_1\程序块"，双击其中的"添加新块"，单击打开的对话框中的"组织块"按钮，选中列表中的"Time delay interrupt"，生成一个延时中断 OB20。

在延时中断 OB20 中，仅需要将电动机停止运行即可，控制程序如图 3-38 所示。

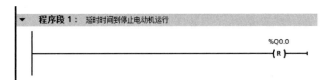

图 3-38　电动机延时停止 PLC 控制的 OB20 程序

（5）编写 OB1 程序

在主程序 OB1 的起动电动机，启动延时中断组织块，控制程序如图 3-39 所示。

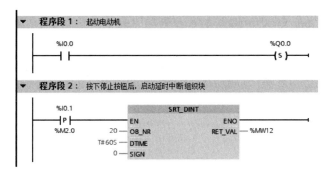

图 3-39　电动机延时停止 PLC 控制的 OB40 程序

6. 调试程序

将调试好的用户程序及设备组态下载到 CPU 中，并连接好线路。按下起动按钮 SB1，观察电动机是否立即起动；按下停止按钮 SB2，观察电动机是否延时 60s 后才停止运行，再次起动电动机，人为接通热继电器，观察电动机是否立即停止运行。若上述调试现象与控制要求一致，则说明本案例任务实现。

3.5.4　训练

1）训练 1：用延时中断实现案例 8 的控制。

2）训练 2：用延时中断实现 QB0 端口 8 盏彩灯以跑马灯形式的点亮控制。

3）训练 3：用两个延时中断和硬件中断实现两台电动机的顺起逆停控制。

3.6　习题与思考

1. S7-1200 PLC 的用户程序中的块包括＿＿＿＿、＿＿＿＿、＿＿＿＿和＿＿＿＿。

2. 背景数据块是＿＿＿＿的存储区。

3. 调用＿＿＿＿、＿＿＿＿、＿＿＿＿等指令及＿＿＿＿块时需要指定其背景数据块。

4. 在梯形图调用函数块时，方框内是函数块的＿＿＿＿，方框外是对应的＿＿＿＿。方框的左边是块的＿＿＿＿参数和＿＿＿＿参数，右边是块的＿＿＿＿参数。

5. S7-1200 在起动时调用 OB＿＿＿＿。

6. CPU 检测到故障或错误时，如果没有下载对应的错误处理组织块，CPU 将进入

_____模式。

7. 什么是符号地址？采用符号地址有哪些优点？

8. 函数和函数块有什么区别？

9. 组织块可否调用其他组织块？

10. 在变量声明表内，所声明的静态变量和临时变量有何区别？

11. 延时中断与定时器都可以实现延时，它们有什么区别？

12. 设计求矩形面积的函数 FC，FC 的输入变量为长和宽（都为整数），用整数运算指令计算矩形的面积，存放在双字输出变量 Area 中。在 OB1 中调用 FC，长度和宽度的输入值分别为 100 和 80，存放矩形面积的地址为 MD10。

13. 用 I0.0 控制接在 Q0.0～Q0.7 上 8 个彩灯的循环移位，用定时器定时，每隔 0.5s 移 1 位，首次扫描时给 Q0.0～Q0.7 置初值，用 I0.1 控制彩灯移位的方向。

14. 用 I0.0 控制接在 Q0.0～Q0.7 上 8 盏彩灯的循环移位，用循环组织块 OB35 定时，每隔 0.5s 增亮 1 盏，8 盏彩灯全亮后，反方向每隔 0.5s 熄灭 1 盏，8 盏彩灯全灭后再逐位增亮，如此循环。

第4章 脉冲量与模拟量的编程及应用

本章重点介绍西门子 S7-1200 PLC 的脉冲量和模拟量指令及其典型应用，并通过 3 个应用案例较为详细地介绍其脉冲量与模拟量的创建和组态过程，读者通过本章学习，能尽快掌握 S7-1200 PLC 在运动控制和过程控制中的基本应用。

4.1 脉冲指令

4.1.1 编码器

在生产实践中，经常需要检测高频脉冲，例如检测步进电动机的运动距离，而 PLC 中的普通计数器由于扫描周期的限制，无法计量频率较高的脉冲信号。S7-1200 PLC 提供了高速计数器，用来实现高频脉冲计数功能，而高速计数器一般与编码器一起使用。

编码器（Encoder）是一种将角位移或直线位移转换成电信号的装置，是把信号（如比特流）或数据编制转换为可用于通信、传输和存储等的设备。按照其工作原理，编码器可分为增量式和绝对式两类。增量式编码器是将位移转换成周期性的电信号，再把这个电信号转变成计数脉冲，用脉冲的个数表示位移的大小。绝对式编码器的每一个位置对应一个确定的数字码，因此它的实际值只与测量的起始和终止位置有关，而与测量的中间过程无关。

1. 增量式编码器

光电增量式编码器的码盘上有均匀刻制的光栅。码盘旋转时，输出与转角的增量成正比的脉冲，需要用计数器来计脉冲数。有 3 种增量式编码器：

1）单通道增量式编码器内部只有 1 对光电耦合器，只能产生一个脉冲列。

2）双通道增量式编码器又称为 A/B 相型编码器，内部只有两对光电耦合器，输出相位差为 90° 的两组独立脉冲列。正转和反转时两路脉冲的超前、滞后关系相反，如图 4-1 所示，如果使用 A/B 相型编码器，PLC 可以识别转轴旋转的方向。

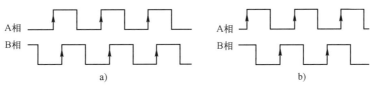

图 4-1 A/B 相型编码器的输出波形

a) 正转 b) 反转

3）三通道增量式编码器内部除了有双通道增量式编码器的两对光电耦合器外，在脉冲码盘的另外一个通道内还有一个透光段，每转 1 圈输出一个脉冲，该脉冲称为 Z 相零位脉冲，用于系统清零信号，或作为坐标的原点，以减少测量的积累误差。

2. 绝对式编码器

N 位绝对式编码器有 N 个码道，最外层的码道对应于编码的最低位。每一码道有一个光电耦合器，用来读取该码道的 0、1 数据。绝对式编码器输出的 N 位二进制数反映了运动物体所处的绝对位置，根据位置的变化情况，可以判别出转轴旋转的方向。

4.1.2 高速计数器

PLC 的普通计数器的计数过程与扫描工作方式有关，CPU 通过一个扫描周期读取一次被测信号的方法来捕捉被测信号的上升沿，被测信号的频率较高时，会丢失计数脉冲，因此普通计数器的最高工作频率一般仅有几十赫兹，而高速计数器能对数千赫兹的频率脉冲进行计数。

S7-1200 PLC 最多提供 6 个高速计数器（High Speed Counter，HSC）其独立于 CPU 的扫描周期进行计算，可测量的单相脉冲频率最高达 100kHz，双相或 A/B 相频率最高为 30kHz。高速计数器可用于连接增量式旋转编码器，通过硬件组态和调用相关指令来使用此功能。

1. 高速计数器的工作模式

S7-1200 PLC 高速计数器定义的工作模式有以下 5 种。

1）单相计数器，外部方向控制，如图 4-2 所示。

2）单相计数器，内部方向控制，如图 4-2 所示。

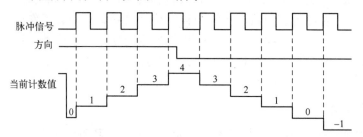

图 4-2　单相计数器的工作原理图

3）双相加/减计数器，双脉冲输入，如图 4-3 所示。

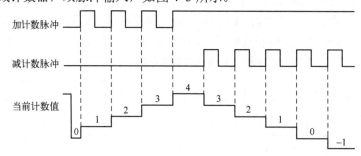

图 4-3　双相加/减计数器的工作原理图

4）A/B 相正交脉冲输入，图 4-4 所示为 A/B 相正交 1 倍速模式输入示意图，还有 4 倍速模式。1 倍速模式在时钟脉冲的每一个周期计数 1 次，4 倍速模式在时钟脉冲的每一个周期计数 4 次，使用 4 倍速模式则计数更为准确。

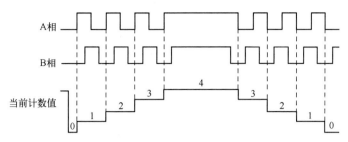

图 4-4　A/B 相正交 1 倍速模式计数器的工作原理图

5）监控 PTO（脉冲列输出，Pulse Train Output），即能监控到高速脉冲序列输出的个数。

每种高速计数器都有外部复位和内部复位两种工作状态。所有的计数器无须启动条件设置，在硬件设备中设置完成后下载到 CPU 中即可启动高速计数器。高速计数器功能支持的输入电压为 DC 24V，目前不支持 DC 5V 的脉冲输入。表 4-1 列出了高速计数器的工作模式和硬件输入定义。

表 4-1　高速计数器的工作模式与硬件输入定义

描　述			输入点定义			功　能
HSC	HSC1	使用 CPU 集成 I/O 或信号板或监控 PTO1	I0.0 I4.0 PTO1	I0.1 I4.1 PTO1 方向	I0.3 I4.3	
	HSC2	使用 CPU 集成 I/O 或监控 PTO2	I0.2 I4.2 PTO2	I0.3 I4.3 PTO2 方向	I0.1 I4.1	
	HSC3	使用 CPU 集成 I/O	I0.4	I0.5	I0.7	
	HSC4	使用 CPU 集成 I/O	I0.6	I0.7	I0.5	
	HSC5	使用 CPU 集成 I/O 或信号板	I1.0 I4.0	I1.1 I4.1	I1.2 I4.3	
	HSC6	使用 CPU 集成 I/O	I1.3	I1.4	I1.5	
模式	单相计数，内部方向控制		时钟			计数或频率
					复位	计数
	单相计数，外部方向控制		时钟	方向		计数或频率
					复位	计数
	双相计数，两路时钟输入		增时钟	减时钟		计数或频率
					复位	计数
	A/B 相正交计数		时钟 A	时钟 B		计数或频率
					Z 相	计数
	监控 PTO		时钟	方向		计数

注：1. 高速计数器功能的硬件指标，如最高计数器频率等，请以最新的系统手册为准。

　　2. HSC3 只用于 CPU 1211C，且没有复位输入。

　　3. 如果使用 DI2/DO2 信号板，则 HSC5 也可用于 CPU 1211C/12C。

并非所有的 CPU 都可以使用 6 个高速计数器，例如 1211C 只有 6 个集成输入点，所以最多只能支持 4 个（使用信号板的情况下）高速计数器。

由于不同计数器在不同的模式下，同一个物理点会有不同的定义，在使用多个计数器时需要注意不是所有计数器都可以同时定义为任意工作模式。高速计数器的输入使用与普通数字量输入相同的地址，当某个输入点已定义为高速计数器的输入点时，就不能再应用于其他功能，但在某个模式下，没有用到的输入点还可以用于其他功能的输入。

只有 HSC1 和 HSC2 支持监控 PTO 的模式。使用此模式时，不需要外部接线，CPU 在内部已做了硬件连接，可直接检测通过 PTO 功能所发脉冲。

S7-1200 PLC 除了提供计数功能外，还提供了频率测量功能，有 3 种不同的频率测量周期：1.0s、0.1s 和 0.01s。频率测量周期是这样定义的：计算并返回频率值的时间间隔。返回的频率值为上一个测量周期中所有测量值的平均值，无论测量周期如何选择，测量出的频率值总是以 Hz（每秒脉冲数）为单位。

2. 高速计数器寻址

CPU 将每个高速计数器的测量值以 32 位双整数型有符号数的形式存储在输入过程映像区内，在程序中可直接访问这些地址，可以在设备组态中修改这些存储地址。由于过程映像区受扫描周期的影响，在一个扫描周期内高速计数器的测量数值不会发生变化，但高速计数器中的实际值有可能会在一个扫描周期内发生变化，因此可通过直接读取外设地址的方式读取到当前时刻的实际值。以 ID1000 为例，其外设地址为 "ID1000：P"。表 4-2 为高速计数器默认地址列表。

表 4-2　高速计数器默认地址表

高速计数器号	数据类型	默认地址	高速计数器号	数据类型	默认地址
HSC1	DINT	ID1000	HSC4	DINT	ID1012
HSC2	DINT	ID1004	HSC5	DINT	ID1016
HSC3	DINT	ID1008	HSC6	DINT	ID1020

3. 中断功能

S7-1200 PLC 在高速计数器中提供了中断功能，用于在某些特定条件下触发，共有 3 种中断条件。

1）当前值等于预置值。

2）使用外部信号复位。

3）带有外部方向控制时，计数方向发生改变。

4. 高速计数器指令块

高速计数器指令块需要使用背景数据块来存储参数，如图 4-5 所示，其参数含义如表 4-3 所示。

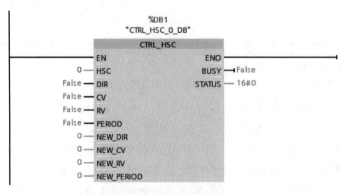

图 4-5　高速计数器指令块

表 4-3　高速计数器指令块参数

参　数	数据类型	含　义
HSC	HW_HSC	高速计数器硬件标识符
DIR	Bool	为"1"表示使能新方向
CV	Bool	为"1"表示使能新初始值
RV	Bool	为"1"表示使能新参考值
PERIOD	Bool	为"1"表示使能新频率测量周期
NEW_DIR	Int	方向选择："1"表示正向，"-1"表示反向
NEW_CV	DInt	新初始值
NEW_RV	DInt	新参考值
NEW_PERIOD	Int	新频率测量周期
BUSY	Bool	为"1"表示指令正处于运行状态
STATUS	Word	指令的执行状态，可查找指令执行期是否出错

将"工艺"窗口下"计数"文件夹中的 CTRL_HSC 指令拖放到 OB1，如图 4-5 所示，单击出现的"调用选项"对话框中的"确定"按钮，生成该指令默认名称的背景数据块 CTRL_HSC_0_DB。

5. 高速计数器的组态

1）在项目视图中打开"设备组态"窗口，选中其中的 CPU。

2）选中巡视窗口的"属性"选项卡左边的"常规"选项，单击高速计数器（HSC）下的 HSC1，打开其"常规"参数组，在右边窗口勾选复选框"启用该高速计数器"，即激活 HSC1，如图 4-6 所示。

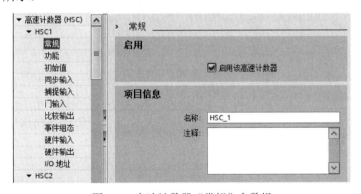

图 4-6　高速计数器"常规"参数组

如果激活了脉冲发生器 PTO1 或 PTO2，它们分别使用 HSC1 和 HSC2 的"运动轴"计数模式来监视硬件输出。如果组态 HSC1 和 HSC2 用于其他任务，则它们不能被脉冲发生器 PTO0 和 PTO1 使用。

3）选中图 4-7 左边"功能"参数组，在右边窗口可以设置下列参数：

● 使用"计数类型"下拉式列表，可选计数、时间段、频率和运行控制。

● 使用"工作模式"下拉式列表，可选单相、两相位、A/B 计数器和 AB 计数器四倍频。

● 使用"计数方向取决于"下拉式列表，可选用户程序（内部方向控制）、输入（外部方向控制）。

- 使用"初始计数方向"下拉式列表，可选加计数、减计数。
- 使用"频率测量周期"下拉式列表，可选 1.0s、0.1s 和 0.01s（需要在"计数类型"中选择时间段或频率选项）。

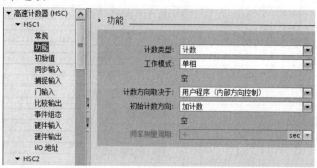

图 4-7　高速计数器"功能"参数组

4）选中图 4-8 左边窗口的"初始值"参数组，可以设置初始计数器值、初始参考值、初始参考值 2。

5）选中图 4-8 左边窗口的"事件组态"参数组，可以用右边窗口的复选框激活下列事件出现时是否产生中断：

图 4-8　高速计数器"初始值"参数组

计数值等于参考值、出现外部复位事件和出现计数方向变化事件。

　注意： 使用外部复位事件中断须确认使用外部复位信号，使能方向改变事件中断须先选择外部方向控制，如图 4-9 所示。

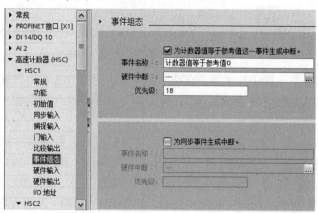

图 4-9　高速计数器"事件组态"参数组

可以输入中断事件名称或采用默认的名称。生成处理各事件中断组织块后，可以将它们指定给中断事件。

6）选中图 4-8 左边窗口的"硬件输入"参数组，在右边窗口可以看到该 HSC 使用的硬件输入点和可用的最高频率，如图 4-10 所示。

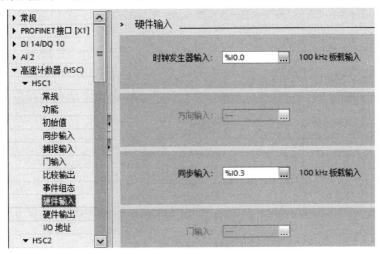

图 4-10　高速计数器"硬件输入"参数组

7）选中图 4-8 左边窗口的"I/O 地址"参数组，在右边窗口可以修改该 HSC 的起始地址，如图 4-11 所示。

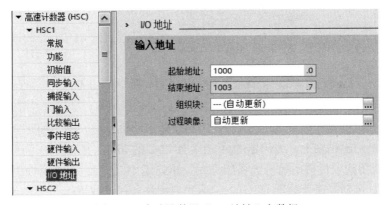

图 4-11　高速计数器"I/O 地址"参数组

【例 4-1】　假设在旋转机械上有单相增量式编码器作为反馈，连接到 S7-1200 PLC。要求在计数 1000 个脉冲时，计数器复位，置位 Q0.0，并设定新预置值为 1500 个脉冲。当计满 1500 个脉冲后复位 Q0.0，并将预置值再设为 1000，这样周而复始执行此功能。

（1）硬件组态

1）在项目视图的项目树中打开"设备组态"窗口，选中 CPU，在"属性"对话框的"高速计数器"选项中，选择高速计数器 HSC1，勾选"启用该高速计数器"。

2）在"功能"参数组中将"计数类型"设为"计数"，将"工作模式"设为"单相"，将"计数方向取决于"设为"用户程序（内部方向控制）"，将"初始计数方向"设为"加计数"。

3）在"初始值"参数组中将"初始计数器值"设为"0"，将"初始参考值"设为"1000"。

4）在"事件组态"参数组中勾选"为计数器值等于参考值这一事件生成中断"复选框，在

"硬件中断"下拉式列表中选择新增硬件中断（Hardware interrupt）组织块 OB40。

5）硬件输入、I/O 地址及硬件标识符均使用系统默认值。

（2）编写程序

在硬件中断组织块 OB40 中编写的程序如图 4-12 所示。

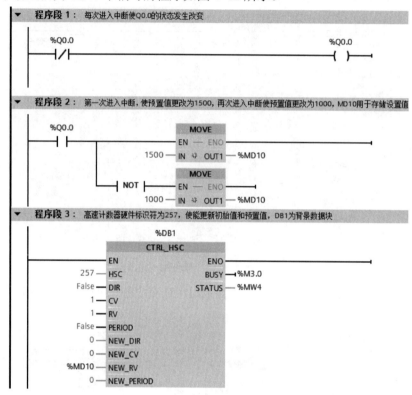

图 4-12　计数值等于参考值硬件中断 OB40 程序

【例 4-2】　电动机的转速测量。

将旋转增量式编码器（编码器的线数为 1024，即电动机转动一圈，编码器输出 1024 个脉冲）安装在电动机的输出轴上，编码器的 A 相接至 PLC 的 I0.0，并进行如下设备组态：

1）在项目视图的项目树中打开设备组态对话框，选中 CPU，在"属性"对话框的"高速计数器"选项中，选择高速计数器 HSC1，勾选"启用该高速计数器"。

2）在"功能"参数组中将"计数类型"设为"频率"，将"工作模式"设为"单相"，将"计数方向取决于"设为"用户程序（内部方向控制）"，将"初始计数方向"设为"加计数"，将"频率测量周期"设为"1s"。

4-1
HSC 指令

4-2
HSC 指令的
应用

其程序如图 4-13 所示。

视频"HSC 指令"可通过扫描二维码 4-1 播放。

视频"HSC 指令的应用"可通过扫描二维码 4-2 播放。

4.1.3　高速脉冲输出

1. 概述

S7-1200 PLC 提供高速脉冲输出端口。其输出脉冲宽度与脉冲周期之比称为占空比，脉冲列输出（PTO）功能提供占空比为 50%的方波脉冲列输出；脉冲宽度调制（PWM）功能提供连续的、脉冲宽度可以用程序控制的脉冲列输出。

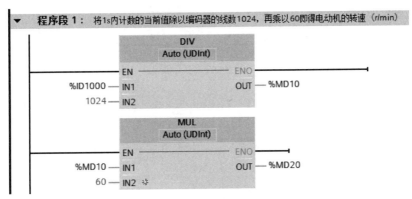

图 4-13　电动机转速测量程序

S7-1200 每个 CPU 有两个（CPU 硬件版本为 2.2）或 4 个（CPU 硬件版本为 3.0 及以上）PTO/PWM 发生器，分别通过 CPU 集成的 Q0.0~Q0.3（或信号板上的 Q4.0~Q4.3）或 Q0.0~Q0.7 输出 PTO 或 PWM 脉冲，如表 4-4 所示，具体应根据所选 CPU 型号及硬件组态而定。CPU 1211C 没有 Q0.4~Q0.7，CPU 1212C 没有 Q0.6 和 Q0.7。

表 4-4　PTO/PWM 的输出点

PTO1		PWM1		PTO2		PWM2	
脉冲	方向	脉冲	方向	脉冲	方向	脉冲	方向
Q0.0 或 Q4.0	Q0.1 或 Q4.1	Q0.0 或 Q4.0	—	Q0.2 或 Q4.2	Q0.3 或 Q4.3	Q0.2 或 Q4.2	—
PTO3		PWM3		PTO4		PWM4	
脉冲	方向	脉冲	方向	脉冲	方向	脉冲	方向
Q0.4 或 Q4.0	Q0.5 或 Q4.1	Q0.4 或 Q4.0	—	Q0.6 或 Q4.2	Q0.7 或 Q4.3	Q0.6 或 Q4.2	—

2. 高速脉冲列输出（PTO）

高速脉冲列输出（Pulse Train Output，PTO），又称高速脉冲串。每种 S7-1200 的 CPU 版本在 V4.0 及以上都可使用 4 个 PTO。

（1）PTO 的信号类型

根据 PTO 的信号类型，每个 PTO（驱动器）需要 1 到 2 个脉冲发生器输出，其信号类型如表 4-5 所示。

表 4-5　PTO 的信号类型

信号类型	脉冲发生器输出数目
脉冲 A 和方向 B（禁用方向输出）	1
脉冲 A 和方向 B	2
脉冲上升沿 A 和脉冲下降沿 B	2
A/B 相移	2
A/B 相移-四倍频	2

（2）PTO 的组态

使用 PTO 之前，首先对脉冲发生器组态，具体步骤如下。

1）打开PLC的设备视图，选中其中的CPU。

2）打开下面的巡视窗口的"属性"选项卡，选中左边"PTO1/PWM1"中的"常规"参数组，勾选右边窗口的复选框"启用该脉冲发生器"（见图4-14），激活该脉冲发生器。

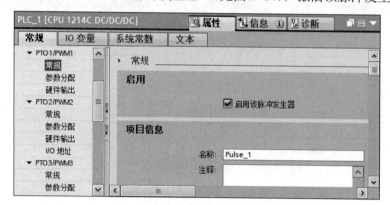

图4-14 设置脉冲发生器的"常规"属性

3）选中图4-14左边窗口的"参数分配"组，可在右边的窗口设置下列参数（见图4-15）。

使用"信号类型"下拉式列表，可选择脉冲发生器PWM或PTO。如果选择PTO（共有4个选项）后，下面的选项变为灰色，即说明不可编辑。

以PTO1为例，如果选择"PTO（脉冲上升沿A和脉冲下降沿B）"选项，则当Q0.0端有脉冲输出时，电动机旋转方向为正，当Q0.1端有脉冲输出时，电动机旋转方向为反。

如果选择"PTO（A/B相移）"选项，则脉冲通过"信号A"输出，相移通过"信号B"输出。输出之间的相移定义了旋转方向，即当信号A超前信号B 90°时，电动机正转；当信号B超前信号A 90°时，电动机反转。

如果选择"PTO（A/B相移-四倍频）"选项，即一个脉冲周期有四沿两相（A和B）。因此，输出中的脉冲频率会减小到1/4。其旋转方向同"PTO（A/B相移）"。

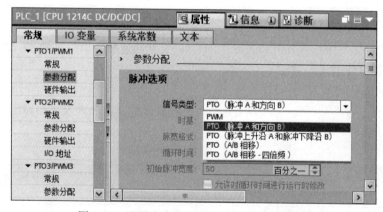

图4-15 设置脉冲发生器的"参数分配"属性

4）选中图4-16左边窗口的"硬件输出"参数组，在右边窗口可以看到PTO输出端口为Q0.0，可通过右侧浏览按钮[...]选择其他输出端口，如果通过信号板输出就选择Q4.0或Q4.2。

如果勾选"启用方向输出"复选框，则PTO有方向控制端，默认为Q0.1（见图4-16）。方向端输出高电平，则旋转方向为正；方向端输出低电平，则旋转方向为反。

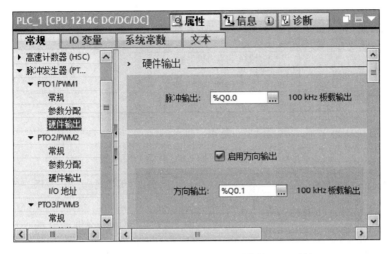

图 4-16 设置脉冲发生器的"硬件输出"属性

（3）PTO 的编程

打开 OB1，将右边的"扩展指令"窗口的文件夹"脉冲"中的 CTRL_PTO 指令拖放到 OB1，如图 4-17 所示，单击出现的"调用选项"对话框中的"确定"按钮，生成该指令默认名称的背景数据块 CTRL_PTO_DB。

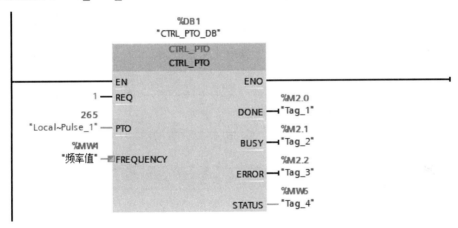

图 4-17 PTO 指令及编程

CTRL_PTO 指令的参数如表 4-6 所示。

表 4-6 CTRL_PTO 指令参数

参　　数	数据类型	说　　明
REQ	Bool	REQ=1：将脉冲发生器的频率设置为 FREQUENCY 的值； REQ=1 和 FREQUENCY=0：禁用脉冲发生器； REQ=0：脉冲发生器无变化
PTO	HW_PTO	脉冲发生器的硬件标识符（可在设备视图下脉冲发生器的属性中查阅）
FREQUENCY	UDInt	待输出的脉冲列频率（单位为 Hz）
DONE	Bool	状态参数，可具有以下值 0：作业尚未启动，或仍在执行过程中； 1：作业已经成功完成
BUSY	Bool	处理状态。由于 S7-1200 在执行"CTRL_PTO"指令时会启用脉冲发生器，因此 S7-1200 中 BUSY 的值通常为 FALSE

（续）

参　数	数据类型	说　明
ERROR	Bool	状态参数，可具有以下值 0：无错误； 1：指令执行过程中发生错误
STATUS	Word	该指令的状态（具体信息见表4-7）

参数 STATUS（状态）的具体信息如表 4-7 所示。

表 4-7　参数 STATUS（状态）信息表

错误代码（整数格式或 W#16#···格式）	说　明
0	无错误
8090	指定硬件 ID 的脉冲发生器已经在使用
8091	超出了参数"FREQUENCY"的范围
80A1	参数 PTO 不会寻址脉冲发生器的硬件标识符
80D0	指定硬件标识符的脉冲发生器未激活或者未设置"PTO"属性。 在 CPU 属性的"脉冲发生器 (PTO/PWM)"中，激活该脉冲发生器并选择信号类型"PTO"

双击参数 PTO 左边的"0"，再单击出现的 圖 按钮，在下拉式列表选中"Local～Pulse_1"，其硬件标识符（HW ID）为 265（因为从端口 Q0.0 输出高速脉冲，所以选择 Local～Pulse_1）。

视频"PTO 指令"可通过扫描二维码 4-3 播放。

视频"PTO 指令的应用"可通过扫描二维码 4-4 播放。

4-3
PTO 指令

4-4
PTO 指令的
应用

4.2　案例 10　钢包车行走控制

4.2.1　目的

1）掌握编码器的使用。

2）掌握高速计数器的组态及指令的应用。

4.2.2　任务

使用 S7-1200 PLC 实现钢包车行走控制。控制要求：系统起动后钢包车低速起步；运行至中段时，可加速至高速运行；在接近工位（如加热位或吊包位）时，低速运行以保证平稳、准确停车。按下停止按钮时，若钢包车高速运行，则应先低速运行 5s 后，再停车（考虑钢包车的载荷惯性）；若低速运行，则可立即停车。为简化项目难度，对钢包车返回不作要求。

4.2.3　步骤

1. I/O 分配

根据 PLC 输入/输出点分配原则及本案例控制要求，进行 I/O 地址分配，如表 4-8 所示。

表 4-8　钢包车行走 PLC 控制的 I/O 分配表

输　　入		输　　出	
输入继电器	元 器 件	输出继电器	元 器 件
I0.0	编码器脉冲输入	Q0.0	电动机运行
I0.4	起动按钮 SB1	Q0.1	低速运行
I0.5	停止按钮 SB2	Q0.2	高速运行
		Q0.5	电动机运行指示 HL

2．I/O 接线图

根据控制要求及表 4-8 的 I/O 分配表，钢包车行走的 PLC 控制主电路及 I/O 接线图可绘制如图 4-18 所示。变频器选用西门子 G120。

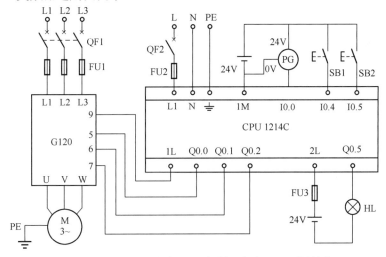

图 4-18　钢包车行走的 PLC 控制主电路及 I/O 接线图

3．创建工程项目

双击桌面上的 **TIA** 图标，打开 TIA 博途编程软件，在 Portal 视图中选择"创建新项目"，输入项目名称"X_gangbaoche"，然后单击"创建"按钮创建项目完成。

4．设备组态

组态时设置 HSC1 的工作模式为单相脉冲计数（参考图 4-7 设置），使用 CPU 的集成输入点 I0.0，通过用户程序改变计数方向。设置 HSC1 的初始状态为增计数，初始计数值为 0，初始计数参考值为 5000（参考图 4-8 设置）。出现计数值等于参考值的事件时，调用硬件中断组织块 OB40（参考图 4-9 设置）。

5．编辑变量表

本项目变量表如图 4-19 所示。

6．设置变频器参数

本案例采用西门子 G120 变频器，其主要参数设置如表 4-9 所示。

7．编写程序

（1）主程序 OB1

主程序主要控制钢包车的起停，其程序如图 4-20 所示。

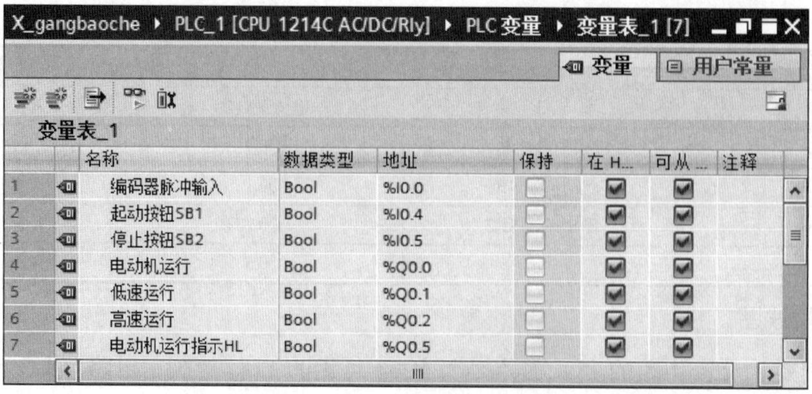

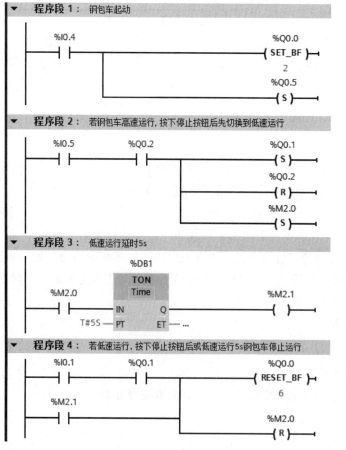

图 4-19　钢包车行走控制变量表

表 4-9　G120 变频器参数设置表

参　数　号	设　置　值	参　数　号	设　置　值	参　数　号	设　置　值
P15	1	P310	50	P1001	600
P304	380	P311	1400	P1002	1200
P305	1.93	P1020	r722.1		
P307	0.37	P1021	r722.2		

图 4-20　钢包车行走的主程序 OB1

（2）启动组织块 OB100

生成钢包车行走的启动程序 OB100，将硬件中断标志寄存器清 0，如图 4-21 所示。

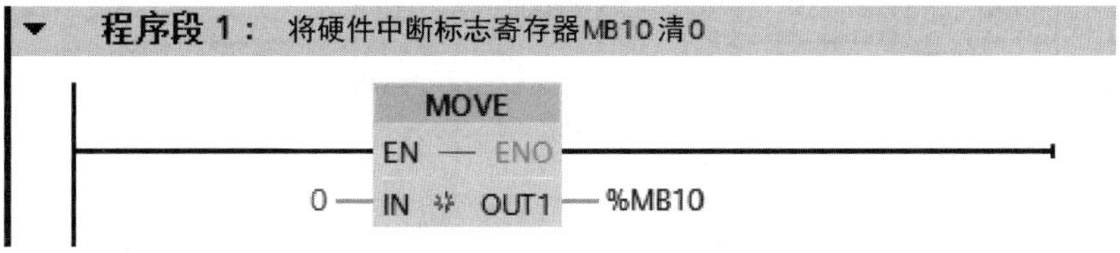

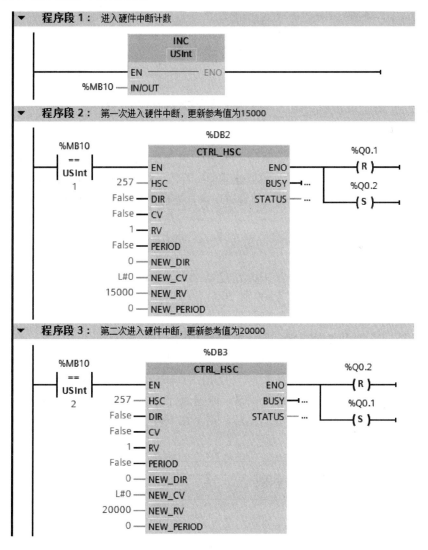

图 4-21　钢包车行走的启动程序 OB100

（3）硬件中断程序 OB40

硬件中断程序 OB40 主要改变电动机的转速及设置新的中断的参考值，具体可参考【例 4-2】进行设置，具体程序如图 4-22 所示。

图 4-22　钢包车行走的硬件中断程序 OB40

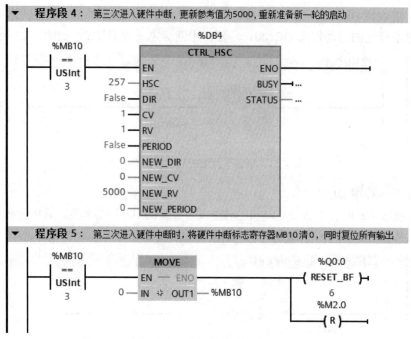

图 4-22　钢包车行走的硬件中断程序 OB40（续）

8．调试程序

将调试好的用户程序及设备组态下载到 CPU 中，并连接好线路。按下起动按钮后，观察变频电动机运行情况，是否先低速，再高速，再低速运行；若按下停止按钮，若为高速是否切换到低速，若为低速运行，是否立即停止运行。若上述调试现象与控制要求一致，则说明本案例任务实现。

4.2.4　训练

1）训练 1：使用高速计数器指令实现对 Q0.0 和 Q0.1 的控制，计数当前值在 1000 到 1500 范围内时 Q0.0 得电，计数当前值在 1500 到 5000 范围内时 Q0.1 得电。

2）训练 2：用 PLC 的高速计数器测量电动机的转速。电动机的转速由编码器提供，通过高速计数器 HSC 并用时间延时中断（1s）测量电动机的实时转速。

3）训练 3：用高速计数器指令实现生产机械的自动往复运动，要求生产机械前进遇到减速开关时，减速运行一段时间（即安装在生产机械上的编码器发出 20000 个脉冲）时停止，延时 3s 后生产机械后退，当遇到后退减速开关时，减速运行一段时间（编码器再次发出 20000 个脉冲）时停止，延时 3s 后再次前进，如此循环，直至按下停止按钮。

4.3　案例 11　步进电机控制

4.3.1　目的

1）了解高速脉冲输出的应用场合。

2）掌握 PTO 的组态和编程。

4.3.2　任务

使用 S7-1200 PLC 实现步进电机控制。控制要求：步进电机的运行曲线如图 4-23 所示，步进电机从 A 点（频率为 2kHz）开始加速运行，加速时间为 8s；到 B 点（频率为 10kHz）后变为恒速运行，运行时间为 20s，到 C 点（频率为 10kHz）后开始减速，减速时间为 4s；到 D 点（频率为 2kHz）后指示灯亮，表示从 A 点到 D 点的运行过程结束。

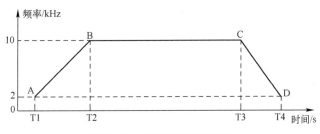

图 4-23　步进电机运行曲线

4.3.3　步骤

1. I/O 分配

根据任务要求可知，对输入量、输出量进行分配如表 4-10 所示。

表 4-10　步进电机控制 I/O 分配表

输　　入		输　　出	
I0.0	起动按钮 SB1	Q0.0	脉冲输出信号
I0.1	停止按钮 SB2	Q0.2	运行结束指示 HL

2. I/O 接线图

根据控制要求及表 4-10 的 I/O 分配表，步进电机的 PLC 控制 I/O 接线图可绘制如图 4-24 所示（因驱动电机的脉冲频率较高，输出为继电器型的 CPU 无法满足高速脉冲输出要求，故必须选用输出为晶体管型的 CPU 或增加一块数字量输出信号板，在此 CPU 选用型号为 DC/DC/DC，注意：使用 DC 24V 电源）。

3. 创建工程项目

双击桌面上的 图标，打开 TIA 博途编程软件，在 Portal 视图中选择"创建新项目"，输入项目名称"M_bujin"，然后单击"创建"按钮创建项目完成。

4. PTO 的组态

打开 CPU 的巡视窗口，勾选 PTO1/PWM1 脉冲发生器，设置 PTO1 的"信号类型"为"PTO（脉冲 A 和方向 B）"。

5. 编辑变量表

本项目变量表如图 4-25 所示。

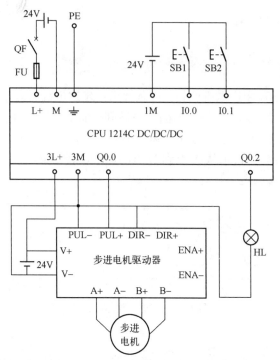

图4-24　步进电机的PLC控制I/O接线图

M_bujin ▸ PLC_1 [CPU 1214C DC/DC/DC] ▸ PLC变量

变量　用户常量　系统常量

PLC变量

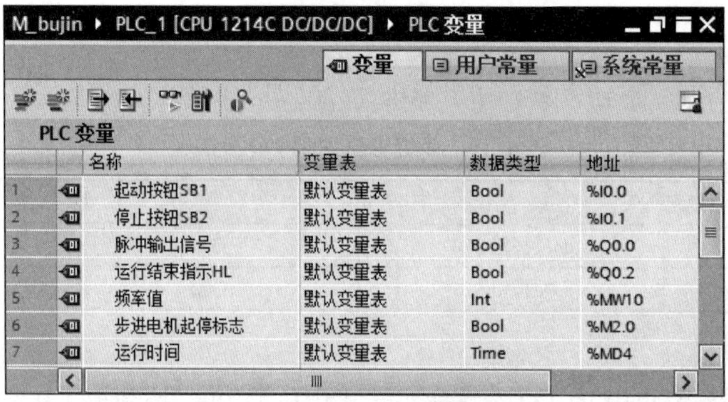

	名称	变量表	数据类型	地址
1	起动按钮SB1	默认变量表	Bool	%I0.0
2	停止按钮SB2	默认变量表	Bool	%I0.1
3	脉冲输出信号	默认变量表	Bool	%Q0.0
4	运行结束指示HL	默认变量表	Bool	%Q0.2
5	频率值	默认变量表	Int	%MW10
6	步进电机起停标志	默认变量表	Bool	%M2.0
7	运行时间	默认变量表	Time	%MD4

图4-25　步进电机控制变量表

6. 编写程序

本项目步进电机有升速、恒速和减速运行过程，可通过循环中断改变输出频率大小，初始频率和最终运行频率均为2kHz。因此，编程时需创建启动组织块和循环中断组织块，循环中断时间设置为10ms。

（1）启动组织块OB100

启动组织块的程序如图4-26所示，在此程序中将频率输出赋值为2kHz。

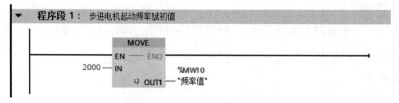

图4-26　步进电机控制的OB100程序

（2）主程序 OB1

OB1 主要控制步进电机的起停控制、起动后延时和脉冲输出，其程序如图 4-27 所示。

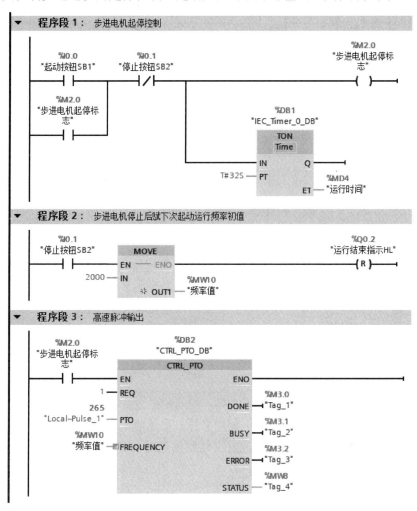

图 4-27　步进电机控制的 OB1 程序

（3）循环组织块 OB30

在循环组织块中，当时间大于 0 小于等于 8s 时，每 10ms 中断一次，将输出频率值增加 10Hz；当时间大于 28s 小于等于 32s 时，每 10ms 中断一次，将输出频率值减小 20Hz，其程序如图 4-28 所示。

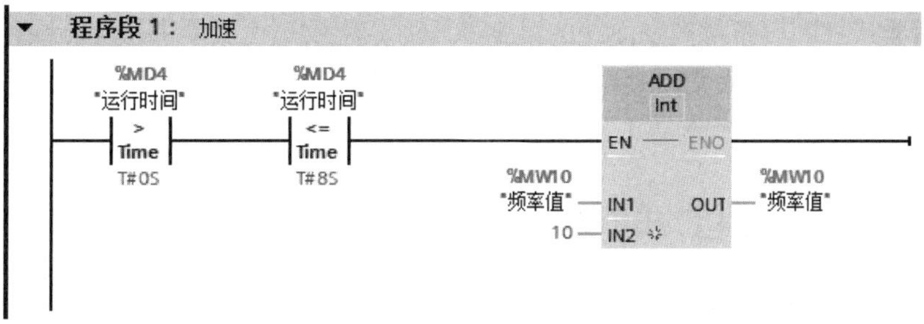

图 4-28　步进电机控制的 OB30 程序

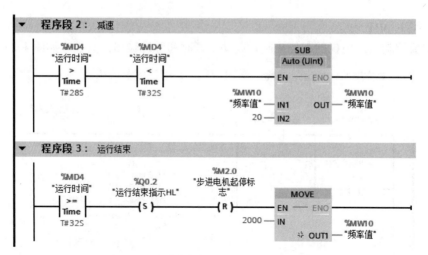

图 4-28　步进电机控制的 OB30 程序（续）

7. 调试程序

将调试好的用户程序及设备组态下载到 CPU 中，并连接好线路。按下起动按钮后，观察步进电机运行情况，速度是否越来越快，到 8s 后速度是否保持不变，到 28s 后速度是否越来越慢，最后停止运行，同时结束运行指示灯被点亮；无论何时按下停止按钮，步进电机是否立即停止运行。若上述调试现象与控制要求一致，则说明本项目任务实现。

4.3.4　训练

1）训练 1：步进电机往复运行控制，其每次起动和停止的运行曲线如图 4-23 所示。

2）训练 2：通过 Q0.0 端口输出如下脉冲信号，该脉冲宽度的初始值为 0.5s，周期固定为 5s，其脉冲宽度每周期增加 0.5s，当脉冲宽度达到设定的 4.5s 时，脉冲宽度改为每周期递减 0.5s，直到脉冲宽度为 0，以上过程重复执行。

3）训练 3：使用 PTO 和 HCS 指令实现步进电机闭环运动控制，步进电机起动后前进和后退所需要的脉冲数均为 20000。

4.4　模拟量

模拟量是区别于数字量的一个连续变化的电压或电流信号。模拟量可作为 PLC 的输入或输出，通过传感器或控制设备对控制系统的温度、压力、流量等模拟量进行检测或控制。

通过模拟量转换模块或变送器，可将传感器提供的电量或非电量转换为标准的直流电流（0～20mA、4～20mA、±20mA 等）信号或直流电压信号（0～5V、0～10V、±10V 等）。

4.4.1　S7-1200 PLC 模拟量模块

S7-1200 PLC 的模拟量信号模块包括 SM 1231 模拟量输入模块、SM 1232 模拟量输出模块、SM 1234 模拟量输入/输出模块。

1．模拟量输入模块

模拟量输入模块 SM 1231 用于将现场各种模拟量测量传感器输出的直流电压或电流信号转换为 S7-1200 PLC 内部处理用的数字信号。模拟量输入模块 SM1231 可选择的输入信号类型有电压型、电流型、电阻型、热电阻型和热电偶型等。目前，模拟量输入模块主要有 SM 1231 AI4×13/16bit、AI4×13bit、AI4/8×RTD、AI4/8×TC，直流信号主要有±1.25V、±2.5V、±5V、±10V、0～20mA、4～20mA。至于模块有几路输入、分辨率多少位、信号类型及大小是多少，都要根据每个模拟量输入模块的订货号而定。

在此以 SM 1231 AI4×13bit 为例进行介绍。该模块的输入量范围可选±2.5V、±5V、±10V 或 0～20mA，分辨率为 12 位加上符号位，电压输入的输入电阻大于或等于 9MΩ，电流输入的输入电阻为 250Ω。模块有中断和诊断功能，可监视电源电压和断线故障。所有通道的最大循环时间为 625μs。额定范围的电压转换后对应的数字为−27648～27648。25℃或 0～55℃满量程的最大误差为±0.1%或±0.2%。

可按无、弱、中、强 4 个级别对模拟量信号进行平滑（滤波）处理，"无"级别即为不进行平滑处理。模拟量模块的电源电压均为 DC 24V。

S7-1200 PLC 的紧凑型 CPU 模块已集成 2 通道模拟信号输入，其中 CPU 1215C 和 CPU 1217C 还集成有 2 通道模拟信号输出。

2．模拟量输出模块

模拟量输出模块 SM 1232 用于将 S7-1200 PLC 的数字量信号转换成系统所需要的模拟量信号，控制模拟量调节器或执行机械。目前，模拟量输出模块主要有 SM 1232 AQ2×14bit、AQ4×14bit，其输出电压为±10V 或输出电流为 0～20mA。

在此以模拟量输出模块 SM 1232 AQ2×14bit 为例进行介绍。该模块的输出电压为−10～+10V，分辨率为 14 位，最小负载阻抗 1000MΩ。输出电流为 0～20mA 时，分辨率为 13 位，最大负载阻抗 600Ω。有中断和诊断功能，可监视电源电压短路和断线故障。数字−27648～27648 被转换为−10～10V 的电压，数字 0～27648 被转换为 0～20mA 的电流。

电压输出负载为电阻时的转换时间为 300μs，负载为 1μF 电容时的转换时间为 750μs。

电流输出负载为 1mH 电感时的转换时间为 600μs，负载为 10mH 电感时的转换时间为 2ms。

3．模拟量输入/输出模块

模拟量输入/输出模块目前只有 4 通道模拟量输入/2 通道模拟量输出模块。模块 SM 1234 的模拟量输入和模拟量输出通道的性能指标分别与 SM 1231 AI4×13bit 和 SM 1232 AQ2×14bit 的相同，相当于这两种模块的组合。

在控制系统需要模拟量通道较少的情况下，为不增加设备占用空间，可通过信号板来增加模拟量通道。目前，主要有 AI1×12bit、AI1×RTD、AI1×TC 和 AQ1×12bit 等信号板。

4.4.2 模拟量模块的地址分配

模拟量模块以通道为单位，一个通道占一个字（2B）的地址，所以在模拟量地址中只有偶数。S7-1200 PLC 的模拟量模块的系统默认地址为 I/QW96～I/QW222。一个模拟量模块最多有 8 个通道，从 96 号字节开始，S7-1200PLC 给每一个模拟量模块分配 16B（8 个字）的地址。N 号槽的模拟量模块的起始地址为 $(N-2)×16+96$，其中 N 大于等于 2。集成的模拟量输入/输出系统的默认地址是 I/QW64、I/QW66；信号板上的模拟量输入/输出系统的默认地址是 I/QW80。

对信号模块组态时，CPU 将会根据模块所在的槽号，按上述原则自动地分配模块的默认地址。双击设备组态窗口中相应模块，其"常规"属性中都会列出每个通道的输入或输出起始地址。

在模块的属性对话框的"地址"选项卡中，用户可以通过编程软件修改系统自动分配的地址，一般采用系统分配的地址，因此没必要死记上述的地址分配原则。但是必须根据组态时确定的 I/O 点的地址来编程。

模拟量输入地址的标识符是 IW，模拟量输出地址的标识符是 QW。

4.4.3 模拟量模块的组态

由于模拟量输入或输出模块可以提供不止一种类型信号的输入或输出，每种信号的测量范围又有多种选择，因此必须对模块信号类型和测量范围进行设定。

CPU 上集成的模拟量，均为模拟量输入电压（0～10V）通道，模拟量输出电流通道（0～20mA），无法对其更改。通常每个模拟量信号模块都可以更改其测量信号的类型和范围，在参考硬件手册正确地进行接线的情况下，再利用编程软件进行更改。

 注意： 必须在 CPU 为"STOP"模式时才能设置参数，且需要对参数进行下载。当 CPU 从"STOP"模式切换到"RUN"模式后，CPU 即将设定的参数传送到每个模拟量模块中。在此以第 1 槽上的 SM 1234 AI4×13bit/ AQ2×14bit 为例进行介绍。

在项目视图中打开"设备组态"窗口，单击选中第 1 号槽上的模拟量模块，再单击巡视窗口上方最右边的▲按钮，便可展开其模拟量模块的属性窗口（或双击第 1 号槽上的模拟量模块，便可直接打开其属性窗口），如图 4-29 所示。其"常规"属性中包括"常规"和"AI 4/AQ 2"两个选项卡，"常规"选项卡给出了该模块的名称、描述、注释、订货号及固件版本等。在"AI 4/AQ 2"选项卡的"模拟量输入"项中可设置信号的测量类型、测量范围及滤波级别（一般选择"弱"级，这样可以抑制工频信号对模拟量信号的干扰），单击测量类型后面的▼按钮，可以看到测量类型有电压和电流两种；单击测量范围后面的▼按钮，若测量类型选为电压，则电压范围为±2.5V、±5V、±10V；若测量类型选为电流，则电流范围为 0～20mA 和

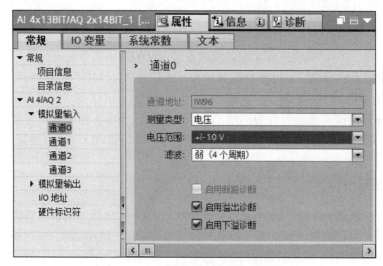

图 4-29 模拟量模块的输入通道设置对话框

4～20mA。在此对话框中可以激活输入信号的"启用断路诊断""启用溢出诊断""启用下溢诊断"等功能。在"模拟量输出"项中可设置输出模拟量的信号类型（电压和电流）及范围（若输出为电压信号，则范围为 0～10V；若输出为电流信号，则范围为 0～20mA）。还可以设置 CPU 进入"STOP"模式后，各输出点保持为上一个值，或使用替换值，如图 4-30 所示，选中后者时，可以设置各点的替换值。可以激活电压输出的短路诊断功能、电流输出的断路诊断功能，以及超出上界值 32511 或低于下界值-32512 的诊断功能（模拟量的超上限值为 32767，超下限值为-32768）。

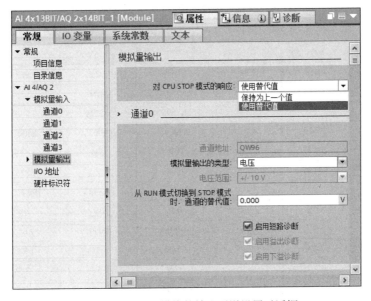

图 4-30　模拟量模块的输出通道设置对话框

在"AI 4/AQ 2"选项卡的"I/O 地址"项给出了输入/输出通道的起始和结束地址，用户可以自定义通道地址（这些地址可在设备组态中更改，范围为 0～1022），如图 4-31 所示。

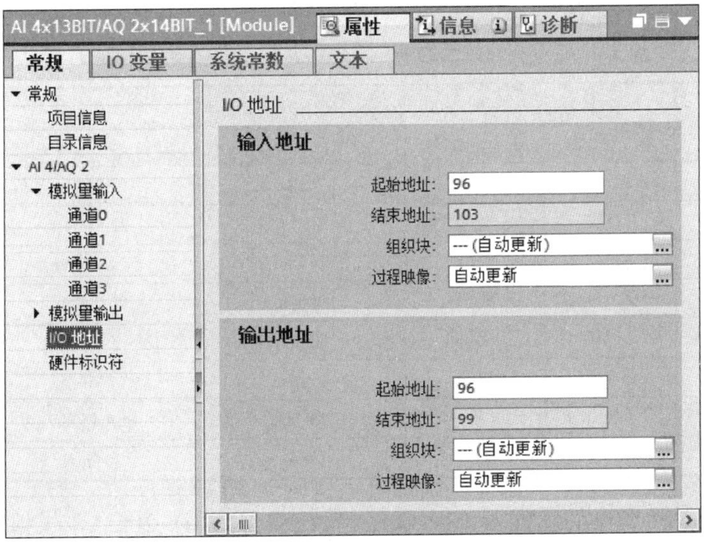

图 4-31　模拟量模块的 I/O 地址属性对话框

4.4.4 模拟量值的表示

模拟量值用二进制补码表示，宽度为 16 位，符号位总在最高位。模拟量模块的精度最高位为 15 位，如果少于 15 位，则将模拟值左移调整，然后再保存到模块中，未用的低位填入"0"。若模拟值的精度为 12 位加符号位，左移 3 位后未使用的低位（第 0～2 位）为 0，相当于实际的模拟值乘以 8。

以电压测量范围为±10～±2.5V 为例，其模拟量值的表示如表 4-11 所示。

表 4-11　电压测量范围为±10～±2.5V 的模拟量值的表示

当前值占标准值的百分比	转换值		模拟量值			
	十进制	十六进制	±10V	±5V	±2.5V	范围
118.515%	32767	7FFF	11.851V	5.926V	2.963V	上溢
117.593%	32512	7F00	11.759V	5.879V	2.939V	
117.589%	32511	7EFF	11.759V	5.879V	2.940V	超出范围
100.004%	27649	6C01	10.0004V	5.0002V	2.5001V	
100.000%	27648	6C00	10V	5V	2.5V	正常范围
75.000%	20736	5100	7.5V	3.75V	1.875V	
0.003617%	1	1	361.7μV	180.8μV	90.4μV	
0%	0	0	0V	0V	0V	
-0.003617%	-1	FFFF	-361.7μV	-180.8μV	-90.4μV	
-75.000%	-20736	AF00	-7.5V	-3.75V	-1.875V	
-100.000%	-27648	9400	-10V	-5V	-2.5V	
-100.004%	-27649	93FF	-10.0004V	-5.0002V	-2.5001V	低于范围
-117.589%	-32511	8100	-11.759V	-5.879V	-2.939V	
-117.593%	-32512	80FF	-11.7593V	-5.8796V	-2.9398V	下溢
-118.515%	-32767	8000	-11.851V	-5.926V	-2.963V	

电流测量范围为 0～20mA 和 4～20mA 的模拟值的表示如表 4-12 所示。

表 4-12　电流测量范围为 0～20mA 和 4～20mA 的模拟值的表示

当前值占标准值的百分比	转换值		模拟值		
	十进制	十六进制	0～20mA	4～20mA	范围
118.515%	32767	7FFF	23.7030mA	22.9624mA	上溢
117.593%	32512	7F00	23.5195 mA	22.8148 mA	
117.589%	32511	7EFF	23.5178mA	22.8142mA	超出范围
100.004%	27649	6C01	20.0007mA	20.0006mA	
100.000%	27648	6C00	20mA	20mA	正常范围
75.000%	20736	5100	15mA	15mA	
0.0036%	1	1	723.4nA	4mA +578.7nA	
0%	0	0	0mA	4mA	

【例 4-3】　流量变送器的量程为 0～100L，输出信号为 4～20mA，模拟量输入模块的量程为 4～20mA，转换后数字量为 0～27648，设转换后得到的数字为 N，试求以 L 为单位的流量值 l。

根据题意可知：0～100L 对应于转换后的数字 0～27648，转换公式为

$$l = 100N/27648$$

【例 4-4】　某温度变送器的量程为-100～500℃，输出信号为 4～20mA，某模拟量输入模块将 0～20mA 的电流信号转换为数字 0～27648，设转换后得到的某数字为 N，求以℃为单位的温度值 T。

根据题意可知：0～20mA 的电流信号转换为数字 0～27648，画出图 4-32 所示模拟量与转换值的关系曲线，根据比例关系，得

$$\frac{T-(-100)}{N-5530} = \frac{500-(-100)}{27648-5530}$$

整理后得到温度 T（单位为℃）的计算公式为

$$T = \frac{600 \times (N-5530)}{22118} - 100$$

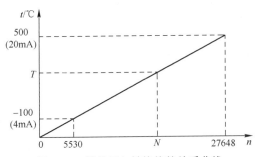

图 4-32　模拟量与转换值的关系曲线

4.5　案例 12　面漆线烘干系统的 PLC 控制

4.5.1　目的

1）掌握模拟量与数字量的对应关系。
2）掌握模拟量模块的使用。

4.5.2　任务

使用 S7-1200 PLC 实现面漆线烘干系统的控制。机械零件表面涂漆后需要烘干，其控制要求为：当按下起动按钮 SB1 时，系统根据三档选择开关 SA 所选择的设定温度（低档为 40℃、中档为 60℃、高档为 90℃）起动接在输出端 Q0.0 的加热器进行加热。当炉箱温度大于设定温度 5℃时，加热器停止加热；当炉箱温度低于设定温度 5℃时，自行起动加热器。无论何时按下停止按钮 SB2，加热器停止工作。炉箱温度由温度传感器进行检测，温度传感器输出 0～10V，对应炉箱温度 0～100℃。

4.5.3　步骤

1. I/O 分配

根据 PLC 输入/输出点分配原则及本案例控制要求，对本案例进行 I/O 地址分配，如

表 4-13 所示。

表 4-13 面漆线烘干系统的 PLC 控制 I/O 分配表

输　入		输　出	
输入继电器	元　件	输出继电器	元　件
I0.0	转换开关 SA_1	Q0.0	接触器 KM
I0.1	转换开关 SA_2		
I0.2	转换开关 SA_3		
I0.3	起动按钮 SB1		
I0.4	停止按钮 SB2		

2. 硬件原理图

根据控制要求及表 4-13 的 I/O 分配表，面漆烘干系统 PLC 控制的主电路及控制电路原理图分别如图 4-33 和图 4-34 所示。

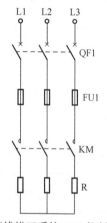

图 4-33 面漆线烘干系统 PLC 控制的主电路

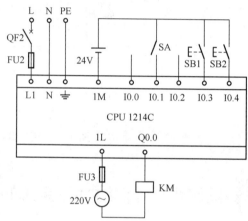

图 4-34 面漆线烘干系统的 PLC 控制电路原理图

3. 创建工程项目

双击桌面上的 **TIA** 图标，打开 TIA 博途编程软件，在 Portal 视图中选择"创建新项目"，输入项目名称"Q_honggan"，选择项目保存路径，然后单击"创建"按钮创建项目，并进行项目的硬件组态（模拟量通道 0 为电压输入 0～10V）。

4. 编辑变量表

本案例变量表如图 4-35 所示。

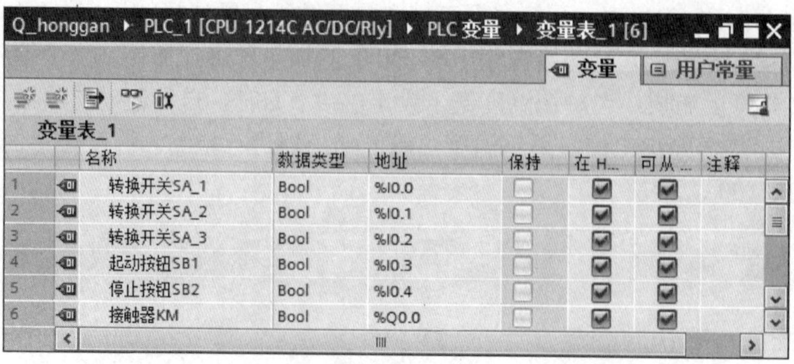

图 4-35 面漆线烘干系统的 PLC 控制变量表

5. 编写程序

（1）循环中断 OB30

温度信号每 500ms 采集 1 次，故采用循环中断实现。按 3.3.4 节中介绍的方法生成循环中断 OB30，其程序如图 4-36 示。

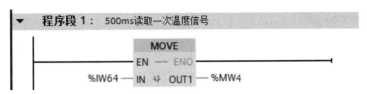

图 4-36　采集温度信号 OB30 程序

（2）主程序 OB1

面漆线烘干系统的主程序如图 4-37 所示。

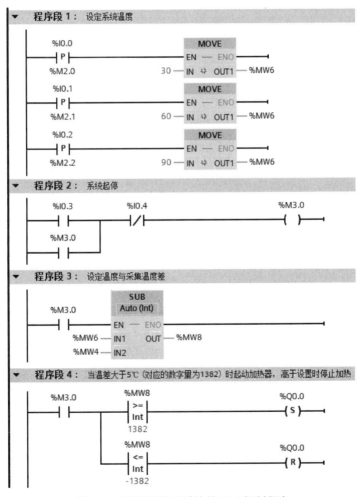

图 4-37　面漆线烘干系统的 PLC 控制程序

6. 调试程序

将调试好的用户程序及设备组态下载到 CPU 中，并连接好线路。将转换开关 SA 分别旋转至低档、中档和高档，按下起动按钮 SB1 后，观察 PLC 的输出端 Q0.0 动作情况（即加热器工作情况）；若按下停止按钮 SB2，加热器是否立即停止工作。若上述调试现象与控制要求一致，则说明本案例任务实现。

4.5.4 训练

1）训练 1：用多个温度传感器实现对本案例的控制。

2）训练 2：用电位器调节模拟量的输入以实现对指示灯的控制，要求输入电压小于 3V 时，指示灯以 1s 周期闪烁；若输入电压大于等于 3V 而又小于等于 8V 时，指示灯常亮；若输入电压大于 8V 则指示灯以 0.5s 周期闪烁。

3）训练 3：用电位器调节模拟量的输入以实现对 8 盏灯的流动速度控制，0～10V 对应流动速度为 0.5～1s（注意：速度若为 0.5s 是指每隔 0.5s 依次增加点亮 1 盏）。

4.6 习题与思考

1．模拟量信号分为_____、_____。

2．S7-1200 PLC 常用模拟量信号模块为_____、_____、_____等。

3．S7-1200 PLC 第 6 号槽的模拟量输入模块的起始地址为_____。

4．标准的模拟量信号经 S7-1200 模拟量输入模块转换后，其数据范围为_____。

5．频率变送器的输入量程为 45～55Hz，输出信号为直流 0～20mA，模拟量输入模块的额定输入电流为 0～20mA，设转换后的数字为 N，试求以 0.01Hz 为单位的频率值。

6．如何组态模拟量输入模块的测量类型及测量范围？

7．如何组态模拟量输出模块的信号类型及输出范围？

8．S7-1200 PLC 的高速计数器工作模式有哪些？

9．高速计数器 HSC1 的默认输入地址是多少？

10．PTO1/PWM1 的默认输出地址是多少？

11．烘干室温度的控制：具体要求有"手动"和"自动"两种加热方式，当工作模式开关拨至"手动"时，由操作人员控制加热器的起停，温度不能自动调节；当工作模式开关拨至"自动"时，系统起动后，若温度选择开关拨向"低温"档，则烘干室温度加热到 30℃时停止加热，若温度选择开关拨向"中温"档，则温度加热到 50℃时停止加热；若温度选择开关拨向"高温"档，则温度加热到 80℃时停止加热。当温度低于设置值 3℃时，自行起动加热器。

12．送料车行走控制：送料车由步进电机驱动，当检测到物料时，步进电机以 60r/min 的转速前进送料（脉冲频率为 500Hz），当到达指定位置 SQ2 处时，开始卸料，5s 后以 90r/min 的转速返回（脉冲频率为 750Hz），到达原点 SQ1 处停止。

第5章 网络通信的编程及应用

本章重点介绍西门子 S7-1200 PLC 以太网和 USS 通信指令及其典型应用，并通过 2 个较为简单的两台 PLC 之间的通信案例较为详细地介绍其通信过程的创建和组态，读者通过本章学习能尽快掌握 S7-1200 PLC 之间和与变频器之间进行通信的组建，为搭建小型网络工程项目奠定基础。

5.1 以太网通信

5.1.1 通信简介

通信是指一地与另一地之间的信息传递。PLC 通信是指 PLC 与计算机、PLC 与 PLC、PLC 与人机界面（触摸屏）、PLC 与变频器、PLC 与其他智能设备之间的数据传递。

1. 通信方式

（1）有线通信和无线通信

有线通信是指以导线、电缆、光缆和纳米材料等为传输介质的通信。无线通信是指以电磁波为传输介质的通信，常见的无线通信有微波通信、短波通信、移动通信和卫星通信等。

（2）并行通信与串行通信

并行通信是指数据的各个位同时进行传输的通信方式，其特点是数据传输速度快，它由于需要的传输线多，故成本高，只适合近距离的数据通信。PLC 主机与扩展模块之间通常采用并行通信。

串行通信是指数据一位一位地传输的通信方式，其特点是数据传输速度慢，但由于只需要一条传输线，故成本低，适合远距离的数据通信。PLC 与计算机、PLC 与 PLC、PLC 与人机界面、PLC 与变频器之间通常采用串行通信。

（3）异步通信和同步通信

串行通信又可分为异步通信和同步通信。PLC 与其他设备通信主要采用串行异步通信方式。

在异步通信中，数据是一帧一帧地传送，一帧数据传送完成后，可以传下一帧数据，也可以等待。串行通信时，数据是以帧为单位传送的，帧数据有一定的格式，它由起始位、数据位、奇偶校验位和停止位组成。

在异步通信中，每一帧数据发送前要用起始位，在结束时要用停止位，这样会导致数据传输速度较慢。为了提高数据传输速度，在计算机与一些高速设备进行数据通信时，常采用同步通信。同步通信的数据后面取消了停止位，前面的起始位用同步信号代替，在同步信号后面可以跟很多数据，所以同步通信传输速度快，但由于同步通信要求发送端和接收端严格保持同步，这需要用复杂的电路来保证，所以 PLC 不采用这种通信方式。

（4）单工通信和双工通信

在串行通信中，根据数据的传输方向不同，可分为 3 种通信方式：单工通信、半双工通信和全双工通信。

1）单工通信：数据只能往一个方向传送的通信，即只能由发送端传输给接收端。

2）半双工通信：数据可以双向传送，但在同一时间内，只能往一个方向传送，只有当一个方向的数据传送完成后，才能往另一个方向传送数据。

3）全双工通信：数据可以双向传送，通信的双方都有发送器和接收器，由于有两条数据线，所以双方在发送数据的同时可以接收数据。

2. S7-1200 支持的通信类型

S7-1200 PLC 本体上集成了一个 PROFINET 通信接口，支持以太网和基于 TCP/IP 的通信标准。使用这个通信口可以实现 S7-1200 PLC 与编程设备的通信、与 HMI 触摸屏的通信，以及与其他 CPU 之间的通信。这个 PROFINET 物理接口支持 10Mbit/s、100Mbit/s 的 RJ-45 口，并能自适应电缆的交叉连接。同时，S7-1200 PLC 通信扩展通信模块可实现串口通信，S7-1200 PLC 串口通信模块有 3 种型号，分别为 CM1241 RS232 接口模块、CM1241 RS485 接口模块和 CM1241 RS422/485 接口模块。

1）CM1241 RS232 接口模块支持基于字符的点到点（PtP）通信，如自由口协议和 MODBUS RTU 主从协议。

2）CM1241 RS485 接口模块支持基于字符的点到点（PtP）通信，如自由口协议、MODBUS RTU 主从协议及 USS 协议。两种串口通信模块都必须安装在 CPU 模式的左侧，且数量之和不能超过 3 块，它们都由 CPU 模块供电，无须外部供电。模块上都有一个 DIAG（诊断）LED 灯，可根据此 LED 灯的状态判断模块状态。模块上部盖板下有 Tx（发送）和 Rx（接收）两个 LED 灯指示数据的收发。

5.1.2　S7-1200 PLC 之间的以太网通信

1. S7-1200 PLC 以太网通信简介

S7-1200 PLC 本体上集成一个 PROFINET 接口，既可作为编程下载接口，也可作为以太网通信接口，该接口支持的通信协议及服务包括 TCP、ISO on TCP 和 S7 通信。目前，S7-1200 PLC 只支持 S7 通信的服务器端，还不能支持客户端的通信。

S7-1200 PLC 的 PROFINET 接口有两种网络连接方法：直接连接和网络连接。

（1）直接连接

当一个 S7-1200 PLC 与一个编程设备、一个 HMI、一个 PLC 通信时，也就是说只有两个通信设备时，实现的是直接通信。直接连接不需要使用交换机，用网线直接连接两个设备即可。网线有 8 芯和 4 芯的两种双绞线电缆，双绞线电缆连接方式也有两种，即正线（标准 568B）和反线（标准 568A），其中正线也称为直通线，反线也称为交叉线。正线接线如图 5-1 所示，两端线序一样，从下至上的线序是：白橙、橙、白绿、蓝、白蓝、绿、白棕、棕。反线接线如图 5-2 所示，一端为正线的线序，另一端从下至上的线序是：白绿、绿、白橙、蓝、白蓝、橙、白棕、棕。对于千兆以太网，用 8 芯双绞线，但接法不同于以上所述的接法，请参考有关文献。

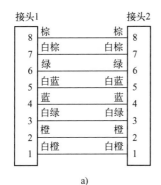

图 5-1　双绞线电缆正线接线图

a) 8 芯线　b) 4 芯线

图 5-2　双绞线电缆反线接线图

a) 8 芯线　b) 4 芯线

（2）网络连接

当多个通信设备进行通信时，也就是说通信设备数量为两个以上时，实现的是网络连接。多个通信设备的网络连接需要使用以太网交换机来实现。可以使用导轨安装的西门子 CSM 1277 的 4 口交换机连接其他 CPU 或 HMI 设备。CSM 1277 交换机是即插即用的，使用前不用进行任何设置。

　注意：使用交换机进行两个或多个通信设备的通信连接时，可以是正线接线也可以是反线接线，原因在于交换机具有自动交叉功能。如果不使用交换机进行两个通信设备的通信连接时，若是 S7-1200 PLC 与 S7-200 PLC 之间的以太网通信，因 S7-200 PLC 的以太网模块不支持交叉自适应功能，所以只能使用正线接线。S7-1200 PLC 和 S7-200 SMART PLC 的以太网接口均支持交叉自适应功能。

S7-1200 PLC 与 S7-1200 PLC 之间的以太网通信可以通过 TCP 和 ISO on TCP 来实现。在双方 CPU 中通过调用 T_block 指令来实现。

2. S7-1200 PLC 以太网通信指令

S7-1200 PLC 中所有需要编程的以太网通信都使用开放式以太网通信指令块 T_block 来实现，所有 T_block 通信指令必须在 OB1 中调用。调用 T_block 指令并配置两个 CPU 之间的连接参数，定义数据发送或接收的参数。博途软件提供两套通信指令：不带连接管理的通信指令和带连接管理的通信指令。

不带连接管理的通信指令如表 5-1 所示，带连接管理的通信指令如表 5-2 所示。

表5-1 不带连接管理的通信指令

指　令	功　能
TCON	建立以太网连接
TDISCON	断开以太网连接
TSEND	发送数据
TRCV	接收数据

表5-2 带连接管理的通信指令

指　令	功　能
TSEND_C	建立以太网连接并发送数据
TRCV_C	建立以太网连接并接收数据

实际上 TSEND_C 指令实现的是 TCON、TDISCON 和 TSEND 三个指令综合的功能，而 TRCV_C 指令是 TCON、TDISCON 和 TRCV 三个指令综合的功能。

3. S7-1200 PLC 之间的以太网通信

S7-1200 PLC 之间的以太网通信可以通过 TCP 或 ISO on TCP 来实现，本质上是在双方 CPU 中调用 T_block 指令来实现。通信方式为双边通信，因此发送和接收指令必须成对出现。因为 S7-1200 PLC 目前只支持 S7 通信的服务器端，所以它们之间不能使用 S7 通信。下面通过一个例子介绍 S7-1200 PLC 之间的以太网通信的组态步骤及其编程。

（1）控制要求

将设备 1 的 IB0 中数据发送到设备 2 的接收数据区 QB0 中，设备 1 的 QB0 接收来自设备 2 发送的 IB0 中数据。

（2）硬件接线图

根据控制要求可绘制出如图 5-3 所示的接线图，设备 2 上的输入端及设备 1 上的输出端未详细画出，两设备（PLC）通过带有水晶头的网线相连接。

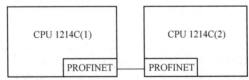

图 5-3　S7-1200 PLC 之间以太网通信硬件接线图

（3）组态网络

创建一个新项目，名称为 NET_1200-to-1200，添加两个 PLC，均为 CPU 1214C，分别命名为 PLC_1 和 PLC_2。分别启用两个 CPU 中的系统和时钟存储器字节 MB1 和 MB0。

在项目视图的"设备组态"中，单击 CPU 的属性的"PROFINET 接口[X1]"选项，可以设置 PLC 的 IP 地址，在此设置 PLC_1 和 PLC_2 的 IP 地址分别为 192.168.0.1 和 192.168.0.2，如图 5-4 所示。切换到"网络视图"（或双击项目树的"设备和网络"选项），创建 PROFINET 的逻辑连接，首先进行以太网的连接。选中 PLC_1 的 PROFINET 接口的绿色小方框，将其拖动到另一台 PLC 的 PROFINET 接口上，松开鼠标，则连接建立，并保存窗口设置，如图 5-5 所示。

（4）PLC_1 通信编程

1）在 PLC_1 的 OB1 中调用 TSEND_C 通信指令。

打开 PLC_1 主程序 OB1 的编辑窗口，在右侧"通信"指令文件夹中，打开"开放式用户通信"文件夹，双击或拖动 TSEND_C 指令至某个程序段中，会自动生成名称为 TSEND_C_DB 的背景数据块。TSEND_C 指令可以用 TCP 或 ISO on TCP。它们均使本地机与远程机进行通信，TSEND_C 指令使本地机向远程机发送数据。TSEND_C 指令及参数如表 5-3 所示。

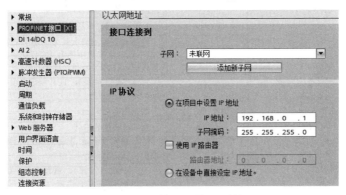

图 5-4　设置 PLC 的 IP 地址

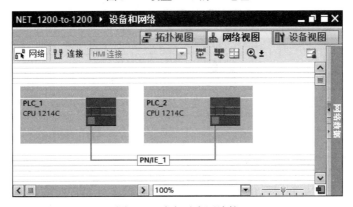

图 5-5　建立以太网连接

表 5-3　TSEND_C 指令及参数

指　　令	参　　数	描　　述	数 据 类 型
TSEND_C EN　ENO REQ　DONE CONT　BUSY LEN　ERROR CONNECT　STATUS DATA ADDR COM_RST	EN	使能	Bool
	REQ	当上升沿时，启动向远程机发送数据	Bool
	CONT	1 表示连接，0 表示断开连接	Bool
	LEN	发送数据的最大长度，用字节表示	UDInt
	CONNECT	连接数据 DB	Any
	DATA	指向发送区的指针，包含要发送数据的地址和长度	Any
	ADDR	可选参数（隐藏），指向接收方地址的指针	Any
	COM_RST	可选参数（隐藏），重置连接：0 表示无关；1 表示重置现有连接	Bool
	DONE	0 表示任务没有开始或正在运行；1 表示任务没有错误地执行	Bool
	BUSY	0 表示任务已经完成；1 表示任务没有完成或一个新任务没有触发	Bool
	ERROR	0 表示没有错误；1 表示处理过程中有错误	Bool
	STATUS	状态信息	Word

　　TRCV_C 指令使本地机接收远程机发送来的数据，TRCV_C 指令及参数如表 5-4 所示。

表 5-4　TRCV_C 指令及参数

指　令	参　数	描　述	数据类型
	EN	使能	Bool
	EN_R	为 1 时为接收数据做准备	Bool
	CONT	1 表示连接，0 表示断开连接	Bool
	LEN	要接收数据的最大长度，用字节表示。如果在 DATA 参数中使用具有优化访问权限的接收区，LEN 参数值必须为 0	UDInt
	ADHOC	可选参数（隐藏），TCP 协议选项使用 Ad-hoc 模式	Bool
	CONNECT	连接数据 DB	Any
	DATA	指向接收区的指针	Any
	ADDR	可选参数（隐藏），指向连接类型为 UDP 的发送地址的指针	Any
	COM_RST	可选参数（隐藏），重置连接：0 表示无关；1 表示重置现有连接	Bool
	DONE	0 表示任务没有开始或正在运行；1 表示任务没有错误地执行	Bool
	BUSY	0 表示任务已经完成；1 表示任务没有完成或一个新任务没有触发	Bool
	ERROR	0 表示没有错误；1 表示处理过程中有错误	Bool
	STATUS	状态信息	Word
	RCVD_LEN	实际接收到的数据量（以字节为单位）	UDInt

2）定义 PLC_1 的 TSEND_C 连接参数。

要设置 PLC_1 的 TSEND_C 连接参数，先选中该指令，右击该指令，在弹出的对话框中单击"属性"，打开属性对话框，然后选择其左上角的"组态"选项卡，单击其中的"连接参数"选项，如图 5-6 所示。在窗口右边"伙伴"的"端点"中选择"PLC_2"，则接口、子网及地址等随之自动更新。此时"连接类型"和"连接 ID"两栏呈灰色，即无法进行选择和数据的输入。在"连接数据"栏中输入连接数据块"PLC_1_Connection_DB（所有的连接数据都会存于该 DB 块中）"，或单击"连接数据"栏后面的倒三角，单击"新建"生成新的数据块。勾选本地 PLC_1 的"主动建立连接"复选框（即本地 PLC_1 在通信时为主动连接方），此时"连接类型"和"连接 ID"两栏呈

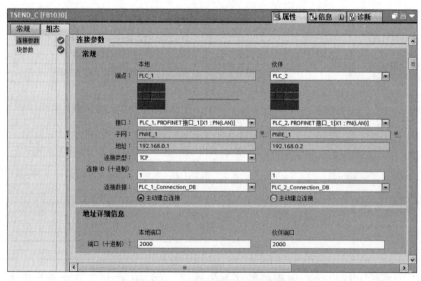

图 5-6　定义 TSEND_C 连接参数

现亮色，即可以选择"连接类型"，ID 默认是"1"。然后在"伙伴"的"连接数据"栏输入连接的数据块"PLC_2_Connection_DB"，或单击"连接数据"栏后面的倒三角，单击"新建"生成新的数据块，新的连接数据块生成后连接 ID 则也会自动生成，这个 ID 号在后面的编程中将会用到。

"连接类型"可选择为"TCP""ISO-on-TCP"和"UDP"，在此选择"TCP"，在"地址详细信息"栏可以看到通信双方的端口号为 2000。如果"连接类型"选择"ISO-on-TCP"，则需要设定 TSAP 地址，此时本地 PLC_1 可以设置成"PLC1"，伙伴 PLC_2 可以设置成"PLC2"。使用 ISO-on-TCP 通信，除了连接参数的定义不同，其组态编程与 TCP 通信完全相同。

3）定义 PLC_1 的 TSEND_C 块参数。

要设置 PLC_1 的 TSEND_C 块参数，先选中指令，右击该指令，在弹出的对话框中单击"属性"，打开属性对话框，然后选择其左上角的"组态"选项卡，单击其中的"块参数"选项，如图 5-7 所示。在"输入"参数中，将"启动请求（REQ）"设置为"Clock_2Hz"（M0.3），

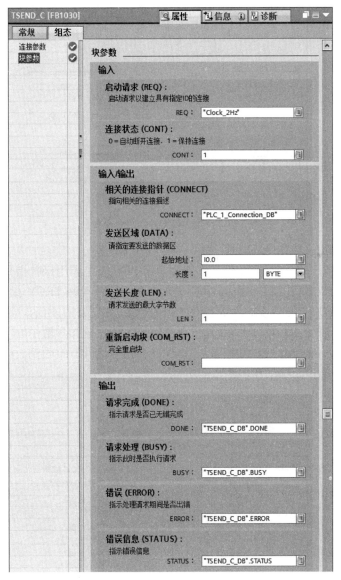

图 5-7 定义 TSEND_C 块参数

即上升沿激发发送任务，"连接状态（CONT）"设置为常数 1，表示建立连接并一直保持连接。在"输入/输出"参数中，"相关的连接指针（CONNECT）"是前面建立的连接数据块 PLC_1_Connection_DB，"发送区域（DATA）"中使用指针寻址或符号寻址，本例设置为"P#I0.0 BYTE 1"，即定义的是发送数据 IB0 开始的 1B 的数据。在此只需要在"起始地址"中输入 P#I0.0，在"长度"输入 1，在后面的列表框中选择"BYTE"即可。"发送长度（LEN）"设为 1，即最大发送的数据为 1B。"重新启动块（COM_RST）"为 1 时重新启动通信块，现存的连接会中断，在此不设置。在"输出"参数中，"请求完成（DONE）""请求处理（BUSY）""错误（ERROR）""错误信息（STATUS）"可以不设置或使用数据块中的变量，如图 5-7 所示。

设置 TSEND_C 指令块的参数后，程序编辑器中的指令将随之更新，也可以直接编辑指令，如图 5-8 所示。

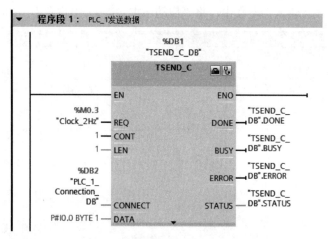

图 5-8　设置 TSEND_C 指令块参数

4）在 OB1 中调用接收指令 TRCV 并组态参数。

为了使 PLC_1 能接收到来自 PLC_2 的数据，在 PLC_1 中调用接收指令 TRCV 并组态其参数。接收数据与发送数据使用同一连接，所以使用不带连接管理的 TRCV 指令（该指令在右侧指令树的"\通信\开放式用户通信\其他"文件夹中），其编程如图 5-9 所示。其中"EN_R"参数为 1，表示准备好接收数据；ID 号为 1，使用的是 TSEND_C 的连接参数中的"连接 ID"的参数地址；"DATA"为 QB0，表示接收的数据区；"RCVD_LEN"为实际接收到数据的字节数。

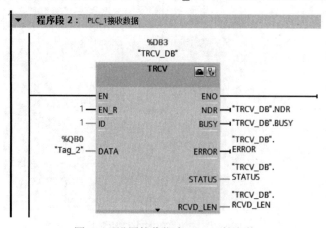

图 5-9　设置接收指令 TRCV 的参数

> **注意：** 本地站使用 TSEND_C 指令发送数据，则通信伙伴（远程站）就得使用 TRCV_C 指令接收数据。双向通信时，本地调用 TSEND_C 指令发送数据，用 TRCV 指令接收数据；在远程站调用 TRCV_C 指令接收数据，调用 TSEND 指令发送数据。TSEND 和 TRCV 指令只有块参数需要设置，无连接参数需要设置。

（5）PLC_2 通信编程

要实现上述通信，还需要在 PLC_2 中调用 TRCV_C 和 TSEND 指令，并组态其参数。

1）在 PLC_2 中调用指令 TRCV_C 并组态参数。

打开 PLC_2 主程序 OB1 的编辑窗口，在右侧"通信"指令文件夹中，打开"开放式用户通信"文件夹，双击或拖动 TRCV_C 指令至某个程序段中，自动生成名称为 TRCV_C_DB 的背景数据块。定义的连接参数如图 5-10 所示，连接参数的组态与 TSEND_C 基本相似，各参数要与通信伙伴 CPU 对应设置。

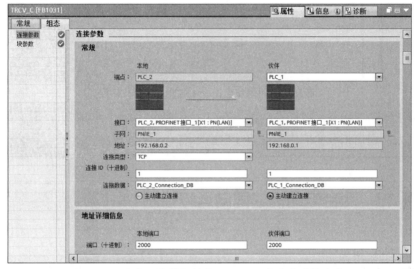

图 5-10　定义通信数据接收 TRCV_C 指令的连接参数

定义通信数据接收 TRCV_C 指令块参数，如图 5-11 所示。

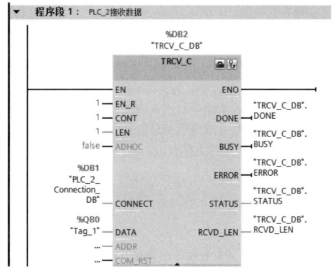

图 5-11　TRCV_C 指令块参数组态

2）在 PLC_2 中调用 TSEND 指令并组态参数。

为了将 PLC_2 的 IB0 中的数据发送到 PLC_1 的 QB0 中，需要在 PLC_2 中调用 TSEND 发送指令并组态相关参数，发送指令与接收指令使用同一个连接，所以也使用不带连接的发送指令 TSEND，其块参数组态如图 5-12 所示。

图 5-12　调用发送指令 TSEND 并组态参数

视频"以太网通信指令"可通过扫描二维码 5-1 播放。

视频"以太网通信指令的应用"可通过扫描二维码 5-2 播放。

5.2　案例 13　两台电动机的同向运行控制

5.2.1　目的

1）掌握以太网通信的硬件组态。
2）掌握以太网通信指令的使用。

5.2.2　任务

使用 S7-1200 PLC 以太网通信方式实现两台电动机的同向运行控制。控制要求为：本地按钮控制本地电动机的起动和停止。若本地电动机正向起动运行，则远程电动机只能正向起动运行；若本地电动机反向起动运行，则远程电动机只能反向起动运行。同样，若先起动远程电动机，则本地电动机也得与远程电动机运行方向一致。

5.2.3　步骤

1. I/O 分配

根据 PLC 输入/输出点分配原则及本案例控制要求，进行 I/O 地址分配，如表 5-5 所示。

表 5-5　两台电动机同向运行的 PLC 控制 I/O 分配表

输　入		输　出	
输入继电器	元器件	输出继电器	元器件
I0.0	本地正向起动 SB1	Q0.0	正转接触器 KM1
I0.1	本地反向起动 SB2	Q0.1	反转接触器 KM2
I0.2	本地停止按钮 SB3		
I0.3	本地过载保护 FR		

2. I/O 接线图

根据控制要求及表 5-5 的 I/O 分配表，两台电动机同向运行 PLC 控制的 I/O 接线图如图 5-13 所示，两站原理图相同，在此只给出其中一站，两台 PLC 均通过集成的 PN 接口相连接。

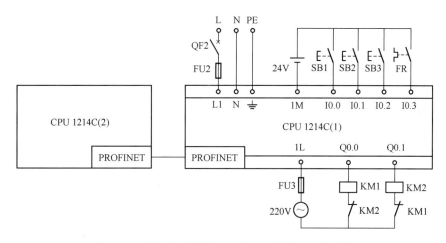

图 5-13　两台电动机同向运行 PLC 控制 I/O 接线图

3. 创建工程项目

双击桌面上的 图标，打开 TIA Portal 编程软件，在 Portal 视图中选择"创建新项目"，输入项目名称"M_tongxiang"，选择项目保存路径，然后单击"创建"按钮创建项目。

4. 硬件组态

在项目视图的项目树中双击"添加新设备"图标 ，添加两台设备，设备名称分别为 PLC_1 和 PLC_2，分别启用系统和时钟存储器字节 MB1 和 MB0。

如图 5-14 所示，在项目视图的 PLC_1 的"设备组态"中单击 CPU 属性的"PROFINET 接口[X1]"选项，可以设置 PLC 的 IP 地址，在此设置 PLC_1 的 IP 地址为 192.168.0.1，单击右侧"接口连接到"参数的"子网"下方的"添加新子网"按钮，生成子网"PN/IE_1"。

用同样的方法设置 PLC_2 的 IP 地址为 192.168.0.2，单击"接口连接到"参数的"子网"下方的"添加新子网"按钮，选择"PN/IE_1"子网名称，如图 5-15 所示。此时切换到"网络视图"可以看到两台 PLC 已经通过 PN/IE_1 子网连接起来（见图 5-5），然后对上述的网络组态进行编译和保存。

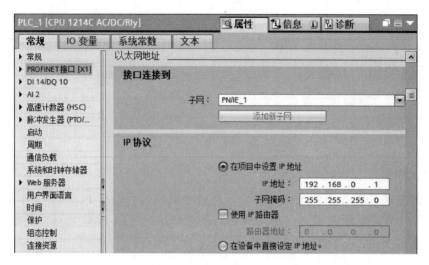

图 5-14　创建 PN/IE_1 子网及设置 PLC_1 的 IP 地址

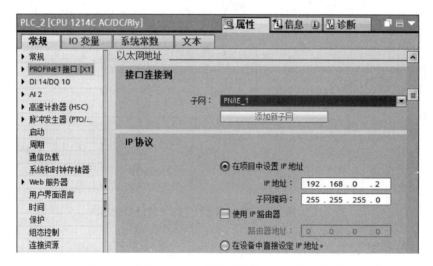

图 5-15　连接 PN/IE_1 子网及设置 PLC_2 的 IP 地址

以太网的创建也可以通过以下方法创建：

在程序编辑窗口选中 PLC_1 的 PROFINET 接口的绿色小方框，拖动到另一台 PLC 的 PROFINET 接口上，松开鼠标，连接建立。

5. 编辑变量表

分别打开 PLC_1 和 PLC_2 下的"PLC 变量"文件夹，双击"添加新变量表"，均生成如图 5-16 所示的变量表。

6. 编写程序

（1）在 PLC_1 的 OB1 中调用 TSEND_C 和 T_RCV 通信指令

打开 PLC_1 主程序 OB1 的编辑窗口，在右侧"通信"指令文件夹中，打开"开放式用户通信"文件夹，双击或拖动 TSEND_C 和 T_RCV 指令至程序段中，自动生成名称为 TSEND_C_DB 和 T_RCV_DB 的背景数据块，在此使用的连接类型为 ISO on TCP。

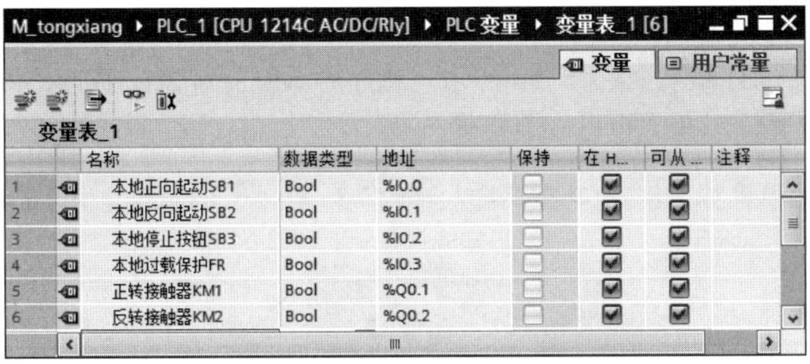

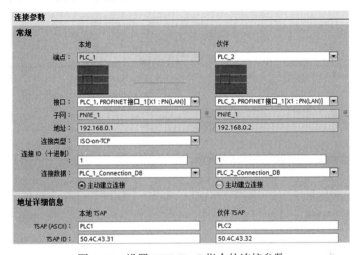

图 5-16　两台电动机同向运行 PLC 控制的变量表

（2）设置 TSEND_C 指令的连接参数和块参数

定义 TSEND_C 指令的连接参数和块参数的方法同 5.1.2 节。其连接参数设置如图 5-17 所示，块参数设置如图 5-18 所示（其他块参数可参考图 5-7 设置）。

图 5-17　设置 TSEND_C 指令的连接参数

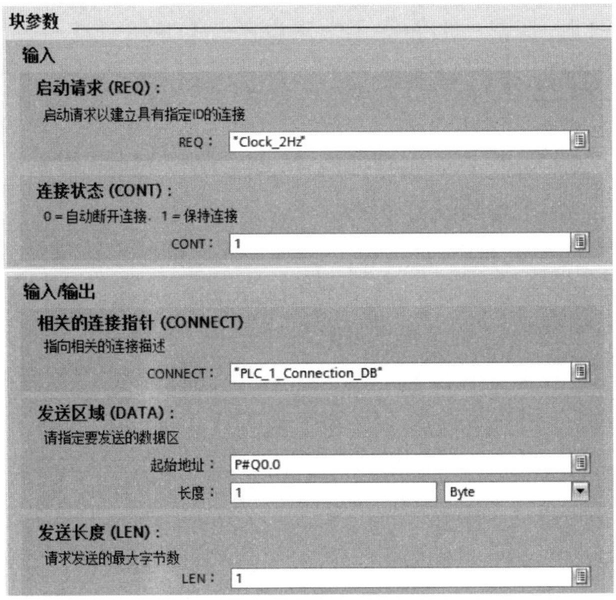

图 5-18　设置 TSEND_C 指令的块参数

（3）PLC_1 的 OB1 编程

本地 PLC_1 的 OB1 编程如图 5-19 所示。程序中 M0.3 为 2Hz 脉冲，即每秒钟发送两次数据，M1.2 为始终接通位，在此也可以直接输入 1。

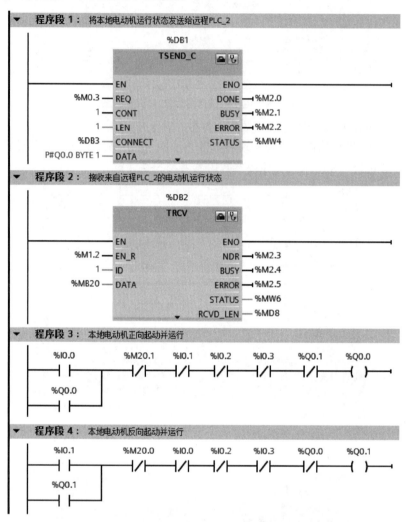

图 5-19　两台电动机同向运行 PLC 控制的本地站程序

（4）PLC_2 的通信指令的参数设置及编程

PLC_2 的通信指令的参数设置与 PLC_1 类似，注意此时本地应为 PLC_2，通信伙伴应为 PLC_1，通信伙伴作为主动建立连接方，TSAP（Transport Service Access Point，传输服务访问点）地址也类似（见图 5-17 中"地址详细信息"区）。

编程方法同 PLC_1，注意 TSEND_C 和 TRCV 指令中的发送数据区或接收数据区若为一个字节或一个字或一个双字，可直接输入（如 IB0 或 MW20 或 MD50），如果是超过 4 个字节的数据区域则必须使用"P#"格式。发送和接收数据区也可以使用符号地址寻址。

7. 调试程序

将调试好的用户程序及硬件和网络组态分别下载到各自 CPU 中，并连接好线路。若先按下本地电动机的正向起动按钮，观察本地电动机是否能正向起动。再按下远程电动机的反向和正向起动按钮,观察远程电动机是否能起动;停止两站电动机,若先按下本地电动机的反向起动按钮,观察本地电动机是否能反向起动。再按下远程电动机的正向和反向起动按钮,观察远程电动机是否能起动。同样,也可以先按下远程电动机的正向或反向起动按钮,再按下本地电动机反向或正向起动按钮,观察本地电动机是否能起动及是否与远程电动机同向运行。若上述调试现象与控制要求一致,则说明本案例任务实现。

5.2.4　训练

1)训练 1:本案例中同时还要求,在两站点均能显示两台电动机的工作状态。

2)训练 2:用 TCP 通信协议实现本案例的控制任务。

3)训练 3:用以太网通信实现设备 1 上的按钮控制设备 2 上 QB0 输出端的 8 盏指示灯,使它们以流水灯形式点亮,即每按一次设备 1 上的按钮,设备 2 上的指示灯会向左或向右流动点亮 1 盏。

5.3　USS 通信

5.3.1　USS 通信概述

西门子公司的变频器都有一个串行通信接口,采用 RS-485 半双工通信方式,以通用串行接口协议(Universal Serial Interface Protocol,USS)作为现场监控和调试协议,其设计标准适用于工业环境的应用对象。USS 协议是主从结构的协议,规定了在 USS 总线上可以有一个主站和最多 30 个从站,总线上的每个从站都有一个站地址(在从站参数中设置),主站依靠它识别每个从站,每个从站也只能对主站发来的报文做出响应并回送报文,从站之间不能直接进行数据通信。另外,还有一种广播通信方式,主站可以同时给所有从站发送报文,从站接收到报文后会做出相应回应,当然也可不回送报文。

(1)使用 USS 协议的优点

1)USS 协议对硬件设备要求低,减少了设备之间布线的数量。

2)不需要重新布线就可以改变控制功能。

3)可通过设置串行接口来修改变频器的参数。

4)可连续对变频器的特性进行监测和控制。

(2)USS 通信硬件连接注意事项

1)在条件允许的情况下,USS 主站尽量选用直流型的 CPU。当使用交流型的 CPU 和单相变频器进行 USS 通信时,CPU 和变频器的电源必须接成同相位。

2)一般情况下,USS 通信电缆采用双绞线即可,如果干扰比较大,可采用屏蔽双绞线。

3)在采用屏蔽双绞线作为通信电缆时,把具有不同电位参考点的设备互联后在连接电缆中会形成不应有的电流,这些电流将导致通信错误或设备损坏。要确保通信电线连接的所有设备共用一个公共电路参考点,或是相互隔离以防止干扰电流产生。屏蔽层必须接到外壳地或 9 针连接器的 1 脚。

4)尽量采用较高的波特率,通信速率只与通信距离有关,与干扰没有直接关系。

5）终端电阻的作用是用来防止信号反射的，并不能用来抗干扰。如果通信距离很近，在波特率较低或点对点的通信情况下，可不用终端电阻。

6）不要带电插拔通信电缆，尤其是正在通信的过程中，这样极易损坏传动装置和 PLC 的通信端口。

5.3.2 USS 通信指令

S7-1200 PLC 的 USS 通信需要配置串行通信模块，如 CM1241（RS485）、CM1241 RS422/485 板或 CB1241 RS485 板，每个 RS-485 端口最多可与 16 台变频器通信。1 个 S7-1200 CPU 中最多可安装 3 个 CM1241 或 RS422/485 模块和一个 CB1241 RS485 板。

S7-1200 CPU（V4.1 版本及以上）扩展了 USS 功能，可以使用 PROFINET 或 PROFIBUS 分布式 I/O 机架上的串行通信模块与西门子的变频器进行 USS 通信。

1. USS_PORT

USS_PORT 指令（见图 5-20）用来处理 USS 程序段上的通信，主要用于设置通信接口参数。在程序中，每个串行通信端口使用一条 USS_PORT 指令来控制与一个驱动器的传输。通常程序中每个串行通信端口只有一个 USS_PORT 指令，且每次调用该功能都会处理与单个驱动器的通信。与同一个 USS 网络和串行通信端口相关的所有 USS 功能都必须使用同一个背景数据块。

USS_PORT 指令参数意义如下。

1）PORT：PtP 通信端口标识符，为常数，可在 PLC 的默认变量表的"系统常量"选项卡中引用。

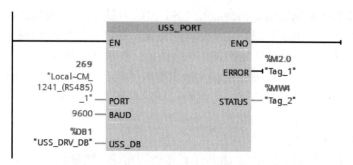

图 5-20　USS_PORT 指令

2）BAUD：USS 通信波特率。常用波特率有 4800bit/s、9600bit/s、19200bit/s、38400bit/s、57600bit/s、115200bit/s 等。

3）USS_DB：USS_DRIVE 指令的背景数据块。

4）ERROR：输出错误，0 表示无错误，1 表示有错误。在发生错误时，ERROR 置位为 TRUE，同时在 STATUS 输出端输出相应的错误代码。

5）STATUS：扫描或初始化的状态。

使用 USS_PORT 指令要注意：波特率和奇偶校验必须与变频器和串行通信模块硬件组态一致。

S7-1200 PLC 与变频器的通信是与它本身的扫描周期不同步的，在完成一次与变频器的通信事件之前，S7-1200 PLC 通常完成了多个扫描。用户程序执行 USS_PORT 指令的次数必须足够多，以防止驱动器超时。通常从循环中断 OB 调用 USS_PORT 以防止驱动器超时，确保

USS_DRV 调用最新的 USS 数据更新内容。

USS_PORT 通信的时间间隔是 S7-1200 PLC 与变频器通信所需的时间，不同的通信波特率对应不同的 USS_PORT 通信间隔时间。不同的波特率对应的 USS_PORT 最小通信间隔如表 5-6 所示。

表 5-6　波特率对应的 USS_PORT 最小通信间隔时间

波特率/（bit/s）	最小时间间隔/ms	最大时间间隔/ms
4800	212.5	638
9600	116.3	349
19200	68.2	205
38400	44.1	133
57600	36.1	109
115200	28.1	85

2. USS_DRV

USS_DRV 指令（见图 5-21）用来处理与变频器进行交换的数据，从而读取变频器的状态以及控制变频器的运行。每个变频器使用唯一的一个 USS_DRV 指令，但是同一个 CM1241（RS485）模块的 USS 网络的所有变频器（最多 16 个）都使用一个 USS_DRV_DB。USS_DRV 指令必须在 OB 中调用，不能在循环中断 OB 中调用。

USS_DRV 指令参数意义如下。

1）RUN：驱动器起始位，如果该输入为 TRUE，则该输入使驱动器能以预设的速度运行。

2）OFF2：电气停止位，如果该输入为 FLASE，则该位会导致驱动器逐渐停止而不使用制动装置，即自由停车。

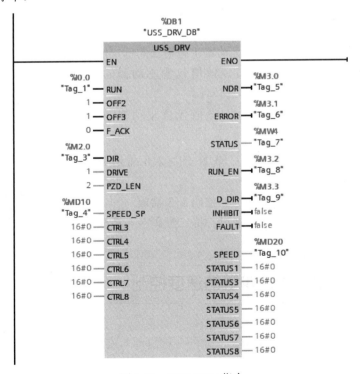

图 5-21　USS_DRV 指令

3）OFF3：快速停止位，如果该输入为 FLASE，则该位会通过制动驱动器来使其快速停止。

4）F_ACK：故障应答位，该位将复位驱动器上的故障位。故障清除后该位置位，以通知驱动器不必再指示上一个故障。

5）DIR：旋转方向控制位，如果该输入为 TRUE，电动机旋转方向为正向（当 SPEED_SP 为正数时）。

6）DRIVE：驱动器的 USS 站地址，有效范围为驱动器 1～16。

7）PZD_LEN：PDZ 字长，有效值为 2、4、6 或 8 个字。默认值为 2。

8）SPEED_SP：速度设定值，用频率的百分比表示。正值表示正向。

9）CTRL3：控制字 3，写入驱动器上用户组态的参数中的值。用户必须在驱动器上组态这个值。

10）CTRL8：控制字 8，写入驱动器上用户组态的参数中的值。用户必须在驱动器上组态这个值。

11）NDR：新数据就绪位，如果该位为 TRUE，则该位表明输出中包含来自新通信请求的数据。

12）ERROR：出现故障，如果该位为 TRUE，则表示发生了错误并且 STATUS 输出有效。发生错误时所有其他输出都复位为零。仅在"USS_PORT"指令的 ERROR 和 STATUS 输出中报告通信错误。

13）STATUS：扫描或初始化的状态。

14）RUN_EN：启用运行位，该位指示驱动器是否正在运行。

15）D_DIR：驱动器运行方向位，该位指示驱动器是否正向运行。

16）INHIBIT：变频器禁止位标志。

17）FAULT：变频器故障，该位表明驱动器已记录一个故障。用户必须清除该故障并置位 F_ACK 位以清除该位。

18）SPEED：变频器当前速度（驱动器状态字 2 的标定值），用百分比表示。

19）STATUS1：驱动器状态字 1，该值包含驱动器的固定状态位。

20）STATUS8：驱动器状态字 8，该值包含驱动器的固定状态位。

5-3
USS 通信指令

使用 USS_DRV 指令时需要注意：RUN 的有效信号是高电平一直接通，而不是脉冲信号。

视频"USS 通信指令"可通过扫描二维码 5-3 播放。

视频"USS 通信指令的应用"可通过扫描二维码 5-4 播放。

5-4
USS 通信指令
的应用

5.4 案例 14 面漆线传输链的速度控制

5.4.1 目的

1）掌握 USS 通信指令。

2）掌握 PLC 与变频器的 USS 通信连接。

3）掌握使用 USS 指令编写 PLC 与变频器通信程序。

5.4.2　任务

使用 S7-1200 PLC 实现由变频器驱动的传输链速度控制。控制要求为：按下起动按钮后传输链起动并运行，若顺时针旋转调速电位器，传输链速度随之变快；若逆时针旋转调速电位器，传输链速度随之变慢。无论何时按下停止按钮，传输链停止运行。

5.4.3　步骤

1. I/O 分配

根据 PLC 输入/输出点分配原则及本案例控制要求，进行 I/O 地址分配，如表 5-7 所示。

表 5-7　传输链速度 PLC 控制的 I/O 分配表

输 入		输 出	
输入继电器	元 器 件	输出继电器	元 器 件
I0.0	起动按钮 SB1		
I0.1	停止按钮 SB2		

2. I/O 接线图

根据控制要求及表 5-7 的 I/O 分配表，传输链速度控制的主电路及 PLC 的 I/O 接线图可绘制如图 5-22 所示，将 CM1241（RS485）模块串中的 3 和 8 号针脚分别与变频器通信口的 2 和 3 号端子相连（本项目变频器选用西门子公司的 G120 型号），PLC 端和变频器的终端电阻都置为 ON。电位器两端接 DC 10V 电压，中心端与 PLC 的集成模拟量通过 0 相连接。

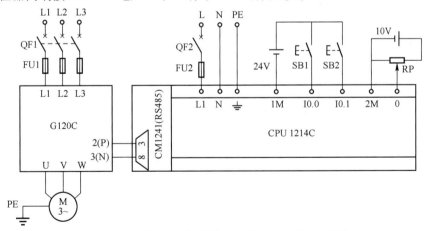

图 5-22　传输链速度控制的主电路及 PLC 的 I/O 接线

3. 创建工程项目

双击桌面上的 图标，打开 TIA 博途编程软件，在 Portal 视图中选择"创建新项目"，输入项目名称"M_chuanshulian"，选择项目保存路径，然后单击"创建"按钮，创建项目完成。

4. 硬件组态

在项目视图的项目树窗口中双击"添加新设备"图标 ，添加设备名称为 PLC_1 的设备

CPU 1214C 及点到点通信模块 CM 1241（RS485），通信模块应放置在 CPU 的左侧 101 槽位上。选中 CM 1241（RS485）的串口，再选择“属性”→“常规”→“IO-Link”，不修改“IO-Link”串口的参数（也可根据实际情况修改，但变频器中的参数和此参数要一致，见图 5-23），组态完成后分别对其进行编译和保存（集成的模拟量为直流 10V 输入，不需要组态）。

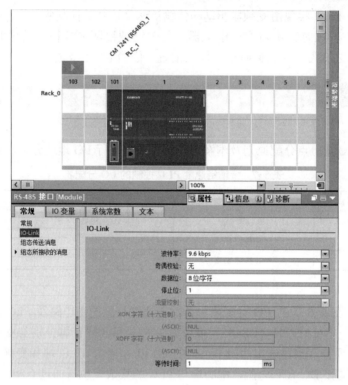

图 5-23　添加设备及组态“IO-Link”串口参数

5. 编辑变量表

打开 PLC_1 的“PLC 变量”文件夹或双击“添加新变量表”，均可生成如图 5-24 所示的变量表。

M_chuanshulian ▸ PLC_1 [CPU 1214C AC/DC/Rly] ▸ PLC 变量

变量　用户常量　系统常量

PLC 变量

	名称	变量表	数据类型	地址
1	起动按钮SB1	默认变量表	Bool	%I0.0
2	停止按钮SB2	默认变量表	Bool	%I0.1
3	电位器调速值	默认变量表	Int	%IW64
4	起停标志	默认变量表	Bool	%M2.0
5	Tag_1	默认变量表	Bool	%M3.0
6	Tag_2	默认变量表	Bool	%M3.1
7	Tag_3	默认变量表	Bool	%M3.2
8	Tag_4	默认变量表	Bool	%M3.3
9	Tag_5	默认变量表	Bool	%M3.4
10	Tag_6	默认变量表	Word	%MW4
11	Tag_7	默认变量表	Word	%MW6
12	速度值	默认变量表	Real	%MD10
13	实际转速	默认变量表	Real	%MD20
14	Tag_8	默认变量表	Real	%MD30

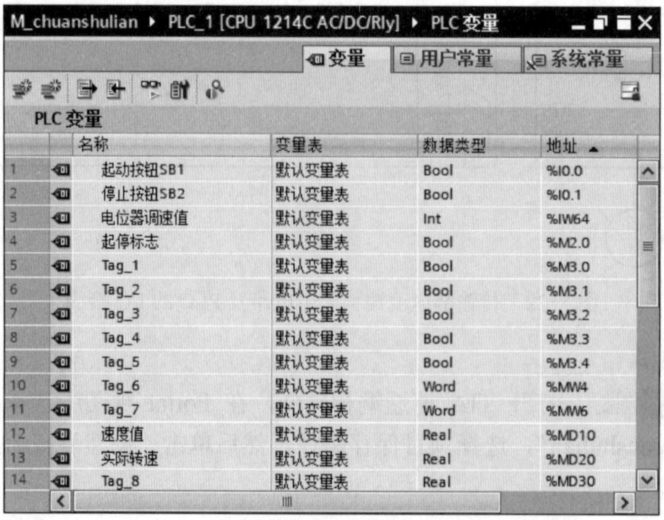

图 5-24　传输链速度的 PLC 控制变量表

6. 变频器的参数设置

本项目中变频器 G120 的参数设置如表 5-8 所示。

表 5-8　变频器的参数

序　号	参　数	设 定 值	单　位	功 能 说 明
1	P15	21	—	驱动设备宏指令, 先将参数 P10 设置为 1, 参数下列设置完成后再将 P10 设置为 0
2	P304	380	V	电动机的额定电压
3	P305	2.05	A	电动机的额定电流
4	P307	0.75	kW	电动机的额定功率
5	P310	50.00	Hz	电动机的额定频率
6	P311	1440	r/min	电动机的额定转速
7	P2010	6	—	USS 通信波特率, 6 代表 9600bit/s
8	P2011	1	—	USS 地址
9	P2022	2	—	USS 通信 PZD 长度
10	P2031	0	—	无校验
11	P2040	100	ms	总线监控时间

注意: 当有多台变频器通信时, 总线监控时间 100ms 不够, 会造成通信不能建立, 可将其设置为零, 表示不监控。

7. 编写程序

（1）OB30 中程序

由表 5-6 可知, 当波特率是 9600bit/s 时, 最小通信间隔时间为 116.3ms, 因此循环中断块 OB30 的循环时间要小于此间隔时间, 本项目设置为 100ms。根据控制要求, 编写的 OB30 程序如图 5-25 所示。

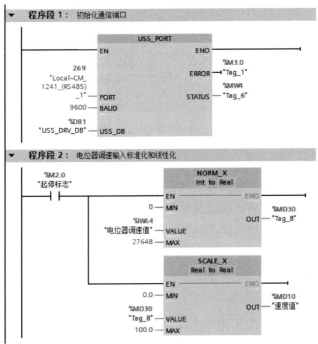

图 5-25　循环中断块 OB30 中的程序

　　循环中断 OB30 中主要负责 USS 通信端口初始化以及调速电位器的输入信号的标准化和线性化转换。速度设定值参数 "SPEED_SP" 数据类型为 "Real"，且在 0.0～100.0% 之间。

　　（2）OB1 中程序

　　主循环程序 OB1 主要负责变频器的起停和速度控制，如图 5-26 所示。

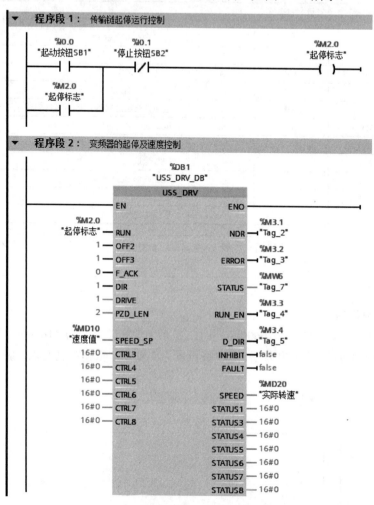

图 5-26　循环中断块 OB1 中的程序

8．调试程序

　　将编译后程序及硬件分别下载到各自 CPU 中，并连接好线路。按下起动按钮起动电动机后，正向旋转电位器，观察电动机的速度是否加快，再反向旋转电位器，观察电动机的速度是否减慢，按下停止按钮电动机是否停止运行。若上述调试现象与控制要求一致，则说明本案例任务实现。

5.4.4　训练

　　1）训练 1：用 USS 通信读/写指令读写本项目中变频器的相关参数，要求读取变频器的直流回路电压实际值（参数 r0026）并将变频器的斜坡下降时间（参数 P1121）改为 3.0s。

2）训练 2：用 USS 通信实现电动机的正反转控制，要求系统起动后，若电动机正转，则转速为 30Hz，若电动机反转，则转速为 20Hz。

3）训练 3：用 USS 通信实现两台电动机的同向运行控制，即按下某台电动机的某一方向起动按钮时，另一台电动机也只能按下与前一台方向相同的起动按钮，并且两台电动机的运行速度相同。

5.5 习题与思考

1. 通信方式有哪几种？何谓并行通信和串行通信？
2. PLC 可与哪些设备进行通信？
3. 何谓单工、半双工和全双工通信？
4. 西门子 S7-1200 PLC 的常见通信方式有哪几种？
5. 西门子 PLC 与其他设备进行串口通信时，常用波特率有哪些？
6. S7-1200 PLC 常用的以太网通信主要含有哪些通信协议？
7. 如何创建两台 PLC 的以太网连接？
8. PLC 与变频器之间进行 USS 通信时，常用的波特率有哪些？

第二篇 西门子 G120 变频器的应用

变频器因为能根据电动机的实际需要来提供其所需要的电源电压，进而达到节能、调速的目的，从而在自动化领域中得到了非常广泛的应用。本篇以西门子 G120 变频器作为讲授对象，重点讲述变频器基本知识及调试软件 Startdrive Advanced V16 的应用，数字量输入/输出的应用、模拟量输入/输出的应用及在以太网通信方面的应用。

第6章 G120 变频器的面板操作及调试软件应用

6.1 变频器简介

6.1.1 变频器的定义及作用

变频器（Variable-frequency Drive，VFD）是应用变频技术与微电子技术，通过改变电动机工作电源频率的方式来控制交流电动机的电力控制设备。简单地说，变频器是利用电力半导体器件的通断作用，把电压和频率固定不变的交流电变换为电压或频率可变的交流电的装置。几款常用变频器的外形如图 6-1 所示。

图 6-1 几款常用变频器的外形

变频器的主要作用是通过改变电动机的供电频率，从而调节负载，起到降低功耗，减小能源损耗，延长设备使用寿命等。同时，还起到提高生产设备的自动化程度的作用。

6.1.2　变频器的组成及分类

1. 变频器的组成

变频器通常由主电路和控制电路两部分构成，如图 6-2 所示。

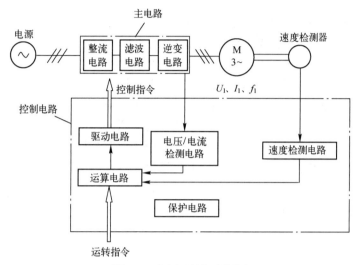

图 6-2　变频器的组成框图

（1）主电路

给异步电动机提供调压调频电源的电力变换部分，称为主电路。图 6-3 给出了典型的电压型逆变器的例子，其主电路由三部分构成，将工频电源变换为直流电的"整流电路"，吸收整流和逆变时产生的电压脉动的"滤波电路"，以及将直流电变换为交流电的"逆变电路"。另外，异步电动机需要制动时，有时要附加"制动电路"。

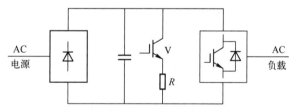

图 6-3　典型的电压型逆变器电路

（2）控制电路

给主电路提供控制信号的回路，称为控制电路，如图 6-2 所示。控制电路由以下电路组成：频率、电压的"运算电路"，主电路的"电压/电流检测电路"，电动机的"速度检测电路"，将运算电路的控制信号进行放大的"驱动电路"，以及逆变器和电动机的"保护电路"等。

2. 变频器的分类

1）按变频器的用途分类：分通用变频器和专用变频器。

2）按变频器的工作原理分类：分交-直-交变频器（按照直流环节的储能方式的不同，交-直-交变频器又分为电压型和电流型两种；根据调压方式的不同，交-直-交变频器又分为脉幅调制和脉宽调制两种）和交-交变频器。

3）按变频器的控制方式分类：分恒压频比控制变频器、转差频率控制变频器、矢量控制变频器和直接转矩控制变频器。

6.1.3 变频器的工作原理

三相电源或单相电源接入变频器的电源输入端，经二极管整流后变成脉冲的直流电，直流电在电容或电感的滤波作用下变成稳定的直流电，该直流电施加到由 6 个开关器件（如 IGBT）组成的逆变电路，6 个开关器件在控制电路发出的触发脉冲作用下，不同相的上下臂两个开关器件导通，从而输出交流电源给负载供电。通过调节不同相的上下臂两个开关器件的触发时刻和导通的时间来改变输出电源的电压和频率大小。其中运算电路是将外部的速度、转矩等指令同检测电路的电流、电压信号进行比较运算，决定逆变器的输出电压、频率；电压、电流检测电路是将主回路电位隔离并检测电压、电流信号；驱动电路是根据运算结果输出的脉冲信号驱动主电路的开关器件的导通和关断；速度检测电路是将装在异步电动机轴机上的速度检测器的信号送入运算回路，根据指令和运算可使电动机按指令速度运转；保护电路主要检测主电路的电压、电流等，即当发生过载或过电压等异常时，从而保护逆变器和异步电动机，避免其受到损坏。

6.1.4 变频器的应用场所

变频器主要用于交流电动机转速的调节，是最理想交流电动机调速方案，除了具有卓越的调速性能之外，变频器还有显著的节能作用。自变频器投入使用以来，已在节能应用与速度工艺控制中得到广泛应用。

1. 在节能方面的应用

变频器产生的最初用途是速度控制，但目前在国内应用目的较多的是节能。中国是能耗大国，能源利用率很低，而能源储备不足。因此，国家大力提倡节能措施，并着重推荐了变频调速技术。

应用变频调速，可以大大提高电动机转速的控制精度，使电动机在最节能的转速下运行。以风机水泵为例，根据流体力学原理，轴功率与转速的三次方成正比。当所需风量减少，风机转速降低时，其功率按转速的三次方下降。因此，精确调速的节电效果非常可观。

2. 在自动化控制系统方面的应用

由于变频器内置有 32 位或 16 位的微处理器，具有多种算术逻辑运算和智能控制功能，输出频率精度高达 0.01%~0.1%，还设置有完善的检测、保护环节。因此，变频器在自动化控制系统中获得了广泛的应用。如在化纤工业中的卷绕、拉伸、计量、导丝；玻璃工业中的平板玻璃退火炉、玻璃窑搅拌、拉边机、制瓶机；电弧炉自动加料、配料系统以及电梯的智能控制等。

3. 在产品工艺和质量方面的应用

变频器还广泛用于传动、起重、挤压和机床等机械设备控制领域，它可以提高工艺水平和产品质量，减少设备的冲击和噪声，延长设备的使用寿命。采用变频调速控制后，使机械系统简化，操作和控制更加方便，有的甚至可以改变原有的工艺规范，从而提高了整个设备的功能。

4. 在家用电器方面的应用

除了工业相关行业，在普通家庭中，节约电费、提高家电性能、保护环境等方面也受到越来越多的关注，变频家电成为变频器的另一个广阔市场。带有变频控制的冰箱、洗衣机、家用空调等，在节电、减小电压冲击、降低噪声、提高控制精度等方面有很大的优势。

6.2　西门子 G120 变频器

西门子 SINAMICS G120 系列模块化变频器，是专门为各类交流电动机提供速度控制和转矩控制，并且具有精度高、经济性好的特点。其功率范围为 0.37～250kW，可以广泛应用于各类需要变频器驱动的领域。

6.2.1　G120 变频器的端子介绍

下面以 G120 变频器的控制单元 CU240E-2 为例进行接线端子介绍，如图 6-4 所示。

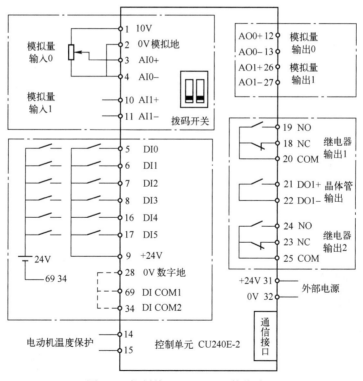

图 6-4　控制单元 CU240E-2 接线端子

1. 电源端子

端子 1、2 是变频器为用户提供的一个高精度的 10V 直流电源。

端子 9、28 是变频器的内部 24V 直流电源，可供数字量输入端子使用。

端子 31、32 是外部接入的 24V 直流电源，用户为变频器的控制单元提供 24V 直流电源。

2．数字量端子

端子 5、6、7、8、16、17 为用户提供了 6 个完全可编程的数字输入端，数字输入信号经光耦隔离输入 CPU，对电动机进行正反转、正反向点动、固定频率设定值控制等。

端子 18、19、20 及 21、22 和 23、24、25 为数字量输出端，其中 18、19、20 和 23、24、25 为继电器型输出；21、22 为晶体管型输出。

3．模拟量端子

端子 3、4 和 10、11 为用户提供了两对模拟电压给定输入端，可作为频率给定信号，经变频器内模/数转换器，将模拟量转换成数字量，传输给 CPU 来控制系统。

端子 12、13 和 26、27 为两对模拟量输出端，可为仪器仪表或控制器输入端提供标准的直流模拟信号。

4．保护端子

端子 14、15 为电动机过热保护输入端，当电动机过热时给 CPU 提供一个触发信号。

5．公共端子

端子 34、69 为数字量公共端子，在使用数字量输入时，必须将对应的公共端子与 24V 电源的负极性端相连。

6．通信端子

CU240E-2 控制单元为用户提供两个通信接口，以便和其他控制器进行数据通信。

视频"G120 变频器的端子配置"可通过扫描二维码 6-1 播放。

6-1
G120 变频器
的端子配置

6.2.2　G120 变频器的操作面板

图 6-5 为 G120 变频器的外形图，它由三个模块组成，分别为接口单元、控制单元和功率单元。

1．按键

图 6-6 为 G120 变频器的智能操作面板（IOP 面板），其按键功能的说明如表 6-1 所示。

图 6-5　G120 变频器的外形

图 6-6　G120 变频器的智能操作面板（IOP 面板）

表 6-1　G120 变频器的按键功能说明

按　键	功　　能
OK	OK 键（推轮键）具有以下功能： ● 在菜单中通过旋转推轮改变选择 ● 当选择突出显示时，按压推轮确认选择 ● 编辑一个参数，旋转推轮改变显示值；顺时针增加显示值和逆时针减小显示值 ● 编辑参数或搜索值时，可以选择编辑单个数字或整个值。长按推轮键（大于 3s），在两个不同的值编辑模式之间切换
I	ON 键（开机键）具有以下功能： ● 在 AUTO 模式下，屏幕显示为一个信息屏幕，说明该命令源为 AUTO，可通过按 HADN/AUTO 键改变 ● 在 HAND 模式下起动变频器——变频器状态图标开始转动 注意： 对于固件版本低于 4.0 的控制单元，在 AUTO 模式下运行时，无法选择 HAND 模式，除非变频器停止 对于固件版本为 4.0 或更高的控制单元，在 AUTO 模式下运行时，可以选择 HAND 模式，电动机将继续以最后选择的设定速度运行。如果变频器在 HAND 模式下运行时，切换至 AUTO 模式时电动机停止
O	OFF 键（关机键）具有以下功能： ● 如果按下时间超过 3s，变频器将执行 OFF2 命令，电动机将关闭停机。注意：在 3s 内按下 2 次 OFF 键也将执行 OFF2 命令 ● 如果按下时间不超过 3s，变频器将执行以下操作 ——在 AUTO 模式下，屏幕显示为一个信息屏幕，说明该命令源为 AUTO，可使用 HAND/AUTO 键改变。变频器不会停止 ——如果在 HAND 模式下，变频器将执行 OFF1 命令，电动机将以参数设置为 P1121 的减速时间停机
ESC	ESC/EXIT 键（退出键）具有以下功能： ● 如果按下时间不超过 3s，则 IOP 返回到上一页，或者如果正在编辑数值，新数值不会被保存 ● 如果按下时间超过 3s，则 IOP 返回到状态屏幕 在参数编辑模式下使用退出键时，除非先按确认键，否则数据不能被保存
INFO	INFO 键具有以下功能： ● 显示当前选定项的额外信息 ● 再次按下 INFO 会显示上一页
HAND AUTO	HAND/AUTO 键切换 HAND 和 AUTO 模式之间的命令源： ● HAND 设置到 IOP 的命令源 ● AUTO 设置到外部数据源的命令源，如现场总线

2. 显示图标

G120 变频器的屏幕图标及其含义如表 6-2 所示。

表 6-2　G120 变频器的屏幕图标及其含义

功　能	状　态	符　号	备　注
命令源	自动		变频器处于自动状态
	JOG	JOG	点动功能激活时显示
	手动		变频器处于手动状态
变频器状态	就绪		变频器准备就绪
	运行		电动机运行时图标
故障未决	故障		变频器有故障
报警未决	报警		变频器有报警
保存至 RAM	激活		表示所有数据目前已保存至 RAM。如果断电，所有数据将会丢失
PID 自动调整	激活		PID 功能激活
休眠模式	激活		变频器处于休眠模式

（续）

功　能	状　态	符　号	备　注
写保护	激活	✗	参数不可更改
专有技术保护	激活	🔒	参数不可浏览或更改
ESM	激活	🏠	基本服务模式
电池状态	完全充电	▰	只有使用 IOP 手持套件时才显示电池状态
	3/4	▰	
	1/2	▰	
	1/4	▱	
	无充电	▱	
	正在充电	⇒	

6.2.3　G120 变频器的面板操作

通过面板上的按键可以对变频器的参数和系统设置进行修改和设置。在此，以语言选择为例说明 G120 变频器的面板操作。

要选择 IOP 显示的语言，应执行以下操作：

1）旋转推轮选择"菜单"；

2）按推轮确认选择；

3）显示"菜单"屏幕；

4）旋转推轮选择"其他"；

5）按推轮确认选择；

6）显示"其他"屏幕；

7）旋转推轮选择"面板设置"；

8）按推轮确认选择；

9）旋转推轮选择所需的语言；

10）按推轮确认选择；

11）显示"语言"屏幕；

12）旋转推轮选择语言；

13）按推轮确认选择；

14）IOP 现在将使用所选择的语言；

15）IOP 将返回至"其他"菜单；

16）按"退出"键 3s 以上返回至"状态"屏幕。

视频"G120 变频器的 IOP 面板认知"可通过扫描二维码 6-2 播放。

6-2
G120 变频器的
IOP 面板认知

6.2.4　G120 变频器的快速调试

在更换电动机时，需要把电动机的铭牌数据和一些基本驱动控制参数输入到变频器中，以便良好地驱动电动机的运转。G120 变频器面板快速调试步骤如下：

1）从向导菜单选择"基本调试..."；

2）选择"是"或"否"恢复出厂设置；如果选择"是"，则对基本调试过程中所做的所有参数变更进行保存，其他参数恢复到出厂设置值；

3）选择连接电动机的控制模式；

4）选择变频器和连接电动机的正确数据。该数据用于计算该应用的正确速度和显示值；

5）选择变频器和连接电动机的正确频率。如使用 87Hz 可以使电动机的运行速度达到正常速度的 1.73 倍；

6）在这个阶段，向导将开始要求具体涉及连接电动机的数据。这些数据可以从电动机铭牌上获得；

7）电动机数据屏幕显示连接电动机的频率特点；

8）从电动机铭牌输入正确的电动机电压；

9）从电动机铭牌输入正确的电动机电流；

10）从电动机铭牌输入正确的电动机功率；

11）从电动机铭牌输入正确的电动机转速。转速单位为 RPM（即转每分）；

12）选择运行或禁用电动机数据识别功能。激活此功能后，只有当变频器接收到首次运行命令后才会开始运行；

13）选择带零脉冲或不带零脉冲的编码器。如果电动机未安装编码器，则不显示该选项；

14）输入编码器每转正确的脉冲数。该信息通常印在编码器套管上；

15）选择变频器/电动机系统控制命令的命令源；

16）选择变频器/电动机系统速度控制的设定值信号源；

17）选择变频器/电动机系统速度控制的额外设定值信号源；

18）设置连接电动机应该运行的最低速度；

19）设置加速时间（单位：s）。这是变频器/电动机系统从接收到运行命令到达到所选电动机转速的时间；

20）设置减速时间（单位：s）。这是变频器/电动机系统从接收到 OFF1 命令到停止的时间；

21）显示所有的设置概要。如果设置正确，选择继续；

22）最后的屏幕有两种选项：保存设置和取消向导。

如果选择保存，则恢复出厂设置并将设置保存到变频器内存。在"菜单"的"参数设置"中使用"参数保存模式"功能来分配安全数据的位置。

6.3　案例 15　面板控制电动机的运行

6.3.1　目的

1）掌握 G120 变频器的面板操作。

2）掌握 G120 变频器的快速调试步骤。

3）掌握 G120 变频器面板控制电动机的运行。

6.3.2　任务

通过 G120 变频器的面板操作实现电动机的正反向及点动运行，并能调节电动机的运行速度。

6.3.3　步骤

接通 G120 变频器电源，待变频器起动稳定后方可修改参数及控制电动机运行。

1．快速调试

按切换键切换到"手动"操作模式下，按照 6.2.4 节中所讲内容，进行电动机的快速调试。

 注意： 应严格按照电动机的铭牌数据进行电动机相关参数的设置。

2．正向运行

电动机的快速调试完成后，可通过面板控制电动机的运行及转向。首先按下变频器面板上的"开机键（或称起动键）"，这时电动机发生"吱吱"声，准备起动。然后通过推轮（或称滚轮）选择"控制菜单"，按下"滚轮键"，即"OK" 确认，在出现的菜单中通过推轮选择"设定值"（设定值决定电动机的运行速度作为电动机全速运行的一个百分比），按下"OK" 确认，这时通过滚轮可改变电动机的速度，顺时针旋转电动机速度增加，逆时针旋转电动机速度减小。按下推轮确认新的设定值。最后长按"退出"键，设定值将被保存，并返回到"状态"屏幕。

 注意： 只有当 IOP 在"手动"模式下的时候才能修改设定值。从"手动"模式切换至"自动"模式后，需要重置设定值。

3．反向运行

快速调试后默认为电动机正向运行，如果想改变电动机的转向，则通过推轮进入"控制菜单"，选择"反向"，按下"OK"确认，再通过推轮选择"是"，然后按下"OK"确认。这时起动电动机，它将进入反向旋转状态。

4．点动运行

如果选择了点动功能，则每次按键电动机都能按预先确定的值点动旋转。如果持续按下"开机"键，则电动机将会持续旋转，直至松开该键。

如果电动机正在运行，则先按下"停机"键停止电动机的运行。然后通过推轮进入"控制菜单"，选择"点动"，按下"OK"确认，再通过推轮选择"是"，按下"OK"确认。长按"返回"键返回到"状态"屏幕，这时电动机将进入点动运行状态。

点动的运行频率可以通过上述所讲修改"设定值"方法进行修改。

6.3.4　训练

通过变频器的面板操作，修改变频器的"显示对比度""显示背光""状态屏幕向导"等。

6.4　调试软件 Startdrive 的应用

使用变频器调试软件 STARTER 和 Startdrive 都可以在线设置变频器参数及监控变频器运行状态。本节仅介绍 Startdrive 软件的使用。

6.4.1　驱动软件安装

1. 删除文件

本教材使用驱动调试软件 Startdrive Advanced V16，安装环境及要求同编程软件 V16，建议在安装前打开注册表首先删除以下文件：\ HKEY_LOCAL_MACHINE\SYSTEM\ControlSet001\Control\Session Manager\ Pending File Rename Operations。

2. 解压文件

打开安装文件，双击驱动调试软件的"应用程序"，弹出安装程序对话框，单击"下一步"，选择安装语言"简体中文"，单击"下一步"，输入安装程序文件的解压缩文件夹，单击"下一步"，然后弹出"正在解压缩软件包的内容"对话框，解压缩成功后，系统进入软件安装过程。

3. 安装文件

首先选择安装语言"安装语言：中文（H）"，单击"下一步"，选择产品语言"中文（H）"，单击"下一步"，选择安装目标目录（安装途径），单击"下一步"，勾选"本人接受所有列出的许可协议中所有条款（A）"和"本人特此确认，已阅读并理解了有关产品安全操作的安全信息（S）"，单击"下一步"，在"概览"对话框中单击"安装"按钮进行安装，安装完成后单击"完成"按钮即可。

驱动调试软件安装完成后会自动嵌入到编程软件中，如图 6-7 所示，在"添加新设备"窗口的左侧最下方多了一个"驱动"选项。

6.4.2　创建及下载项目

1. 创建项目

双击桌面的博途 V16 图标，新建一个名称为"G120_tiaoshi"项目，然后打开其项目视图。

2. 添加设备

（1）添加控制单元

选择"添加新设备"窗口左下方的"驱动"，设备名称为"G120_1"，选择控制单元，本教材所用型号为 CU240E-2 PN-F（驱动器和起动器→SINAMICS 驱动→SINAMICS G120→控制单元→CU240E-2 PN-F），选择版本为 V4.6（见图 6-7），单击右下角"添加"按钮 添加 。

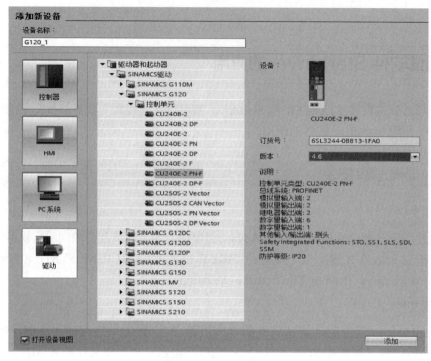

图 6-7　添加控制单元

（2）添加功率单元

打开项目视图后，在设备视图中添加功率单元。打开右侧"硬件目录"，选中"功率单元"→"PM240-2"→"IP20 U 400V 0.75kW"，按住鼠标左键将其拖拽到控制单元的右侧插槽（见图 6-8）。

图 6-8　添加功率单元

（3）修改组态变频器的 IP 地址及名称

在设备视图中双击控制单元，打开其巡视窗口，选择"常规"属性下的"以太网地址"，在右侧窗口中可以看到默认的 IP 地址为"192.168.0.1"，子网掩码为"255.255.255.0"，在此将 IP 地址更改为"192.168.0.3"，子网掩码不变（见图 6-9）。

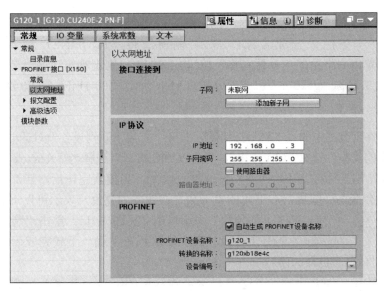

图 6-9　修改组态变频器的 IP 地址

系统自动生成的 PROFINET 设备名称为"g120_1"，在此也不进行更改，若需更改，则先将"自动生成 PROFINET 设备名称"复选框前的勾取消，然后在"PROFINET 设备名称"栏中输入新的名称（见图 6-9）。

（4）修改参数

双击项目树中 G120_1 文件夹下的"参数"，可以看到参数 P10 已等于 1，处于"快速调试"状态，在此，将宏程序 P15 更改为 1，电动机参数按所使用的电动机铭牌数据更改，P300=1，P304=380V，P305=0.07A，P307=0.024，P308=0.8，P310=50，P311=60，P340=1 等。

（5）在线查看和修改变频器的 IP 地址及名称

如果组态的变频器名称和 IP 地址与实物不符，则无法将项目下载到变频器中。若用户已熟知变频器的 IP 地址和名称，则忽略此步。

打开项目树中"在线访问"下的"Realtek PCIe GbE Family Controller"网卡文件夹，双击"更新可访问的设备"，过一会儿后将显示搜索出已在线的变频器名称和 IP 地址，若变频器没有 IP 地址，则显示它的 MAC 地址（见图 6-10 右侧），如这里使用的变频器 MAC 地址为：00-1F-F8-F1-F0-DB。

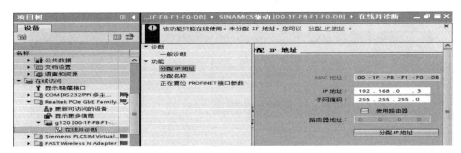

图 6-10　在线修改变频器的 IP 地址

双击在线变频器下的"在线并诊断"，在弹出的"在线访问"对话框中，单击"功能"下的"分配 IP 地址"，在右侧窗口输入 IP 地址"192.168.0.3"（与组态的相同）和子网掩码"255.255.255.0"，然后单击下方的"分配 IP 地址"按钮 分配 IP 地址 （见图 6-10），在巡视窗口的

"信息"选项中可看到"参数已成功传送"的信息。

　　单击"功能"下的"分配名称"，在右侧窗口将"PROFINET 设备名称"更改为"g120_1"，然后单击右下角的"分配名称"按钮 分配名称 ，在巡视窗口的"信息"选项中可看到 PROFINET 设备名称"g120_1"已成功分配给 MAC 地址"00-1F-F8-F1-F0-DB"的信息。

3. 项目下载

　　单击编程软件工具栏中的"下载"按钮 ，打开"扩展下载到设备"对话框（见图 6-11），将"PG/PC 接口的类型"选择为"PN/IE"，将"PG/PC 接口"选择为"Realtek PCIe GbE Family Controller"，单击右下角的"开始搜索"按钮 开始搜索(S) ，当搜索完毕后，计算机与变频器之间的网络连接线将会变为亮绿色，右下角的"下载"按钮变为亮色，表示可以下载项目了，单击"下载"按钮 下载(L) ，在弹出的"下载预览"对话框中（见图 6-12）单击"装载"按钮 装载 ，弹出"下载到设备"对话框（见图 6-13），其中显示正在下载，下载完成后"下载预览"和"下载到设备"对话框会自动关闭。

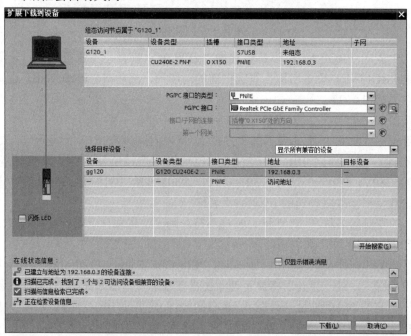

图 6-11　扩展下载到设备

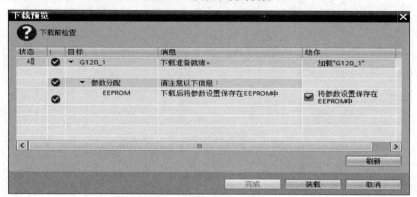

图 6-12　"下载预览"对话框

图 6-13　"下载到设备"对话框

6.4.3　在线调试

1. 查找设备

单击项目树的"在线访问",打开计算机的网卡文件夹
"Realtek PCIe GbE Family Controller",双击"更新可访问的设
备",如果变频器已经连接在以太网网络上,则会在网卡文件夹
中出现变频器节点,即图 6-14 中的"g120_1 [192.168.0.3]"文件
夹,打开该文件夹,可以看到其包含三个功能,分别是在线并诊
断、参数、调试。

2. 恢复出厂设置

恢复出厂设置是将变频器的参数恢复到出厂时的参数默认
值。一般在变频器初次使用或者参数比较混乱时,需要执行此操
作,以便于将变频器的参数恢复到一个确定的默认状态。

双击项目树的"在线访问"文件夹中在线变频器节点下方的
"调试",打开调试窗口,选中"保存/复位",如图 6-15 所示。在
"恢复出厂设置"栏中选择"所有参数将会复位"选项,然后单击
此栏右下角的 启动 按钮,在弹出的"恢复出厂设置"对话框(见
图 6-16)中单击下方的"确定"按钮,此时会弹出提示正在复位

图 6-14　查找设备及名称

参数的对话框(见图 6-17),参数复位完成后,在巡视窗口中会显示"已成功恢复出厂设置"信息。

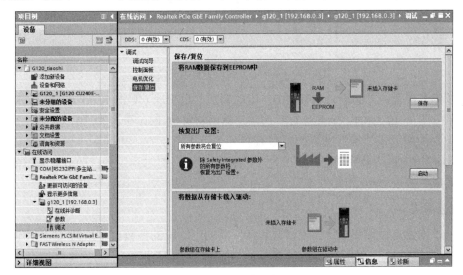

图 6-15　"调试"窗口

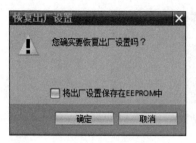

图 6-16　"恢复出厂设置"对话框　　　　　　　图 6-17　正在恢复出厂设置

恢复出厂设置也可以通过以下方法进行。

（1）通过在线诊断复位

双击项目树的"在线访问"文件夹中在线变频器节点下方的"在线并诊断"，在弹出的"在线并诊断"对话框中选择"功能"选项下的"保存/复位"，弹出如图 6-15 右侧所示的"保存/复位"窗口，其恢复出厂设置同上文所介绍的。

（2）通过修改参数复位

双击项目树的"在线访问"文件夹中在线变频器节点下方的"参数"，选中右侧"在线访问"窗口的"参数视图"选项卡，然后单击"参数表"下的"保存&复位"，出现如图 6-18 所示的"保存&复位"参数列表。图 6-18 中，如果参数"值"列显示淡橙色底纹的参数行前面出现一个锁的图标🔒，则表示当前状态下此参数不可更改，而显示深橙色底纹的参数行则表示当前状态下参数可更改。

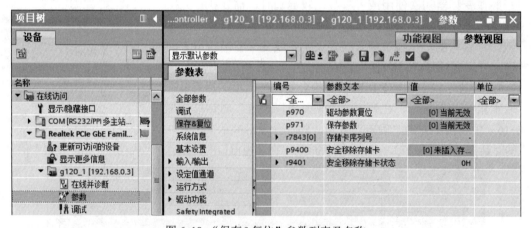

图 6-18　"保存&复位"参数列表及名称

复位变频器参数前，必须将参数 P10（驱动调试参数筛选）更改为 30（参数复位），否则不能复位。单击图 6-19 中的"全部参数"选项，然后将参数 P10 更改为 30，此时参数列表中与之功能相关联的所有带"锁"图标的参数行将处于可更改状态，再回到"保存&复位"列表窗口，将参数 P970（驱动参数复位）更改为 1（复位参数），此时系统会自动对变频器参数进行复位，复位完成后参数 P970 和 P10 均自动变为 0，此时可以再更改其他参数。

3. 快速调试

快速调试主要是设置变频器的宏参数和所驱动的电动机的参数。单击图 6-15"调试"中的"调试向导"选项，弹出"调试向导-（在线）"对话框（见图 6-20）。

编号	参数文本	值	单位
<全...>	<全部>	<全部>	<全部>
r2	驱动的运行显示	[35] 接通禁止 - 执行初步调试 (p00...	
p10	驱动调试参数筛选	[1] 快速调试	
p15	宏文件驱动设备	[1] 输送技术. 有 2 个固定频率	
r18	控制单元固件版本	4602102	
r20	已滤波的转速设定值	0.0	rpm
r21	已滤波的转速实际值	0.0	rpm
r25	已滤波的输出电压	0.0	V有效
r26	经过滤波的直流母	590.8	V
r27	已滤波的电流实际值	0.00	A有效
r31	已滤波的转矩实际值	0.00	Nm
r32	已滤波的有功功率	0.00	kW
r34	电机负载率	0	%
r35	电机温度	0.0	℃
r39[0]	电能显示.电能结...	0.39	kWh
r41	节省的能源信息	4.82	kWh
r46	缺少使能信号	40020001H	
r47	电机数据检测和转...	[0] 无测量	
r51	驱动数据组DDS有效	0H	
r52	状态字 1	EBE8H	
r53	状态字 2	2E0H	
r54	控制字 1	47EH	
p100	电机标准 IEC/NEMA	[0] IEC 电机（50Hz，SI单位）	
p133[0]	电机配置	0H	
p170	指令数据组 (CDS) ...	2	
p205	功率单元应用	[1] 含轻过载的工作制. 用于矢量...	
r206[0]	功率单元额定功率....	0.75	kW
r208	功率单元的额定输...	400	V有效

图 6-19　全部参数列表及名称

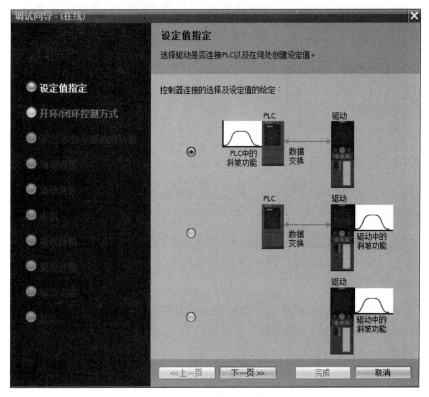

图 6-20　调试向导"设定值指定"对话框

（1）设定值指定

在图 6-20 中，首先对"设定值指定"进行设定，在此选择第二种（第一或第二种方式是由 PLC 控制变频器的运行，第三种方式下变频器不受 PLC 控制），单击"下一页"按钮。

（2）开环/闭环控制方式

在弹出的"开环/闭环控制方式"对话框中选择"[0]具有线性特性的 V/f 控制"（见图 6-21），单击"下一页"按钮。

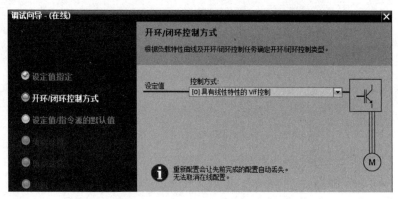

图 6-21 "开环/闭环控制方式"对话框

（3）设定值/指令源的默认值

在弹出的"设定值/指令源的默认值"对话框中选择"[7]现场总线.带有数据组转换"（见图 6-22），其他不进行改动，单击"下一页"按钮。

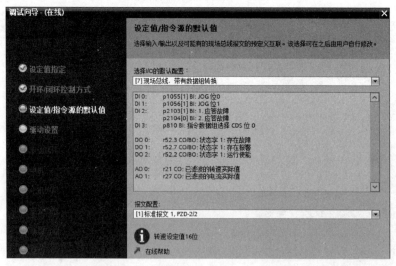

图 6-22 "设定值/指令源的默认值"对话框

（4）驱动设置

在弹出的"驱动设置"对话框中将"设备输入电压"改为 380V，在"功率单元应用"中选择"[1]含轻过载的工作制.用于矢量驱动"（见图 6-23），单击"下一页"按钮。

（5）驱动选件

在弹出的"驱动选件"对话框中不进行改动，即无制动电阻，无输出滤波器（见图 6-24），单击"下一页"按钮。

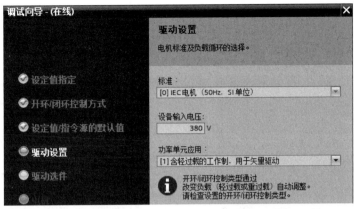

图 6-23　"驱动设置"对话框

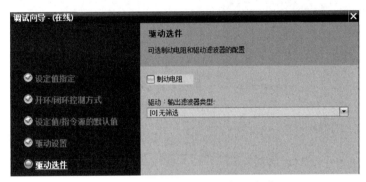

图 6-24　"驱动选件"对话框及名称

（6）电动机的相关参数

在弹出的"电机"设定对话框中选择电动机类型"[1]旋转异步电机"，选择电动机的接线类型"星形"或"三角形"（根据用户所用电动机接线类型），在"电机数据"中输入用户所有电动机额定参数（见图 6-25），"电机并联"的数量为 1，无温度传感器，单击"下一页"按钮。

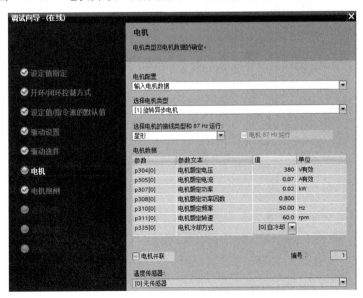

图 6-25　"电机"对话框

（7）电机抱闸

在弹出的"电机抱闸"对话框中不进行改动，即电机无抱闸（见图 6-26），单击"下一页"按钮。

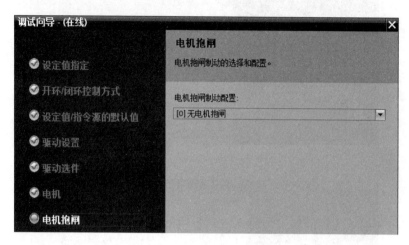

图 6-26 "电机抱闸"对话框

（8）重要参数

在弹出的"重要参数"对话框中输入参考转速、最大转速、斜坡上升时间、OFF1 斜坡下降时间等参数值（见图 6-27），单击"下一页"按钮。

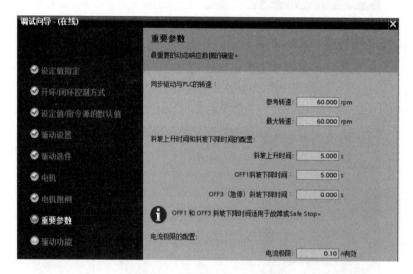

图 6-27 "重要参数"对话框

（9）驱动功能

在弹出的"驱动功能"对话框中不进行电机识别，即禁用，在"结束电机调试"中选择"只计算电机数据"（见图 6-28），单击"下一页"按钮。

（10）总结

在弹出的"总结"对话框中显示用户所设定的快速调试参数（见图 6-29），单击"完成"按钮后完成快速调试。

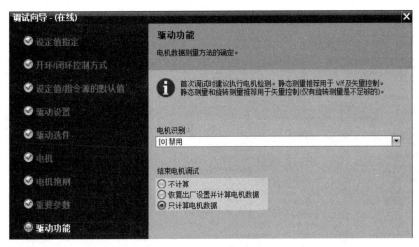

图 6-28　"驱动功能"对话框

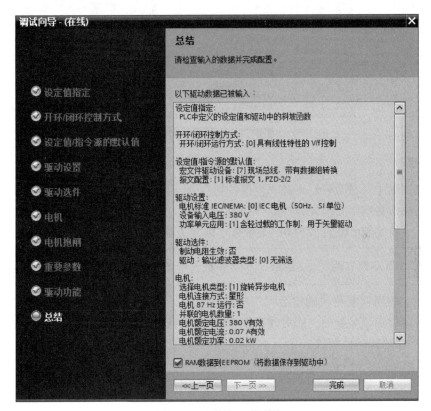

图 6-29　"总结"对话框

快速调试也可以通过修改参数的方法进行：

双击项目树的"在线访问"文件夹中在线变频器节点下方的"参数"，选中"在线访问"窗口右上角的"参数视图"选项卡，然后单击"参数表"下的"调试"，弹出"调试"参数列表（见图 6-30）。

更改"调试"参数前，必须将参数 P10 更改为 1，然后再更改"宏"参数 P15、电动机的额定数据、报文选择、转速设定值选择等参数，在参数所在的"值"列直接输入参数值或单击后面的倒三角按钮，选择所需要的参数。更改完"调试"参数后，可将参数 P10 更改为 0，也可以将参数 P3900（结束快速调试）更改为 3（只快速设定电机参数），使参数 P10 变为 0（就绪）。

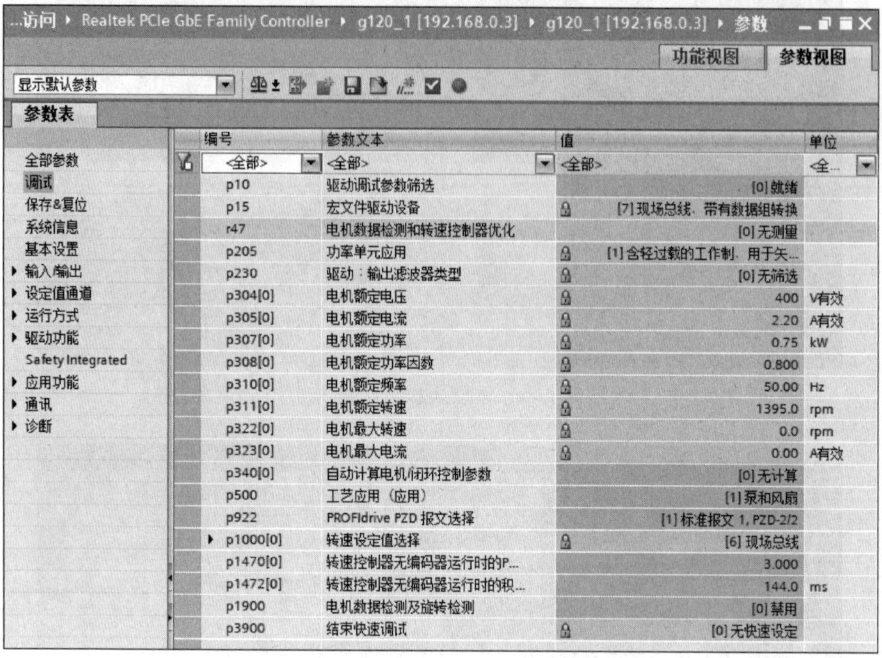

编号	参数文本	值	单位
<全部>	<全部>	<全部>	<全...
p10	驱动调试参数筛选	[0] 就绪	
p15	宏文件驱动设备	[7] 现场总线，带有数据组转换	
r47	电机数据检测和转速控制器优化	[0] 无测量	
p205	功率单元应用	[1] 含轻过载的工作制，用于矢...	
p230	驱动：输出滤波器类型	[0] 无滤选	
p304[0]	电机额定电压	400	V有效
p305[0]	电机额定电流	2.20	A有效
p307[0]	电机额定功率	0.75	kW
p308[0]	电机额定功率因数	0.800	
p310[0]	电机额定频率	50.00	Hz
p311[0]	电机额定转速	1395.0	rpm
p322[0]	电机最大转速	0.0	rpm
p323[0]	电机最大电流	0.00	A有效
p340[0]	自动计算电机/闭环控制参数	[0] 无计算	
p500	工艺应用（应用）	[1] 泵和风扇	
p922	PROFIdrive PZD 报文选择	[1] 标准报文 1, PZD-2/2	
p1000[0]	转速设定值选择	[6] 现场总线	
p1470[0]	转速控制器无编码器运行时的P...	3.000	
p1472[0]	转速控制器无编码器运行时的积...	144.0	ms
p1900	电机数据检测及旋转检测	[0] 禁用	
p3900	结束快速调试	[0] 无快速设定	

图 6-30　调试参数列表

4. 参数修改

单击图 6-30 中“参数表”下的“全部参数”，此时变频器所有参数都将显示出来。若更改带有“锁”图标的参数则必须先将参数 P10 更改为 1，然后再进行更改，所有待更改的参数更改完成后别忘了将参数 P10 再改为 0；不带有“锁”图标的参数可直接更改。

注意： 变频器参数有两种，r 参数为只读参数，即不能更改；P 参数为可更改参数。

如何快速定位所需要更改的参数呢？在参数表的“编号”列直接输入需要更改参数的参数编号便可立即定位到该参数上，如更改参数 P500，则在参数表的“编号”列中直接输入十进制数“500”便可快速找到该参数。

5. 在线调试

双击项目树的“在线访问”文件夹中在线变频器节点下方的“调试”，在右侧出现“调试”窗口，选择“调试”选项卡中的“控制面板”，弹出“控制面板”对话框（见图 6-31）。单击“主控权”中的“激活”按钮 激活，弹出“激活主控权”对话框（见图 6-32），单击“应用”按钮，此时已取得调试控制权，在“修改”栏的“转速”框中输入电动机运行的速度，如 10r/min，如果连续和点动运行的方向按钮为灰色，则单击“驱动使能”中的“设置”按钮 设置，然后单击正向转旋的按钮 向前 或反向旋转的按钮 向后，可实现电动机正向或反向旋转，单击“OFF”按钮 Off 可使电动机停止运行，若单击“停止”按钮 停止，电动机虽然停止运行，但变频器风扇仍在运行。若单击正向点动按钮 Jog向前 或反向点动按钮 Jog向后，可实现电动机正向或反向点动运行。

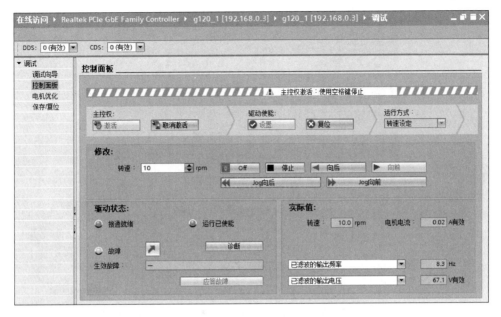

图 6-31 "控制面板"对话框

电动机在变频器驱动下运行时,在"实际值"栏的"转速"框中将显示电动机运行转速值、电流值、变频器的输出频率值、变频器的输出电压值等(见图 6-31 右下角)。

如果参数 P10 在执行"调试"功能前没有更改为 0,则在按下"激活"按钮时,会弹出如图 6-33 所示的"接通驱动"提示对话框,这时用户需要将参数 P10 更改为 0 后再执行"调试"功能。

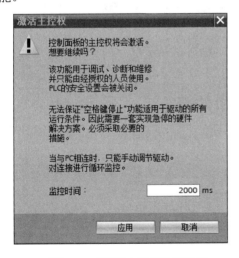

图 6-32 "激活主控权"对话框

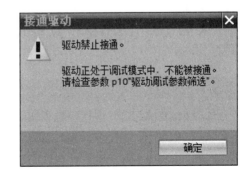

图 6-33 "接通驱动"提示对话框

如果变频器在运行过程中发生故障,则会在"驱动状态"窗口的"生效故障"栏中显示相应的信息(见图 6-34),用户可单击按钮 快速查阅系统提示的故障信息(见图 6-35),待用户将故障解决后,可单击"应用故障"按钮 应答故障 确认故障排除。

当"调试"功能完成后,须单击"主控权"的"取消激活"按钮 取消激活 ,在"取消激活控制面板"对话框中单击"应用"按钮,即放弃控制权。

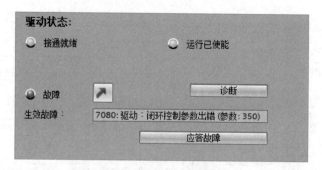

图 6-34　"驱动状态"窗口

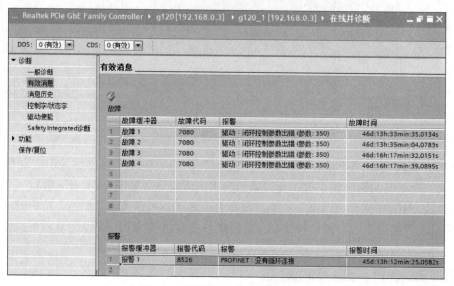

图 6-35　诊断的"有效消息"窗口

6.5　案例 16　使用软件在线控制电动机的运行

6.5.1　目的

1）掌握 Startdrive 软件进行复位和快速调试。
2）掌握 Startdrive 软件进行参数设置。
3）掌握 Startdrive 软件进行在线控制电动机的运行。

6.5.2　任务

使用调试软件 Startdrive 在线控制电动机的运行。

6.5.3　步骤

1. 复位及快速调试

合上 G120 变频器的电源，同时打开调试软件，新建一个项目，取名为"Startdrive_

CON"。按 6.4 节所讲述内容对变频器进行出厂值复位，并进行快速调试。快速参数选择如下：

1）V/f 控制方式选择 0，即 V/f 线性控制；

2）宏参数选择 7，即总线控制；

3）选择感应电动机；

4）输入电动机参数，额定电压 P304="380"、额定电流 P305="0.07"、额定功率 P307="0.024"、功率因数 P308="0.8"、额定频率 P310="50"、额定转速 P311="60"等；

5）不选择静态识别功能；

6）输入其他性能参数。如最大转速 P1082="60"、最小转速 P1080="0"、上升时间 P1120="5"、下降时间 P1121="5"等。

其他参数可采用默认值。

2. 参数设置

在快速调试完成后，如果还有其他参数需要修改，或快速调试中有电动机的参数需要修改，这时可直接在专家参数列表中修改。

打开专家参数列表，首先让快速调试参数 P10="1"，只有在 P10="1"的情况下才能修改电动机的相关参数，在此，将电动机的额定电压 P0304 修改为"400"。如快速调试结束后，让参数 P3900="3"（或直接修改参数 P10 为"0"），按下"Enter"键确认后，这时参数 P10="0"。参数 P10="0"表示变频器准备就绪，可以起停变频器，如果参数 P10 不为"0"，则变频器无法起动。

不是修改所有参数都需要 P10="1"，与快速调试相关的参数在更改时，必须让参数 P10 先为 1，同时在参数修改完成后，必须使参数 P10="0"。

3. 起停电动机

按 6.4 节所讲内容，打开调试窗口，激活控制权，在转速栏中输入某一转速，如 30，按下"向前"按钮起动变频器，观察电动机的转速是否为 30？再将转速栏的转速值改为 50，按下"Enter"键确认，观察电动机的转速是否为 50？按下"Off"键停止电动机的运行。按下"取消激活"键，即放弃控制权。

6.5.4　训练

修改最大转速参数为 80，最小转速参数为 20。起动电动机时，将转速参数分别设置为 10、50、80、100，观察电动机的实际运行速度。

6.6　习题与思考

1. 变频器的作用是什么？

2. 变频器的组成及各部分的作用是什么？

3. 变频器是如何分类的？

4. 变频器的工作原理是什么？

5. G120 变频器的端子分为几类？各类中含有哪些端子？

6. G120 变频器由哪些模块组成，每个模块的作用是什么？

7. G120 变频器的智能操作面板上的按键有哪些，分别起到什么作用？

8. 如何通过面板修改变频器的参数值？

9. 如何通过面板进行快速调试？

10. 电动机在运行过程中，能否改变它的转向？若能，如何操作？

11. 如何实现电动机的点动控制？点动频率如何修改？

12. 如何使用调试软件 Startdrive 下载变频器中的参数？

13. 如何使用调试软件 Startdrive 进行参数出厂值复位？

14. 如何使用调试软件 Startdrive 进行快速调试？

15. 在调试软件 Startdrive 中，如何修改参数值？

16. 如何使用调试软件 Startdrive 进行在线控制变频器的运行？

第7章　G120 变频器的数字量应用

7.1　数字量输入

7.1.1　端子及连接

G120 变频器的数字量输入端子 5、6、7、8、16、17 为用户提供了 6 个完全可编程的数字输入端子，数字输入端子的信号可以来自外部的开关量，也可来自晶体管和继电器的输出信号。端子 9、28 是一个 24V 的直流电源，给用户提供了数字量的输入所需要的直流电源。数字量信号（使用变频器的内部电源）来自外部开关端子的接线方法如图 7-1 所示。若数字量信号来自晶体管输出，PNP 型晶体管的公共端应接端子 9（+24V），NPN 型晶体管的公共端应接端子 28（0V）。若数字量信号来自继电器输出，继电器的公共端应接 9（+24V）。若使用外部 24V 直流电源，则外部开关量的公共端子与外部 24V 直流电源正极性端相连，24V 直流电源负极性端与 69 和 34 号端子相连，如图 7-1 所示。

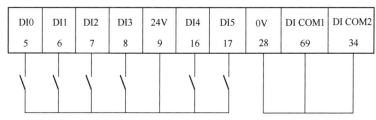

图 7-1　外部开关量与数字输入端子的接线图

若提供的 6 个数字量输入不够，可以通过图 7-2 的方法增加两个数字量输入 DI11 和 DI12。

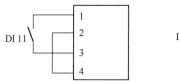 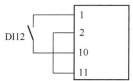

图 7-2　DI11 和 DI12 的端子接线图

表 7-1 列出了数字量输入 DI 与所对应的状态位关系。

表 7-1　数字量输入 DI 与对应的状态位关系

数字输入编号	端子号	数字输入状态位
数字输入 0，DI0	5	r722.0
数字输入 1，DI1	6	r722.1
数字输入 2，DI2	7	r722.2

（续）

数字输入编号	端子号	数字输入状态位
数字输入 3，DI3	8	r722.3
数字输入 4，DI4	16	r722.4
数字输入 5，DI5	17	r722.5
数字输入 11，DI11	3、4	r722.11
数字输入 12，DI12	10、11	r722.12

7.1.2 预定义接口宏

G120 为满足不同的接口定义提供了多种定义接口宏，利用预定义接口宏可以方便地设置变频器的命令源和设定值源。可以通过参数 P15 修改宏。在选用宏功能时请注意以下两点：

1）如果其中一种宏定义的接口方式完全符合用户的应用，那么按照该宏的接线方式设计原理图，并在调试时选择相应的宏功能即可方便地实现控制要求。

2）如果所有宏定义的接口方式都不能完全符合用户的应用，那么就选择与用户的布线比较相近的接口宏，然后根据需要来调整输入/输出的配置。

 注意： 修改宏参数 P15 时，只有当 P10 = 1 时才能更改。

控制单元 CU240E-2PN-F 为用户提供有 18 种宏，如表 7-2 所示。

表 7-2 控制单元 CU240E-2PN-F 的 18 种宏功能

宏 编 号	宏 功 能
1	双线制控制，有两个固定转速
2	单方向两个固定转速，带安全功能
3	单方向四个固定转速
4	现场总线 PROFIBUS
5	现场总线 PROFIBUS，带安全功能
6	现场总线 PROFIBUS，带两项安全功能
7	现场总线 PROFIBUS 和点动之间切换
8	电动电位器（MOP），带安全功能
9	电动电位器（MOP）
10	端子起动模拟量给定，带安全功能
11	现场总线和电动电位器（MOP）切换
12	模拟给定和电动电位器（MOP）切换
13	双线制控制 1，模拟量调速
14	双线制控制 2，模拟量调速
15	双线制控制 3，模拟量调速
16	三线制控制 1，模拟量调速
17	三线制控制 2，模拟量调速
18	现场总线 USS 通信

7.1.3　指令源和设定值源

通信预定义接口宏可以定义变频器用什么信号控制起动，由什么信号来控制输出频率，在预定义接口宏不能完全符合要求时，必须根据需要通过 BICO 功能来调整指令源和设定值源。

1. 指令源

指令源指变频器收到控制指令的接口。在设置预定义接口宏 P15 时，变频器会自动对指令源进行定义。表 7-3 所列举参数设置中 r722.0、r2090.0、r722.2、r2090.1、r722.3 均为指令源。

表 7-3　控制单元 CU240E-2PN-F 定义的指令源

参 数 号	参 数 值	说 明
P840	722.0	将数字量输入 DI0 定义为起动命令
	2090.0	将现场总线控制字 1 的第 0 位定义为起动命令
P844	722.2	将数字量输入 DI2 定义为 OFF2（自由停止）命令
	2090.1	将现场总线控制字 1 的第 1 位定义为 OFF2 命令
P2103	722.3	将数字量输入 DI3 定义为故障复位

2. 设定值源

设定值源指变频器收到控制指令的接口，在设置预定义接口宏 P15 时，变频器会自动对设定值源进行定义。表 7-4 所列举参数设置中 r1050、r755.0、r1024、r2050.1、r755.1 均为设定值源。

表 7-4　控制单元 CU240E-2PN-F 定义的设定值源

参 数 号	参 数 值	说 明
P1070	1050	将电动电位器作为主设定值
	755.0	将模拟量输入 AI0 作为主设定值
	1024	将固定转速作为主设定值
	2050.1	将现场总线作为主设定值
	755.1	将模拟量输入 AI0 作为主设定值

7.1.4　固定频率运行

固定频率运行，又称多段速运行，就是在设置 P1000（频率控制源）= 3 的条件下，用数字量端子选择固定设定值或其组合，实现电动机的多段速固定频率运行。有两种固定设定值模式，直接选择模式和二进制选择模式。

使用固定频率运行时，宏参数 P15 必须为 1、2 或 3，对应功能如图 7-3 所示。

1. 直接选择模式

一个数字量输入选择一个固定设定值。多个数字输入量同时激活时，选定的设定值是对应固定设定值的叠加。最多可以设置 4 个数字输入信号。采用直接选择模式需要设置参数 P1016 = 1。

其中，参数 P1020～P1023 为固定设定值的选择信号，如表 7-5 所示。

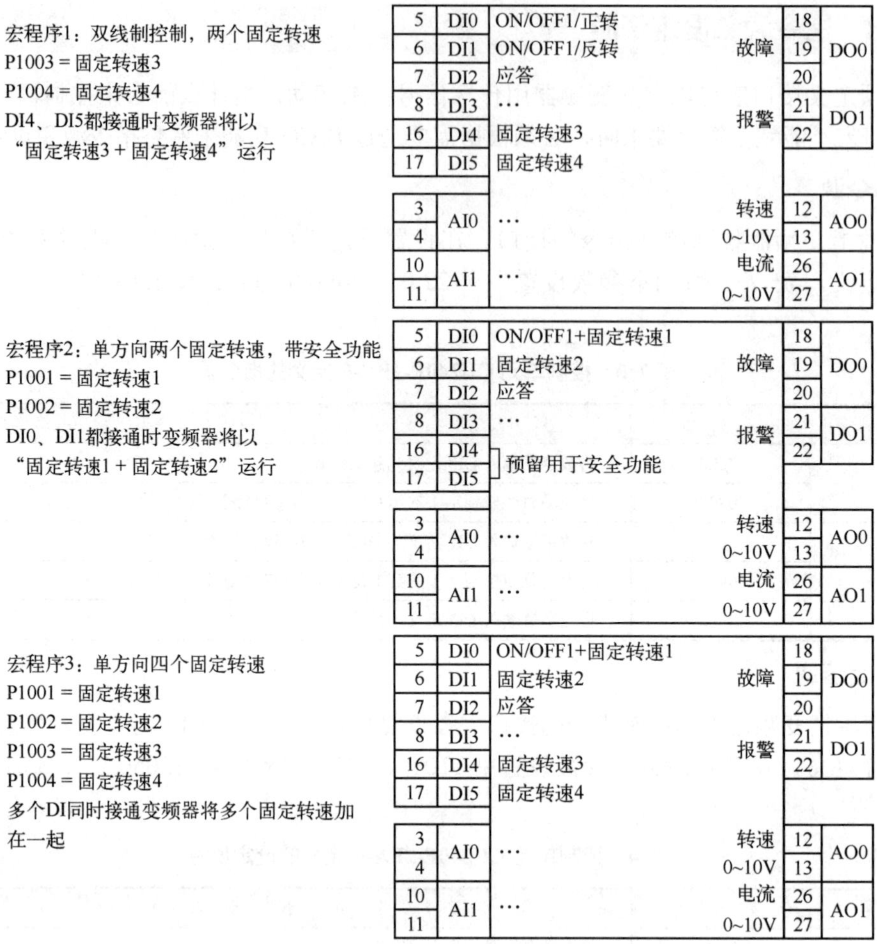

宏程序1：双线制控制，两个固定转速
P1003 = 固定转速3
P1004 = 固定转速4
DI4、DI5都接通时变频器将以
"固定转速3 + 固定转速4"运行

5	DI0	ON/OFF1/正转		18	
6	DI1	ON/OFF1/反转	故障	19	DO0
7	DI2	应答		20	
8	DI3	…		21	
16	DI4	固定转速3	报警	22	DO1
17	DI5	固定转速4			

3	AI0	…	转速	12	AO0
4			0~10V	13	
10	AI1	…	电流	26	AO1
11			0~10V	27	

宏程序2：单方向两个固定转速，带安全功能
P1001 = 固定转速1
P1002 = 固定转速2
DI0、DI1都接通时变频器将以
"固定转速1 + 固定转速2"运行

5	DI0	ON/OFF1+固定转速1		18	
6	DI1	固定转速2	故障	19	DO0
7	DI2	应答		20	
8	DI3	…		21	
16	DI4	预留用于安全功能	报警	22	DO1
17	DI5				

3	AI0	…	转速	12	AO0
4			0~10V	13	
10	AI1	…	电流	26	AO1
11			0~10V	27	

宏程序3：单方向四个固定转速
P1001 = 固定转速1
P1002 = 固定转速2
P1003 = 固定转速3
P1004 = 固定转速4
多个DI同时接通变频器将多个固定转速加在一起

5	DI0	ON/OFF1+固定转速1		18	
6	DI1	固定转速2	故障	19	DO0
7	DI2	应答		20	
8	DI3	…		21	
16	DI4	固定转速3	报警	22	DO1
17	DI5	固定转速4			

3	AI0	…	转速	12	AO0
4			0~10V	13	
10	AI1	…	电流	26	AO1
11			0~10V	27	

图 7-3　固定频率运行时不同宏参数各端子的功能

表 7-5　P1020~P1023 为固定设定值的选择信号

参 数 号	说　　明	参 数 号	说　　明
P1020	固定设定值 1 的选择信号	P1001	固定设定值 1
P1021	固定设定值 2 的选择信号	P1002	固定设定值 2
P1022	固定设定值 3 的选择信号	P1003	固定设定值 3
P1023	固定设定值 4 的选择信号	P1004	固定设定值 4

【例 7-1】　通过外部开关量实现两个固定转速，分别为 20r/min 和 40r/min。

因要求中未指定具体使用哪个数字量输入作为起动信号端和固定频率控制端，故可选择宏参数为 1。因没有运行频率信号，还需要设 P1003 = 20，P1004 = 40 两个参数，如表 7-6 所示。

表 7-6　宏参数 P15 为 1 时的参数设置

参 数 号	参 数 值	功　　能	备 注
P840	722.0	将 DI0 作为起动信号，r722.0 为 DI0 状态的参数	
P1000	3	固定频率运行	默认值
P1016	1	固定转速模式采用直接选择方式	
P1022	722.4	将 DI4 作为固定设定值 3 的选择信号，r722.4 为 DI4 状态的参数	

（续）

参 数 号	参 数 值	功　　能	备　注
P1023	722.5	将 DI5 作为固定设定值 4 的选择信号，r722.5 为 DI5 状态的参数	默认值
P1003	20	定义固定设定值 3，单位 r/min	需设置
P1004	40	定义固定设定值 4，单位 r/min	
P1070	1024	定义固定设定值作为主设定值	默认值

【例 7-2】 通过 DI2 和 DI3 选择两个固定转速，分别为 20r/min 和 30r/min，DI0 为起动信号。

要求两个固定频率从 DI2 和 DI3 两个数字量端口输入，这时在选择宏参数为 1 的前提下，还需要对预定义的端口参数默认值进行修改，并需设置其他参数，其更改和设置的参数及数据值如表 7-7 所示。

表 7-7　DI2 和 DI3 输入端作为两个固定频率运行的参数设置

参 数 号	参 数 值	说　　明
P15	1	预定义宏参数选择固定转速，双线制控制，两个固定频率
P1016	1	固定转速模式采用直接选择方式
P1020	722.2	将 DI2 作为固定设定值 1 的选择信号，r722.2 为 DI2 状态的参数
P1021	722.3	将 DI3 作为固定设定值 2 的选择信号，r722.3 为 DI3 状态的参数
P1001	20	定义固定设定值 1，单位 r/min
P1002	30	定义固定设定值 2，单位 r/min

2. 二进制选择模式

4 个数字量输入通过二进制编码方式选择固定设定值，使用这种方法最多可以选择 15 个固定频率。不同的数字输入状态对应的固定设定值如表 7-8 所示，采用二进制选择模式需要设置参数 P1016 = 2。

表 7-8　二进制选择模式 DI 状态与设定值对应表

固定设定值	P1023 选择的 DI 状态	P1022 选择的 DI 状态	P1021 选择的 DI 状态	P1020 选择的 DI 状态
P1001 固定设定值 1				1
P1002 固定设定值 2			1	
P1003 固定设定值 3			1	1
P1004 固定设定值 4		1		
P1005 固定设定值 5		1		1
P1006 固定设定值 6		1	1	
P1007 固定设定值 7		1	1	1
P1008 固定设定值 8	1			
P1009 固定设定值 9	1			1
P1010 固定设定值 10	1		1	
P1011 固定设定值 11	1		1	1
P1012 固定设定值 12	1	1		
P1013 固定设定值 13	1	1		1
P1014 固定设定值 14	1	1	1	
P1015 固定设定值 15	1	1	1	1

视频"G120 宏对应数字量输入接口的配置"可通过扫描二维码 7-1 播放。

视频"G120 数字量输入端子起停控制功能"可通过扫描二维码 7-2 播放。

视频"G120 固定转速选择功能"可通过扫描二维码 7-3 播放。

【例 7-3】 通过 DI1、DI2、DI3 和 DI4 选择固定转速，DI0 为起动信号，参数如何设置？根据要求，具体设置参数如表 7-9 所示。

表 7-9   二进制选择模式示例参数设置

参 数 号	参 数 值	说　　　　明
P0840	722.0	将 DI0 作为起动信号，r722.0 为 DI0 状态的参数
P1016	2	固定转速模式采用二进制选择模式
P1020	722.1	将 DI1 作为固定设定值 1 的选择信号，r722.1 为 DI1 状态的参数
P1021	722.2	将 DI2 作为固定设定值 2 的选择信号，r722.2 为 DI2 状态的参数
P1022	722.3	将 DI3 作为固定设定值 3 的选择信号，r722.3 为 DI3 状态的参数
P1023	722.4	将 DI4 作为固定设定值 4 的选择信号，r722.4 为 DI4 状态的参数
P1001～P1015	×××	定义固定设定值 1～15，单位 r/min
P1070	1024	定义固定设定值作为主设定值

7.1.5　电动电位器（MOP）给定

变频器的 MOP 功能是通过变频器的数字量端口的通、断来控制变频器输出频率的升、降，又称为 UP/DOWN（远程遥控设定）功能。大部分变频器都是通过多功能输入端口进行数字量 MOP 给定的。

MOP 功能是通过频率上升（UP）和频率下降（DOWN）控制端子来实现的，通过"宏"程序的功能预置此两端子为 MOP 功能。将预置为 UP 功能的控制端子开关闭合，变频器的输出频率上升，断开时，变频器以断开时频率运转（见图 7-4a）；将预置为 DOWN 功能的控制端子开关闭合，变频器的输出频率下降，断开时，变频器以断开时频率运转（见图 7-4b）。注意：电动电位器给定的输出频率初始值由参数 P1040 给定。如果预置的 UP 和 DOWN 两个功能的控制端子开关同时闭合，则变频器当前运行输出频率保持不变，作用与两个端子同时断开时相同。

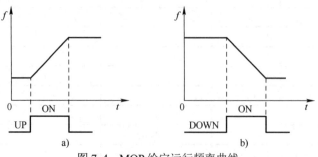

图 7-4　MOP 给定运行频率曲线

a）频率上升　b）频率下降

实质上，MOP 功能就是通过数字量端口来实现面板操作上的键盘给定（▲/▼键）。用 UP 和 DOWN 端子控制频率的升降要比用模拟输入端子控制稳定性好，因为该端子为数字量控制，不易受干扰信号的影响。

能实现 MOP 功能的宏程序 P15 可设置为 8、9、14、15。系统默认 MOP 功能中数字量输入端 DI0 为起停端，数字量输入端 DI1 为 UP 端，数字量输入端 DI2 为 DOWN 端。

7.1.6　使用调试软件实现固定速度运行

1. 查找设备

打开项目树中"在线访问"下的网卡文件夹"Realtek PCIe GbE Family Controller"，双击"更新可访问的设备"，如果变频器已经连接在以太网网络上，则会在网卡文件夹中出现变频器节点（见图 6-14）。

2. 参数修改

单击图 6-30 中"参数表"下的"全部参数"，此时变频器所有参数都将显示出来。先将参数 P10 更改为 1，再将宏程序 P15 改为 1，然后将参数 P10 再更改为 0，最后设置参数 P1001～P1004，如分别为 10r/min、20r/min、30r/min、40r/min。

单击"在线访问"窗口右上角的"功能视图"，然后单击"输入/输出"中的"数字量输入"，打开"数字量输入"功能视图，此时功能视图中的相关数字量输入端已与宏程序 1 相关的参数关联（见图 7-5）。

将数字量输入端 DI0 和 DI4 端接通，此时可以看到变频器驱动电动机正向旋转，且转速为 30r/min，同时在"功能视图"上也可以看到数字量输入端 DI0 和 DI4 后面的圆心变为亮绿色，其他未接通的数字量输入端后面的圆心仍为暗灰色。

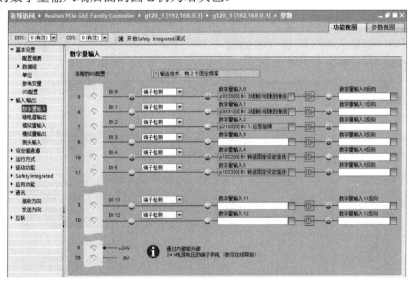

图 7-5　数字量输入"功能视图"

在图 7-5 中，所有数字量的输入端子都有两种选择，分别为模拟和端子检测。若选择"模拟"选项，则在相应的数字量输入回路中会出现一个复选框"□"，勾选该复选框，表示此路数字量不需要物理线路上接通，而通过在线已虚拟接通；若选择"端子检测"选项，即表示该数字量输入端是通过物理线路检测其通断。现在将数字量输入端 DI0 设置为"模拟"方式，其他选择"端子检测"。在此，将数字量输入端 DI2 设置为参数 P1021，单击数字量输入端 DI2 后面参数设置栏的方框▇，弹出参数设置对话框（见图 7-6），选中"P1020[0] BI：转速固定设定值选择 位 0"，此时已选中的选项会自动进入"当前选择"栏中，单击右下角的"确定"按钮，此时"数字量输入 2"下方的参数自动变为 P1020，如果仍为参数 P2103，这时可通过参数设置栏后的⬍按钮进行向上或向下选择；用同样的方法，将数字量输入端 DI3 设置为参数 P1022。

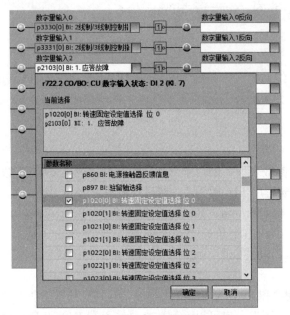

图 7-6　数字量输入参数设置对话框

将数字量输入端 DI0 模拟方式打钩，将数字量输入端 DI4 接通（见图 7-7，数字量输入端 DI0 和 DI4 后面的圆心变为亮绿色），此时可以看到变频器驱动电动机正向旋转，且转速为 30r/min。当然数字量输入端（转速设定的输入端）也可以几个同时接通，参数也都可以更改。虽然使用"模拟"方式更便于设备的调试，但也须慎用。

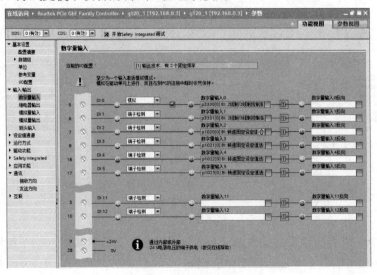

图 7-7　"模拟"方式窗口

7.2　案例 17　电动机的七段速运行控制

7.2.1　目的

1）掌握数字量输入端子与参数的对应关系。

2）掌握固定频率运行的参数设置。

3）掌握用 PLC 控制变频器多段速运行的方法。

7.2.2　任务

使用 G120 变频器实现电动机的七段速运行控制。运行转速分别为 10r/min、15r/min、20r/min、25r/min、30r/min、35r/min、40r/min。

7.2.3　步骤

1. 复位及快速调试

是否需要复位及快速调试应根据实际情况进行，不一定每次调试项目都要做此环节。

2. 参数设置

按 6.2 或 6.4 节介绍的方法，通过面板或调试软件 Startdrive 进行参数设置。本案例中设置 DI0 为起动端、DI1 为固定转速 1，DI2 为固定转速 2，DI3 为固定转速 3，通过 DI2、DI3 或 DI4 相互叠加实现其他转速。参数具体设置如表 7-10 所示。

表 7-10　电动机七段速运行的参数设置

参　数　号	参　数　值	说　　　明
P0015	1	预定义宏参数选择固定转速，双线制控制，两个固定频率
P1016	1	固定转速模式采用直接选择模式
P1020	722.1	将 DI1 作为固定设定值 1 的选择信号，r722.1 为 DI1 状态的参数
P1021	722.2	将 DI2 作为固定设定值 2 的选择信号，r722.2 为 DI2 状态的参数
P1022	722.3	将 DI3 作为固定设定值 3 的选择信号，r722.3 为 DI3 状态的参数
P1001	10	定义固定设定值 1，单位 r/min
P1002	15	定义固定设定值 2，单位 r/min
P1003	20	定义固定设定值 3，单位 r/min
P1082	40	变频器运行频率上限，单位 r/min

利用开关的不同组合实现第四、五、六和第七段速，其中第七段速度是利用频率上限实现的。

3. 硬件连接

（1）直接使用外部开关量

若使用外部开关量实现七段速，则外部开关的连接如图 7-8 所示。开关 S1 作为起动信号；

开关 S2 作为第一固定转速；开关 S3 作为第二固定转速；开关 S4 作为第三固定转速。

（2）使用 PLC 控制多段速

若使用 PLC 控制变频器的多段速时，只需将 PLC 的输出模块的公共端（电源端）与变频器的电源端相连，PLC 的输出模块的输出端与变频器的数字量输入端相连，如图 7-9 所示。

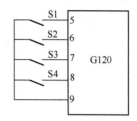

图 7-8　使用外部开关量控制七段速

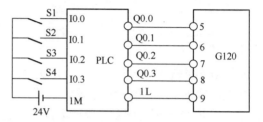

图 7-9　使用 PLC 控制七段速

4. 使用外部开关量调试

首先合上开关 S1，给变频器一个起动信号，观察电动机的转速是否为 10r/min。合上开关 S2，观察电动机的转速是否为 15r/min。合上开关 S3，观察电动机的转速是否为 20r/min。合上开关 S1 和 S2，观察电动机的转速是否为 25r/min。合上开关 S1 和 S3，观察电动机的转速是否为 30r/min。合上开关 S2 和 S3，观察电动机的转速是否为 35r/min。合上开关 S1、S2 和 S3，观察电动机的转速是否为 40r/min。如果上述功能可以实现，则本任务完成。

5. 使用 PLC 控制七段速程序

由于 PLC 的输入端子连接的是开关，所以只需编写成点动程序即可，如图 7-10 所示。

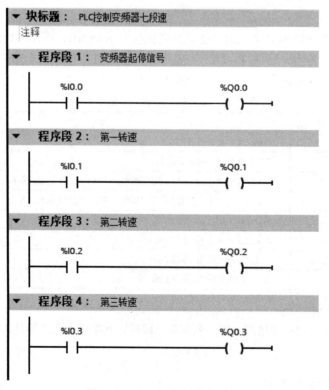

图 7-10　PLC 控制七段速程序

使用 PLC 控制七段速的调试过程同使用外部开关量。

7.2.4　训练

使用二进制选择模式实现本案例。

7.3　数字量输出

7.3.1　端子及连接

G120 变频器控制单元 CU240E-2 提供 2 路继电器输出和 1 路晶体管输出。18、19 和 20 是继电器输出 DO0，其中端子 20 是公共端，18 与 20 是常闭触点，19 与 20 是常开触点；21 和 22 是晶体管输出 DO1，为断开状态；23、24 和 25 是继电器输出 DO2，其中端子 25 是公共端，23 与 25 是常闭触点，24 与 25 是常开触点，如图 6-4 所示。

7.3.2　相关参数

G120 变频器数字量输出的功能与端子号及参数号对应关系如表 7-11 所示。

表 7-11　数字量输出的功能与端子号及参数号对应关系

数字输出编号	端 子 号	对应参数号
数字输出 0，DO0	18、19、20	P0730
数字输出 1，DO1	21、22	P0731
数字输出 2，DO2	23、24、25	P0732

3 路数字量输出的功能相同，在此以数字量输出 DO0 为例，常用的输出功能设置如表 7-12 所示。DO0 默认为故障输出，DO1 默认为报警输出。

表 7-12　数字输出 DO0 的常用功能

参 数 号	参 数 值	功 能
P0730	0	禁用数字量输出
	52.0	变频器准备就绪
	52.1	变频器运行
	52.2	变频器运行使能
	52.3	变频器故障
	52.7	变频器报警
	52.10	已达频率最大值
	52.11	已达到电动机电流极限
	52.14	变频器正向运行

7.3.3　数字量输出应用

常用变频器的数字量输出端子来指示变频器所驱动电动机是否处于运行状态，这时需设置参数 P0730 = 52.1（以 DO0 为例），同时，在输出端子 19 和 20 之间接一个电源的指示灯即可，如图 7-11 所示。

【例 7-4】 利用变频器的数字量输出端子来指示变频器所驱动电动机的运行方向。

首先要判断电动机是否运行，运行后再判断电动机的运行方向，因此需使用两路数字量输出来实现此要求，线路连接如图 7-12 所示。

除硬件连接外，还需要设置以下参数：P0731 = 52.1，P0733 = 52.14。即变频器运行时，端子 24 和 25 之间的常开触点导通，若电动机正转，则指示灯 HL2 指示灯亮；若电动机反转，则指示灯 HL1 指示灯亮。

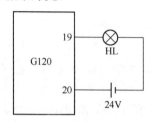

图 7-11   变频器运行状态指示

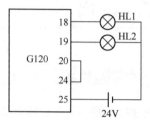

图 7-12   电动机正反向运行状态指示

视频"G120 数字量输出功能设置"可通过扫描二维码 7-4 播放。

7-4
G120 数字量
输出功能设置

7.3.4 使用调试软件修改数字量输出参数

1. 查找设备

打开项目树"在线访问"中计算机的"Realtek PCIe GbE Family Controller"网卡文件夹，双击"更新可访问的设备"，如果变频器已经连接在以太网网络上，则会在网卡文件夹中出现变频器节点（见图 6-14）。

2. 参数修改

单击"在线访问"窗口左上角的"功能视图"，单击"输入/输出"中的"继电器输出"，打开"继电器输出"功能视图下的参数设置窗口（见图 7-13）。从图 7-13 可以看出，每个继电器

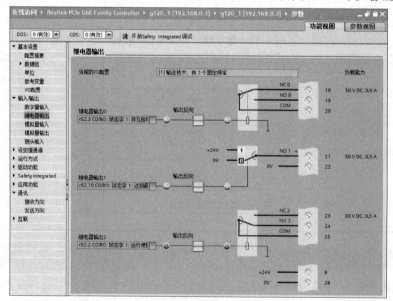

图 7-13   "继电器输出"功能视图

输出端口的默认设置参数、继电器输出端子号、常开和常闭触点等。如果继电器输出所设置的参数得到满足，则相应继电器端口有输出，其后面的圆心变成亮绿色（见图 7-13 中的继电器输出 2，而且触点也随之动作）。

如果需要更改某个继电器输出参数，如将继电器输出 2 的参数 P732 更改为 r52.2，则单击继电器输出 2 下方参数设置栏后面的方框，弹出参数设置对话框（见图 7-14），选中 r52.2 CO/BO：状态字 1：运行使能，再单击右下角的 确定 按钮确定。

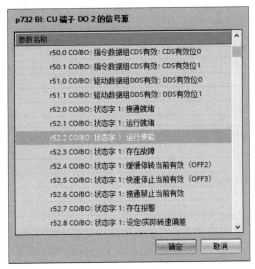

图 7-14　继电器输出参数设置对话框及名称

7.4　案例 18　电动机的工变频运行控制

7.4.1　目的

1）掌握数字量输出端子与参数的对应关系。
2）掌握数字量输出的参数设置。
3）掌握电动机工变频切换的方法。

7.4.2　任务

使用 PLC 和 G120 变频器实现电动机的工变频运行，即电动机根据工作模式可工作在"变频"或"工频"状态，在"变频"运行时，若变频器发生故障可自行切换到"工频"模式运行。

7.4.3　步骤

1. 原理图绘制

分析项目控制要求可知：以工作模式转换开关 SA、起动按钮 SB1、停止按钮 SB2、热继电器 FR 及发生故障时发出信号的数字量输出端子等的常开触点作为 PLC 的输入信号，以驱动工频运行接触器 KM1、变频运行接触器 KM2 和 KM3 的中间继电器 KA1、KA2 和 KA3 的线圈作为 PLC 的输出信号，其项目 I/O 地址分配如表 7-13 所示。按上述分析其控制电路如图 7-15 所示。

表 7-13　电动机工变频运行控制 PLC 的 I/O 地址分配表

输　入			输　出		
元　件	输入继电器	作　用	元　件	输出继电器	作　用
转换开关 SA	I0.0	模式选择	中间继电器 KA1	Q0.0	工频电源 KM1
按钮 SB1	I0.1	电动机起动	中间继电器 KA2	Q0.1	变频电源 KM2
按钮 SB2	I0.2	电动机停止	中间继电器 KA3	Q0.2	变频输出 KM3
热继电器 FR	I0.3	过载保护		Q0.5	变频器起动
变频器的继电器输出	I0.4	故障信号			

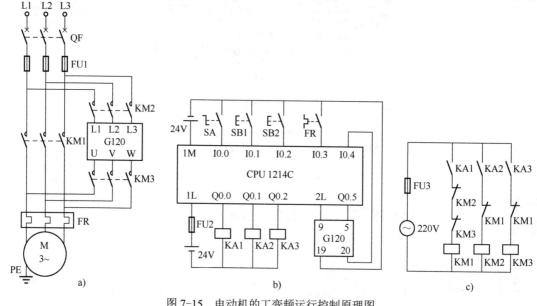

图 7-15　电动机的工变频运行控制原理图

a) 主电路　b) I/O 接线图　c) 转接电路

2. 参数设置

本项目中设置 DI0 为起动信号及固定转速 1，变频器故障从 DO0 发出，参数具体设置如表 7-14 所示。

表 7-14　电动机工变频运行控制的参数设置

参 数 号	参 数 值	说　明	备　注
P0015	2	预定义宏参数选择固定转速，单方向两个固定转速	需设置
P0731	52.3	变频器故障	
P1016	1	固定转速模式采用直接选择模式	默认值
P1020	722.0	将 DI0 作为固定设定值 0 的选择信号，r722.0 为 DI0 状态的参数	
P1001	40	定义固定设定值 1，单位 r/min	需设置

3. 硬件组态

新建一个电动机工变频运行控制的项目，再打开编程软件，选择 S7-1200 PLC 的 CPU1214C 模块。

4. 软件编程

电动机工变频运行的控制程序如图 7-16 所示。

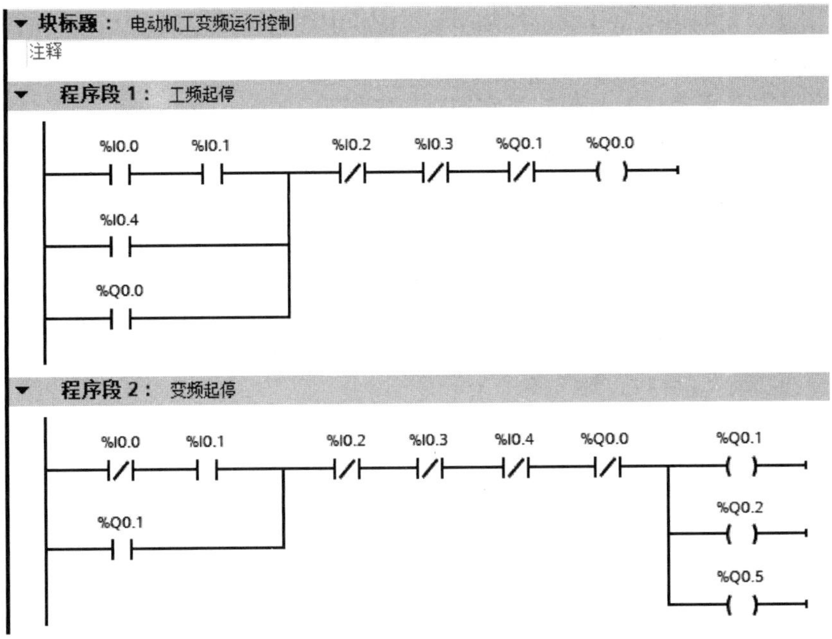

图 7-16　电动机的工变频运行控制程序

5. 硬件连接

请读者参照电动机的工变频运行控制原理图（见图 7-15）进行线路连接，再经检查或测量确认连接无误后方可进入下一实施环节。

6. 项目下载

选择 PLC_1，将电动机工变频运行控制的项目下载到 PLC 中。

7. 系统调试

硬件连接和项目下载好后，打开 OB1 组织块，启动程序状态监控功能。将转换开关拨至"工频"模式，即 I0.0 未导通，按下起动按钮 SB1，观察电动机是否以工频起动并运行？停止电动机后再将转换开关拨至"变频"模式，即 I0.0 导通，按下起动按钮 SB1，观察电动机是否以变频起动并运行？在变频运行状态下，人为接通触点 I0.4，观察电动机能否从变频状态切换到工频运行状态？如上述内容调试成功，则本案例任务完成。

7.4.4　训练

控制要求同上，控制系统还要求电动机在"变频"运行时，若发生过载和报警，立即切换到"工频"模式运行，并有相应的切换信号指示。

7.5 习题与思考

1. G120 变频器的数字量输入端子分别有哪些？
2. 如何将变频器的模拟量输入端扩展成数字量输入端？
3. 预定义接口宏的作用是什么？控制单元 CU240E-2 为用户提供了多少种接口宏？
4. 如何修改宏参数？
5. 固定设定值运行有哪几种模式，它们有何区别？
6. 使用二进制选择模式，最多能实现多少种不同转速？
7. G120 变频器提供几路数字量输出？
8. 继电器型输出和晶体管型输出有何异同？

第8章 G120 变频器的模拟量应用

8.1 模拟量输入

8.1.1 端子及连接

G120 变频器控制单元 CU240E-2 为用户提供 2 路模拟量输入。端子 3、4 是模拟量输入 AI0，端子 10、11 是模拟量输入 AI1，如图 6-4 所示。

8.1.2 相关参数

2 路模拟量输入的控制参数相同，其 AI0、AI1 相关参数分别在下标[0]、[1]中设置。若使用模拟量输入通道 0 时，参数 P1000 应设置为 2（系统默认设置）；若使用模拟量输入通道 1 时，参数 P1000 应设置为 7。G120 变频器提供多种模拟量输入模式，可以使用参数 P0756 进行选择，具体如表 8-1 所示。

表 8-1 模拟量输入参数 P0756 功能

参 数 号	设 定 值	功　　　能	说　　　明
P0756	0	单极性电压输入　0~10V	"带监控"是指模拟量输入通道具有监控功能，能够检测断线
	1	单极性电压输入，带监控　2~10V	
	2	单极性电流输入　0~20 mA	
	3	单极性电流输入，带监控　4~20 mA	
	4	双极性电压输入（出厂设置）　-10~10V	
	8	未连接传感器	

 注意：必须正确设置模拟量输入通道对应的 DIP 拨码的开关位置。该开关位于控制单元正面保护盖的后面。

1）电压输入：开关位置 U（出厂设置）；

2）电流输入：开关位置 I。

参数 P0756 修改了模拟量输入的类型后，变频器会自动调整模拟量输入的标定。线性标定曲线由两个点（P0757，P0758）和（P0759，P0760）确定，也可以根据需要调整标定。

以 P0756[0] = 4 模拟量输入 AI0 标定为例，具体设置如表 8-2 所示。

表 8-2　模拟量输入 AI0 参数设置

参数号	设定值	说　明	曲　线　图
P0757[0]	−10	输入电压−10V 对应−100%的标度及−50Hz	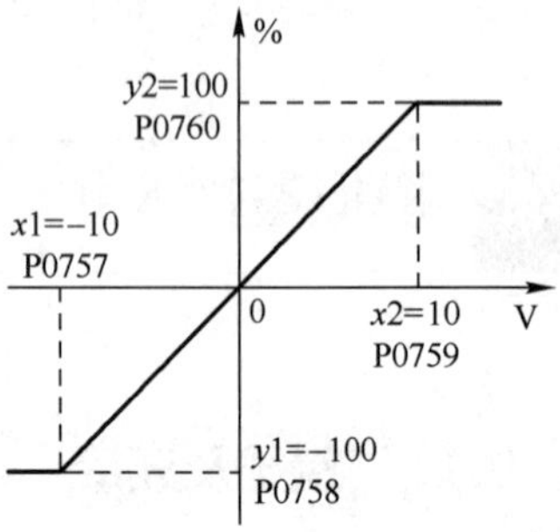
P0758[0]	−100		
P0759[0]	10	输入电压+10V 对应 100%的标度及 50Hz	
P0760[0]	100		
P0761[0]	0	死区宽度	

8.1.3　预定义宏

G120 变频器为模拟量输入功能提供了 7 种预定义宏，分别为 12、13、15、17～20，如表 8-3 所示。

表 8-3　模拟量输入预定义宏程序

宏程序 12：端子起动模拟量给定设定值 宏程序 13：端子起动模拟量给定设定值，带安全功能	宏程序 15：模拟给定设定值和电动电位器（MOP）切换，DI3 断开时选择模拟量设定方式；DI3 接通时选择电动电位器（MOP）设定方式	

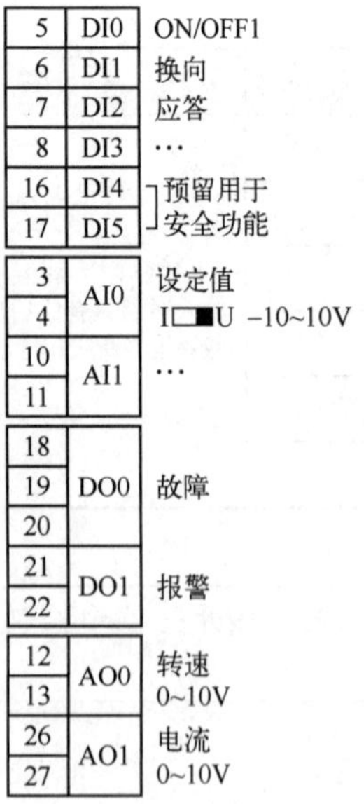

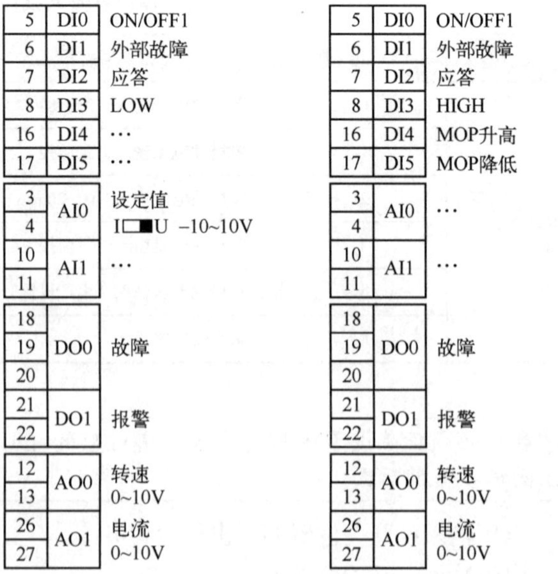

（续）

宏程序 17：双线制控制，方法 2 宏程序 18：双线制控制，方法 3	宏程序 19：三线制控制，方法 1	宏程序 20：三线制控制，方法 2
5 DI0 ON/OFF1/正转 6 DI1 ON/OFF1/反转 7 DI2 应答 8 DI3 … 16 DI4 … 17 DI5 3 AI0 设定值 4 I■U –10~10V 10 AI1 … 11 18 19 DO0 故障 20 21 DO1 报警 22 12 AO0 转速 13 0~10V 26 AO1 电流 27 0~10V	5 DI0 使能/OFF1 6 DI1 ON/正转 7 DI2 ON/反转 8 DI3 … 16 DI4 … 17 DI5 3 AI0 设定值 4 I■U –10~10V 10 AI1 … 11 18 19 DO0 故障 20 21 DO1 报警 22 12 AO0 转速 13 0~10V 26 AO1 电流 27 0~10V	5 DI0 使能/OFF1 6 DI1 ON 7 DI2 换向 8 DI3 应答 16 DI4 … 17 DI5 3 AI0 设定值 4 I■U –10~10V 10 AI1 … 11 18 19 DO0 故障 20 21 DO1 报警 22 12 AO0 转速 13 0~10V 26 AO1 电流 27 0~10V

注：1. 方法 2 只能在电动机停止后接受新的控制指令，如果端子 5 和 6 同时接通，电动机按照以前的方向旋转。

　　2. 方法 3 电动机在任何时候接受新的控制指令，如果端子 5 和 6 同时接通，电动机将按照 OFF1 斜坡停车。

视频"G120 模拟量输入功能设置"可通过扫描二维码 8-1 播放。

8-1
G120 模拟量输入功能设置

8.1.4　使用调试软件实现模拟值给定运行

1. 查找设备

打开项目树中"在线访问"下的"Realtek PCIe GbE Family Controller"网卡文件夹，双击"更新可访问的设备"，如果变频器已经连接在以太网网络上，则会在网卡文件夹中出现变频器节点。

2. 参数修改

单击图 6-30 中"参数表"下的"全部参数"，此时变频器所有参数都将显示出来。先将参数 P10 更改为 1，再将宏程序 P15 改为 12，然后将参数 P10 再更改为 0。

单击"在线访问"窗口右上角的"参数视图"，然后单击"输入/输出"中的"模拟量输入"，打开"模拟量输入"参数视图，参数视图中模拟量输入相关的系统默认参数已在此参数列表中，在此，将参数 P0756 更改为 0（单极电压输入 0~10V），其他参数采用系统默认参数，如图 8-1 所示。

3. 在线调试

单击"在线访问"窗口右上角的"功能视图"，然后单击"输入/输出"中的"模拟量输入"，打开"模拟量输入"功能视图，此时功能视图中相关模拟量输入端已与宏程序 12 相关的参数关联（见图 8-2）。

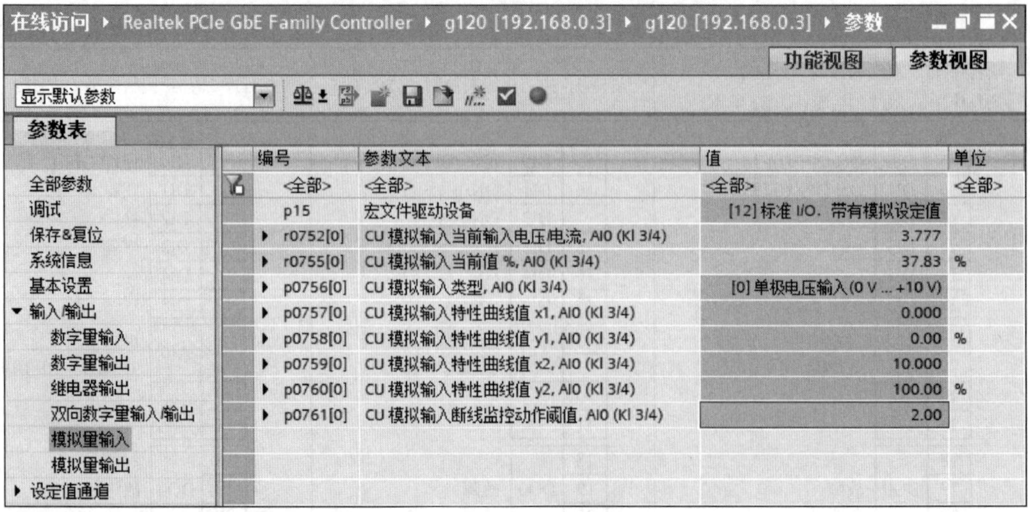

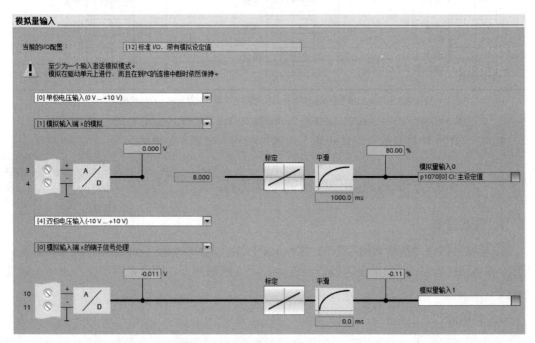

图 8-1　模拟量输入参数视图窗口

图 8-2　模拟量输入功能

　　在"功能视图"中，两路模拟量输入都有两种调试方式，分别为模拟输入端 X 的端子信号处理和模拟输入端 X 的模拟。若选择"模拟输入端 X 的端子信号处理"方式，模拟量输入端输入的信号大小由外部输入确定，如通过电位器给定、通过 PLC 的模拟量输出端子给定等；若选择"模拟输入端 X 的模拟"方式，则模拟量输入端输入的信号大小由功能视图中用户直接输入的信号大小给定，如图 8-2 中模拟量输入端 0，给定电压为 8V，此时，功能视图中变频器的3、4 号端子与后面的标定已断开，在标定前的输入框中输入用户给定的在线调试信号的大小。当然，若使电动机旋转，还需端子使能信号驱动，如使用数字量输入端子 DI0（系统默认使能端），电动机起动后，实际转速为 48r/min（电动机额定转速为 60r/min）与给定信号输出的转速一致。

如果"平滑"输入框中数值为 0ms，则为"直线性"标定，即没有平滑度，平滑性数值可以根据用户需要设定。

8.2　案例 19　电位器调速的电动机运行控制

8.2.1　目的

1）掌握模拟量输入信号的连接。
2）掌握模拟量输入参数的设置。

8.2.2　任务

使用外部电位器实现电动机运行速度的实时调节，要求最低运行速度为 20r/min，最高运行速度为 50r/min。在很多机床加工设备中，针对不同材料或工艺要求，由电动机驱动的加工装置速度需要连续可调，常通过外部电位器进行调节。

8.2.3　步骤

1．原理图绘制

根据项目控制要求可知，G120 变频器的模拟量信号来自于外部电位器，电位器两端的直流电压取自 G120 变频器内部 10V 电源，如图 8-3 所示，本项目选用电压信号输入，将第一个拨码开关拨向 U 位置。电动机运行控制速度如图 8-4 所示。

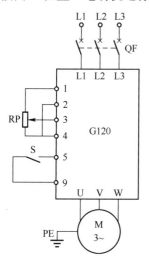

图 8-3　电位器调速的电动机运行控制原理图

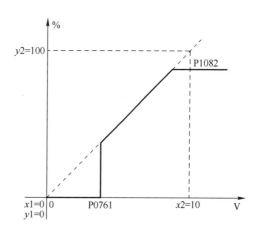

图 8-4　电位器调速的电动机运行控制速度曲线图

2．参数设置

本案例中设置 DI0 为起动信号，模拟量信号从 AI0 输入，参数具体设置如表 8-4 所示，设电动机额定速度为 60r/min。

表 8-4　电位器调速的电动机运行控制的参数设置

参 数 号	参 数 值	说 明
P0015	13	预定义宏参数选择端子起动模拟量给定设定值
P0756	0	单极性电压输入 0～10V
P0757	0	0V 对应频率为 0Hz，即 0r/min
P0758	0	
P0759	10	10V 对应频率为 50Hz，即 60r/min
P0760	100	
P0761	3.3	3.3V 对应最小速度为 20r/min
P1082	50	最大速度为 50r/min

 注意：相关参数必须分别在下标[0]中设置。

根据表 8-4 所设置的参数，可确定电动机的运行曲线如图 8-4 所示。

3．硬件连接

请读者参照电位器调速的电动机运行控制原理图（见图 8-3）进行线路连接，经检查或测量确认连接无误后方可进入下一实施环节。

4．系统调试

硬件连接和参数设置好后，合上开关 S，将电位器调节到最小值，即输入电压为 0V，观察电动机是否运行，若运行其速度值为多少？然后调节电位器，使输入电压分别为 2V、4V、6V、8V 和 10V，分别观察电动机的运行速度，是否与图 8-4 中的曲线对应值一致？如果断开开关 S，电动机能否停止运行？如上述内容调试成功，则本任务完成。

8.2.4　训练

控制要求同上，使用最小速度和最大速度限制参数实现。观察两种参数设置方法下电动机运行速度有何不同？

8.3　模拟量输出

8.3.1　端子及连接

G120 变频器控制单元 CU240E-2 为用户提供 2 路模拟量输出。端子 12、13 是模拟量输出 AO0，端子 26、27 是模拟量输出 AO1，如图 6-4 所示。

8.3.2　相关参数

2 路模拟量输出的控制参数相同，其 AO0、AO1 相关参数分别在下标[0]、[1]中设置。

G120 变频器提供多种模拟量输出模式，可以使用参数 P0776 进行选择，具体如表 8-5 所示。

表 8-5　模拟量输出参数 P0776 功能

参 数 号	设 定 值	功　　能		说　　明
P0776	0	电流输出（出厂设置）	0～20mA	模拟量输出信号与所设置的物理量呈线性关系
	1	电压输出	0～10V	
	2	电流输出	4～20mA	

参数 P0776 修改了模拟量输出的类型后，变频器会自动调整模拟量输出的标定。线性标定曲线由两个点（P0777，P0778）和（P0779，P0780）确定，也可以根据需要调整标定。

以 P0776[0] = 2 模拟量输出 AO0 标定为例，具体设置如表 8-6 所示。

表 8-6　模拟量输出 AO0 输出参数设置

参 数 号	设 定 值	说　　明	曲 线 图
P0777[0]	0	0%对应输出电流 4mA	
P0778[0]	4		
P0779[0]	100	100%对应输出电流 20mA	
P0780[0]	20		
P0781[0]	0	死区宽度	

模拟量输出的功能在表 8-7 的相应参数中设置。

表 8-7　模拟量输出的功能

模拟量输出编号	端 子 号	对 应 参 数
模拟输出 0，AO0	12、13	P0771[0]
模拟输出 1，AO1	26、27	P0771[1]

以模拟量输出 AO0 为例，常用的输出功能设置如表 8-8 所示。

表 8-8　模拟量输出常用功能设置表

参 数 号	参 数 值	说　　明
P0771[0]	21	电动机转速（同时设置 P0775 = 1，否则电动机反转时无模拟量输出）
	24	变频器输出频率
	25	变频器输出电压
	27	变频器输出电流

 注意：在任意宏程序下，模拟量均有输出。AO0 默认是根据转速输出 0～10V 电压信号；AO1 默认是根据变频器输出电流输出 0～10V 电压信号，可以参见以上宏程序。

视频"G120 变频器模拟量输出功能设置"可通过扫描二维码 8-2 播放。

8.3.3　使用调试软件修改模拟量输出参数

8-2
G120 变频器
模拟量输出功
能设置

1. 查找设备

打开项目树中"在线访问"下的"Realtek PCIe GbE Family Controller"网卡文件夹，双击

"更新可访问的设备"，如果变频器已经连接在以太网网络上，则会在网卡文件夹中出现变频器节点。

2. 参数修改

单击"在线访问"窗口右上角的"参数视图"，然后单击"输入/输出"中的"模拟量输出"，打开"模拟量输出"参数视图，参数视图中模拟量输出相关的系统默认参数已在此参数列表中（见图 8-5）。

图 8-5 模拟量输出的参数视图

3. 在线调试

单击"在线访问"窗口右上角的"功能视图"，然后单击"输入/输出"中的"模拟量输出"，打开"模拟量输出"功能视图，此时功能视图中相关的模拟量输出端参数已关联（见图 8-6）。

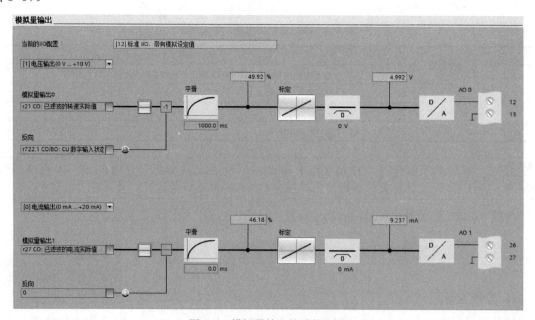

图 8-6 模拟量输出的功能视图

在"功能视图"中，不仅可以修改参数 P771，还可以为电动机反向运行设置参数，如图 8-6 中，将模拟量输出 AQ0 反向设置为 r722.1，即将数字量输入端 DI1 作为电动机运行的反向控制指令端。

当电动机以正向 30r/min（电动机额定转速为 60r/min）速度运行时，模拟量输出零，输出电压实际值为 10V 的 49.92%，即 4.992V，与实际输出值相符。

当接通数字量输入端 DI1，此时电动机以反向速度 30r/min 运行，与参数设置相符。此时，图 8-6 中模拟量输出零的"反向"参数设置框后面的圆心呈亮绿色，表示该信号处于有效状态。

8.4　案例 20　电动机运行速度的实时监测

8.4.1　目的

1) 掌握模拟量输出信号的连接。
2) 掌握模拟量输出参数的设置。
3) 掌握模拟量输出的应用及编程。

8.4.2　任务

通过 G120 变频器运行时模拟量输出实现对电动机运行速度的实时监测，要求电动机运行速度小于 20r/min 时，低速指示灯 HL1 亮；速度在 20~50r/min 之间时，中速指示灯 HL2 亮；速度大于 50r/min 时，高速指示灯 HL3。在此，电动机额定转速为 60r/min。

8.4.3　步骤

1. 原理图绘制

本案例要求用三盏指示灯对电动机运行速度值进行监控，同时要求通过变频器的模拟量输出监测运行速度值，在此，使用 S7-1200 PLC 实现上述控制要求。将起动按钮 SB1、停止按钮 SB2 等常开触点作为 PLC 的输入信号，中间继电器 KA 和三盏指示灯作为 PLC 的输出信号，则本案例 I/O 地址分配如表 8-9 所示。按上述分析其控制电路如图 8-7 所示。在此案例中，使用外部电位器实现电动机速度的调节。

表 8-9　电动机运行速度的实时监测的 I/O 地址分配表

输　入			输　出		
元器件	输入继电器	作　用	元器件	输出继电器	作　用
按钮 SB1	I0.0	电动机起动	中间继电器 KA	Q0.0	变频器起停
按钮 SB2	I0.1	电动机停止	指示灯 HL1	Q0.1	低速指示
			指示灯 HL2	Q0.2	中速指示
			指示灯 HL3	Q0.3	高速指示

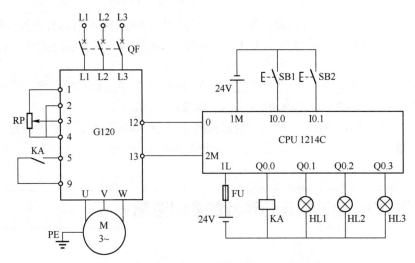

图 8-7　电动机运行速度的实时监测控制原理图

2. 参数设置

本案例中使用模拟量输入作为电动机速度的调节，使用模拟量输出作为电动机速度的监控，具体参数设置如表 8-10 所示，预定义宏参数 P0015 无论设置为何值，均有模拟量信号输出。

表 8-10　电动机运行速度的实时监测的参数设置

参 数 号	参 数 值	说　　　明
P0015	13	预定义宏参数选择端子起动模拟量给定设定值
P0756	0	单极性电压输入 0~10V
P0757	0	0V 对应频率为 0Hz，即 0r/min
P0758	0	
P0759	10	10V 对应频率为 50Hz，即 60r/min
P0760	100	
P0771	21	根据电动机转速输出模拟信号
P0776	1	电压输出 0~10V
P0777	0	0% 对应输出电压 0V
P0778	0	
P0779	100	100% 对应输出电压 10V
P0780	10	

3. 硬件组态

新建一个电动机运行速度的实时监测项目，打开编程软件，添加设备为 S7-1200 PLC 的 CPU1214C 模块（CPU 1214C 集成为 2 路模拟量电压输入，采用系统默认组态即可）。

4. 软件编程

电动机运行速度的实时监测控制程序如图 8-8 所示。

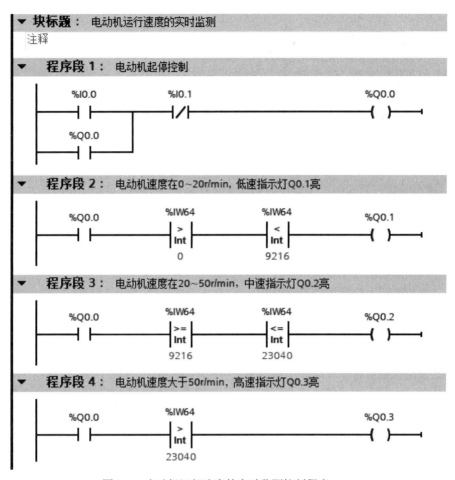

图 8-8　电动机运行速度的实时监测控制程序

5. 硬件连接

请读者参照电动机运行速度的实时监测控制原理图（见图 8-7）进行线路连接。经检查或测量确认连接无误后，方可进入下一实施环节。

6. 程序下载

选择设备 PLC_1，将电动机运行速度的实时监测项目下载到 PLC 中。

7. 系统调试

硬件连接、参数设置和项目下载好后，打开 OB1 组织块，启动程序状态监控功能。按下起动按钮 SB1，手动调节外部电位器调节电动机的转速，观察三盏指示灯亮灭情况是否与要求一致？如上述调试现象符合控制要求，则本任务完成。

8.4.4　训练

使用 S7-1200 PLC 和 G120 变频器实现电动机的工变频运行，即电动机根据工作模式可工作在"变频"或"工频"状态，在"变频"状态下运行，运行速度超过电动机额定转速的 90% 时，切换到"工频"状态。

8.5 习题与思考

1. G120 变频器分别提供几路模拟量输入和模拟量输出？
2. 模拟量输入设置时应注意哪些方面？
3. 模拟量输入涉及哪些参数？
4. 模拟量输入有几种模式？
5. 如何确定模拟量输入曲线？
6. 模拟量输入模式中"带监控"的含义是什么？
7. 模拟量输入有哪些预定义宏参数？
8. 模拟量输入时，如何连接其硬件电路？
9. 模拟量输入设置死区的作用是什么？
10. 模拟量输出涉及哪些参数？
11. 模拟量输出信号类型有几种？
12. 如何确定模拟量输出曲线？
13. 模拟量输出是根据哪些参数来实现的？
14. 如何实现模拟量电压信号的输出？
15. 模拟量输出设置死区的作用是什么？

第 9 章 G120 变频器的 PROFINET 网络通信应用

9.1 PROFINET 网络通信应用

G120 变频器的控制单元 CU240E-2PN-F 集成有以太网 PROFINET（简称 PN）通信接口，即变频器可作为 S7-1200 PLC 的 PROFINET I/O 设备，从而与 S7-1200 PLC 通过以太网进行通信。G120 变频器与 S7-1200 PLC 通过以太网通信的组态步骤如下。

1. 硬件组态

（1）创建工程项目

双击桌面上的 ![TIA] 图标，打开 TIA 博途编程软件，在 Portal 视图中选择"创建新项目"，输入项目名称"M_yitai"，选择项目保存路径，然后单击"创建"按钮完成创建。

（2）硬件组态

在项目视图的项目树中双击"添加新设备"图标![]，添加设备名称为 PLC_1 的设备 CPU 1214C（CPU 的型号与实物相同）。单击"网络视图"，然后打开"硬件目录"下的"其他现场设备"，选择"PROFINET IO"→"Drives"→"SIEMENS AG"→"SINAMICS"→"SINAMICS G120 CU240E-2 PN（-F）V4.6"，拖拽"SINAMICS G120 CU240E-2 PN（-F）V4.6"到设备 PLC_1 右侧（见图 9-1），单击变频器上的"未分配"后，再单击出现的"PLC_1.PROFINET 接口_1"，完成"选择 IO 控制器"的连接，即在 PLC 与变频器之间建立一条绿色以太网连接（或选中 PLC 上的以太网接口，按住鼠标将其拖拽至变频器上的以太网接口）。

图 9-1 添加控制单元及网络连接和名称

（3）组态 S7-1200 PLC 的名称及分配 IP 地址

单击 S7-1200 PLC 的以太网接口，打开其巡视窗口，可以看到组态的 PLC_1 设备 IP 地址为 192.168.0.1，名称为 "plc_1"，而且 PLC 设备的名称或 IP 都可更改，在此，不进行改动。

（4）组态 G120 变频器的名称及分配 IP 地址

单击 G120 变频器的以太网接口，打开其巡视窗口，可以看到组态的 G120 变频器设备 IP 地址为 192.168.0.3，名称为 "sinamics-g120-cu240e-2pn"，这里对变频器的 IP 地址不进行改动，将名称改为 "g120_1"（取消勾选 "自动生成 PROFINET 设备名称" 选项）。

（5）组态 G120 变频器的报文

双击 G120 变频器，选择 "硬件目录" 下的 "子模块"，将 "标准报文 1，PZD-2/2" 拖拽到 "设备概览" 的插槽 13 中（见图 9-2），可以看到系统自动分配的 I/O 地址为 IB68～71 和 QB64～67。

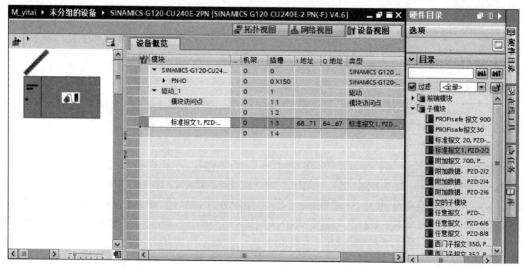

图 9-2　添加 "报文"

将以上硬件组态进行保存编译并下载到 CPU 中。

2. 配置 G120 变频器

打开项目树中 "在线访问" 下的 "Realtek PCIe GbE Family Controller" 网卡文件夹，双击 "更新可访问的设备"，在搜索到的 "g120[192.168.0.3]" 文件夹中双击 "在线并诊断"，打开 "在线并诊断" 窗口，单击 "功能" 下的 "命名" 选项，在 "PROFINET 设备名称" 栏更改 G120 的名称为 g120_1（注意：要与硬件组态时的名称一致），然后单击右下角的 "分配名称" 按钮 分配名称 ，在巡视窗口的 "信息" 中能看到设备名称已成功分配；单击 "功能" 下的 "分配 IP 地址" 选项，在 "IP" 栏更改 G120 的 IP 的地址 192.168.0.3（注意：要与硬件组态时的 IP 地址一致），单击下面的 "分配 IP 地址" 按钮 分配IP地址 ，更改便完成（在巡视窗口的 "信息" 中能看到 "参数已成功传送"）。更改后的名称或 IP 地址将在变频器重新启动后生效。

3. 修改 G120 变频器参数

双击项目树中 "在线访问" 下的变频器 g120_1 的 "参数"，选中 "参数视图"，根据实际需要进行复位和快速调试。单击“通讯”下的“配置”，将宏参数 P15 改为“[7]现场总线. 带有数据组转换”，报文参数 P922 的系统默认参数为“[1] 标准报文 1，PZD-2/2”，不需要更改（见图 9-3）。现场总线控制的宏程序如表 9-1 所示。

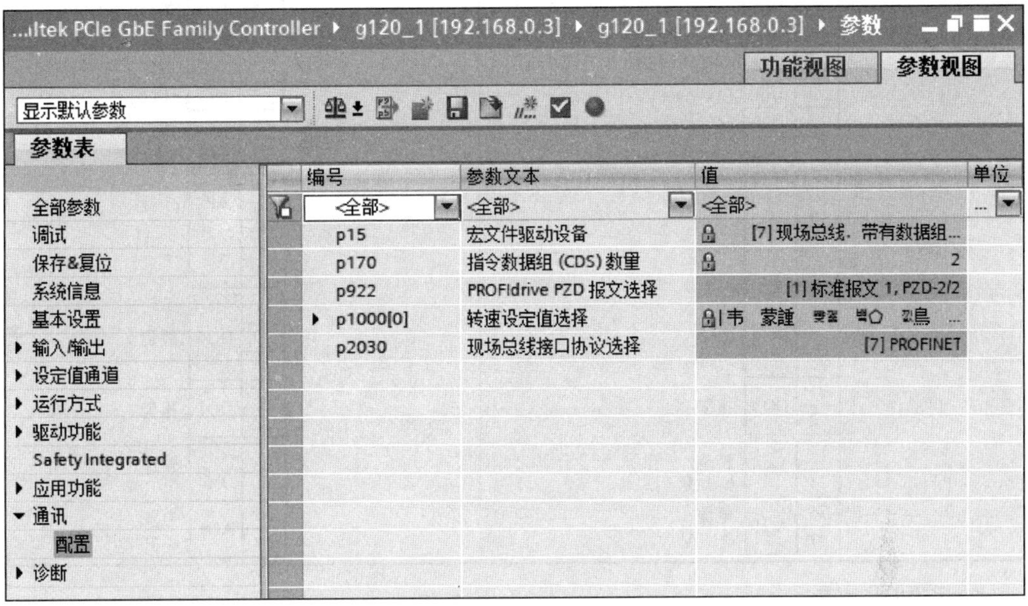

图 9-3　修改“报文”参数 P922

表 9-1　现场总线预定义宏程序

宏程序 4：PROFIBUS 或 PROFINET	宏程序 5：PROFIBUS 或 PROFINET，带安全功能	宏程序 6：PROFIBUS 或 PROFINET，带两个安全功能
PROFI drive 报文352 5 DI0 … 6 DI1 … 7 DI2 应答 8 DI3 … 16 DI4 … 17 DI5 … 3, 4 AI0 … 10, 11 AI1 … 18, 19, 20 DO0 故障 21, 22 DO1 报警 12, 13 AO0 转速 0~10V 26, 27 AO1 电流 0~10V	PROFI drive 报文1 5 DI0 … 6 DI1 … 7 DI2 应答 8 DI3 … 16 DI4, 17 DI5 预留给安全功能 3, 4 AI0 … 10, 11 AI1 … 18, 19, 20 DO0 故障 21, 22 DO1 报警 12, 13 AO0 转速 0~10V 26, 27 AO1 电流 0~10V	PROFI drive 报文1 5 DI0, 6 DI1 预留给安全功能1 7 DI2 … 8 DI3 应答 16 DI4, 17 DI5 预留给安全功能2 3, 4 AI0 … 10, 11 AI1 … 18, 19, 20 DO0 故障 21, 22 DO1 报警 12, 13 AO0 转速 0~10V 26, 27 AO1 电流 0~10V 只针对配备CU240E-2F、CE240E-2DP-F和CE240E-2PN-F的变频器

（续）

宏程序 7：通过 DI3 在现场总线和 JOG 之间切换 带 PROFIBUS 或 PROFINET 接口的变频器的出厂设置	
PROFI drive 报文1	**JOG 模式**

PROFI drive 报文1

5	DI0	…
6	DI1	…
7	DI2	应答
8	DI3	LOW
16	DI4	…
17	DI5	…

3	AI0	…
4		
10	AI1	…
11		

18		
19	DO0	故障
20		
21	DO1	报警
22		

12	AO0	转速 0~10V
13		
26	AO1	电流 0~10V
27		

JOG 模式

5	DI0	JOG1
6	DI1	JOG2
7	DI2	应答
8	DI3	HIGH
16	DI4	…
17	DI5	…

3	AI0	…
4		
10	AI1	…
11		

18		
19	DO0	故障
20		
21	DO1	报警
22		

12	AO0	转速 0~10V
13		
26	AO1	电流 0~10V
27		

4．控制字设置

从变频器的"设备视图"下的"设备概览"窗口可以看到变频器的相关信息，在输入和输出地址列中可以看到控制单元作为 1200 PLC 以太网外部设备的输入/输出地址。QW64 为变频器的命令控制字，QW66 为变频器的运行频率控制字；IW68 为变频器的运行状态反馈字，IW70 为变频器实际运行速度反馈字。变频器 G120 的命令控制字 0~15 位的含义如表 9-2 所示。

表 9-2　变频器 G120 命令控制字 0~15 位的含义

位	功　能
0	ON/OFF1（起动/停止）
1	OFF2（按惯性自由停止）
2	OFF3（快速停止）
3	脉冲使用
4	RFG 使能（斜坡函数发生器使能）
5	RFG（斜坡函数发生器开始）
6	设定值使能
7	复位（故障确认）
8	…（未使用）
9	…（未使用）
10	PLC 控制
11	反向（设定值取反）
12	…（未使用）
13	电动机电位计（MOP）增大
14	电动机电位计（MOP）减小
15	…（未使用）

5．程序编写

打开 OB1 组织块编写程序，以太网控制变频器运行程序如图 9-4 所示。

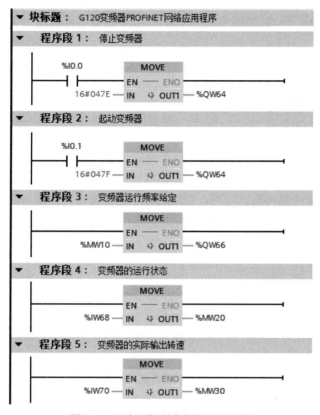

图 9-4 以太网控制变频器运行程序

程序说明：

在程序段 1 中，停止变频器运行，其控制字为 16#047E。

在程序段 2 中，起动变频器，其控制字为 16#047F。

在程序段 3 中，给定变频器的运行频率，给定数据 16#0000～16#4000 对应于给定频率 0～50Hz，即对应于 0 至额定转速。

在程序段 4 中，监控变频器的运行状态，如是否运行、是否有故障等。

在程序段 5 中，监控变频器驱动电动机的实际运行转速。16#0000～16#4000 对应于 0 至额定转速。

 注意： 变频器的起动和停止信号均为脉冲信号。

6．下载调试

程序编写好后，进行编译和保存。选中 PLC_1 设备下载，打开 OB1 并起动监控功能。为了可调节电动机的转速，并能监控电动机的运行，在此建立变量表，可在线修改变频器的运行转速值。在起动变频器之前最好先触发变频器停止信号，然后再触发变频器运行信号。

打开新建监控表，在"地址"栏中输出地址 MW10、MW20 和 MW30，单击"全部监视"

图标🔍，起动监控功能。在"修改值"栏输入 16#0000～16#4000 之间不同值，单击"立即一次性修改所有选定值"图标🔧，观察电动机转速是否变化？同时观察电动机运行速度与控制速度是否一致？

视频"S7-1200 PLC 与 G120 变频器的 PROFINET 通信"可通过扫描二维码 9-1 播放。

9-1
S7-1200 PLC
与 G120 变频器
的 PROFINET
通信

9.2 本地/远程切换控制

本地/远程切换控制主要用于现场（控制柜旁）手动控制和远程（中控室）自动控制的转换。变频器软件本身默认有 2 套命令数据组（CDS），最多可以选择 4 套命令数据组，在每套参数里可以设置不同的命令源和给定值源，通过选择不同的命令数据组（CDS）从而实现本地/远程控制的切换，这样的控制方法便于设备本地和远程的调试和操作。

1. 实现方法

当宏程序可以按照要求的控制方式切换时，选择宏程序。宏程序定义可参考 7.1.2 节。变频器 CU240B-2 DP 支持宏程序 7；CU240E-2、CU240E-2 F 支持宏程序 15；CU240E-2 DP、CU240E-2 DP F 支持宏程序 7、宏程序 14 和宏程序 15。

当宏程序无法满足设计要求时，可通过改变参数 P810、P811 所定义的信号源的状态来选择命令数据组（CDS），如表 9-3 所示。

表 9-3 命令数据组选择的参数设置

选择的命令数据组	P811 命令数据组选择位 1 信号源	P810 命令数据组选择位 0 信号源
CDS0	0	0
CDS1	0	1
CDS2	1	0
CDS3	1	1

2. 应用示例

若本地由端子起动变频器、电位器调速，远程由总线控制，以数字量输入端 DI3 作为切换命令，其控制示意图如图 9-5 所示（DI3 接通时本地控制，断开时远程控制），参数设置如表 9-4 所示。

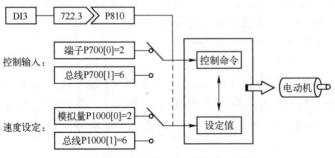

图 9-5　本地/远程切换控制示意图

表 9-4　本地/远程切换控制示例的参数设置

参　数　号	参　数　值	说　　　明
P810	722.3	将 DI3 作为切换命令
P700[0]	2	第 0 组参数（CDS0）为本地操作方式，端子起动
P1000[0]	2	第 0 组参数（CDS0）为本地操作方式，电位器调节速度
P700[1]	6	第 1 组参数（CDS0）为本远程操作方式，PROFIBUS 通信控制起停
P1000[1]	6	第 1 组参数（CDS0）为本远程操作方式，PROFIBUS 通信调节起停

9.3　案例 21　基于 PROFINET 网络的电动机运行控制

9.3.1　目的

1）掌握 PROFINET I/O 设备的网络组态。
2）掌握现场总线控制变频器的参数设置。
3）掌握现场总线控制变频器的程序编写。

9.3.2　任务

通过 PROFINET 网络控制电动机的运行，要求若按下正向起动按钮 SB1，由 G120 变频器驱动的电动机正向运行且正向运行指示灯 HL1 亮，运行速度为 50r/min；若按下反向起动按钮 SB2，电动机反向运行且反向运行指示灯 HL2 亮，运行速度为 30r/min。按下停止按钮 SB3 时，电动机停止。

9.3.3　步骤

1. 原理图绘制

根据控制要求分析可知：将正向起动按钮 SB1、反向起动按钮 SB2、停止按钮 SB3 等常开触点作为 PLC 的输入信号，将电动机正反向运行指示灯 HL1 和 HL2 作为 PLC 的输出信号，其 I/O 地址分配如表 9-5 所示。按上述分析其控制电路如图 9-6 所示。

表 9-5　基于 PROFINET 网络的电动机运行控制 PLC 的 I/O 地址分配表

输　入			输　出		
元器件	输入继电器	作　用	元器件	输出继电器	作　用
按钮 SB1	I0.0	电动机正向起动	指示灯 HL1	Q0.0	正向指示
按钮 SB2	I0.1	电动机反向起动	指示灯 HL2	Q0.1	反向指示
按钮 SB3	I0.2	电动机停止			

2. 参数设置

本案例中使用现场总线控制电动机的运行，在此将预定义宏参数 P15 选择为 7，电动机的相关参数务必与电动机的铭牌数据一致。

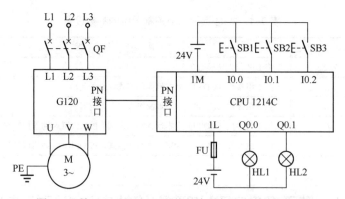

图 9-6　基于 PROFINET 网络的电动机运行控制原理图

3. 硬件组态

新建一个基于 PROFINET 网络的电动机运行控制项目，打开编程软件，添加 S7-1200 PLC 的 CPU 1214C 模块。网络组态可参考 9.1 节进行设置。

4. 软件编程

基于 PROFINET 网络的电动机运行控制程序如图 9-7 所示。

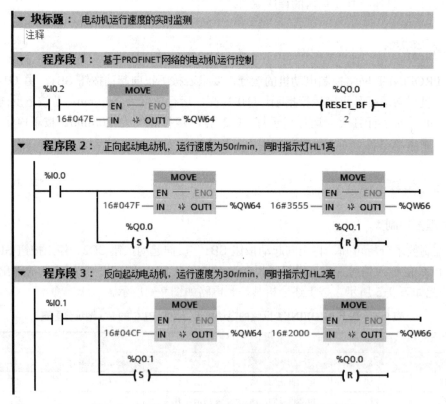

图 9-7　基于 PROFINET 网络的电动机运行控制程序

5. 硬件连接

请读者参照基于 PROFINET 网络的电动机运行控制原理图（见图 9-6）进行线路连接，经检查或测量确认连接无误后方可进入下一实施环节。

6．程序下载

选择设备 PLC_1，将基于 PROFINET 网络的电动机运行控制项目下载到 PLC 中。

7．系统调试

硬件连接、参数设置和项目下载好后，打开 OB1 组织块，起动程序状态监控功能。首先按下停止按钮 SB3，然后按下正向起动按钮 SB1，观察电动机是否正向起动且运行速度为 50r/min？正向运行指示灯 HL1 是否点亮？按下停止按钮 SB3，再按下反向起动按钮 SB2，观察电动机是否反向起动并运行速度为 30r/min？反向运行指示灯 HL2 是否点亮（反向运行控制字为 16#0C7F）？如上述调试现象符合项目控制要求，则本任务完成。

9.3.4　训练

控制要求同上，在此，还要求按下停止按钮 SB3 时，电动机先以 15r/min 的速度运行 5s，然后再停止运行。

9.4　习题与思考

1．如何组态 PROFINET 网络？
2．如何查看和修改变频器名称和 IP 地址？
3．现场总线控制预定义宏参数可设置为多少？
4．控制字各位的含义是什么？
5．如何使用变量表监控或修改变频器的运行状态？

第三篇 西门子 KTP400 触摸屏的应用

触摸屏是操作人员与 PLC 之间双向沟通的桥梁，也是目前最简单、方便、自然的一种人机交互方式。本篇主要以西门子 KTP400 触摸屏作为介绍对象，重点介绍触摸屏基本知识及组态软件的应用，按钮、开关及指示灯的组态，域的组态，图形对象的组态等。

第 10 章 项目的创建及调试

10.1 人机界面及组态软件介绍

10.1.1 人机界面介绍

在工业自动化控制系统中人机界面是 PLC 的最佳搭档，用来实现操作人员与计算机控制系统之间的对话和相互作用，用户可以通过人机界面随时了解、观察并掌握整个控制系统的工作状态，必要时还可以通过人机界面向控制系统发出指令进行人工干预。

人机界面（Human Machine Inter，HMI），又称人机接口或用户界面（见图 10-1），是人与计算机之间传递、交换信息的媒介和对话接口，是计算机系统的重要组成部分，是系统和用户之间进行交互和信息交换的媒介，它实现了信息的内部形式与人类可以接受形式之间的转换。HMI 一般特指操作人员与控制系统之间进行对话和相互作用的专用设备，西门子公司的手册将人机界面装置称为 HMI 设备。本书亦将其称为 HMI 设备。

人机界面在自动控制系统中主要承担以下任务：

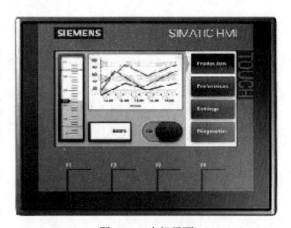

图 10-1 人机界面

1）过程可视化。在人机界面上实时显示控制系统过程数据。

2）操作人员对过程的控制。操作人员通过图形界面来控制工业生产过程。如操作人员通过界面上的按钮来起停电动机，或通过输入窗口修改控制系统参数（如电动机工作时间）等。

3）显示报警。控制系统中过程数据的临界状态会自动触发报警，如电动机的温升超过设置值。

4）记录功能。按时间顺序记录过程数据值和报警等信息，用户可以检索以前的历史数据。

5）输出过程值和报警记录。如在某一动作过程结束时打印输出相关报表等。

6）配方管理。将生产过程和设备的参数存储在配方中，可以一次性将这些参数从人机界面下载到 PLC，以便改变产品的品种。

西门子人机界面也称为面板（Panel），其新一代人机界面主要包括：按键面板、移动面板、精简面板、精智面板。本书主要介绍精简面板 KTP400。西门子新一代的 HMI（诸多用户将 HMI 直接称之为触摸屏）型号中的"KP"表示按键面板，"TP"表示触摸面板，"KTP"是带有少量按键的触摸型面板。

10.1.2　组态软件介绍

本书主要基于 TIA Portal V16 编程及组态软件来介绍触摸屏界面的组态过程。TIA Portal V16 软件已包含组态软件，因此，不需要再次安装。

1. 软件视窗

（1）Portal 视图与项目视图

安装好 TIA 博途（Portal）后，双击桌面上的 TIA V16 图标，打开博途的启动画面（见图 10-2）。在此为 Portal 视图模式，单击图 10-2 中左下角按钮"▶ 项目视图"，便可切换到项目视图模式（见图 10-3）。若单击图 10-3 中左下角按钮"◀ Portal 视图"，便可切换到 Portal 视图模式。项目的具体操作一般都在项目视图中完成，本书主要使用项目视图。

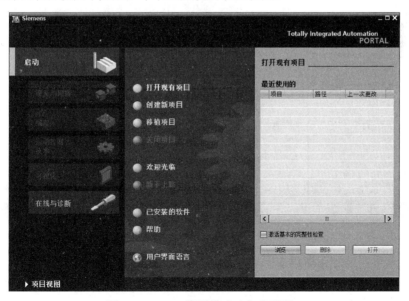

图 10-2　Portal 视图模式（启动画面）

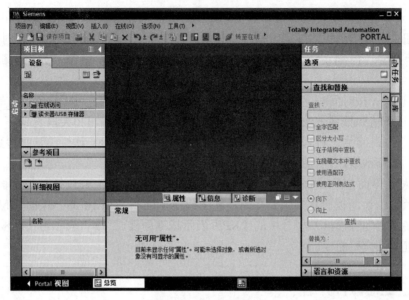

图 10-3　项目视图模式

（2）项目树

图 10-4 的左侧中间部分为项目树，可以用项目树访问所有的设备和项目数据，添加新的设备，编辑已有的设备，打开处理项目数据的编辑器等。

图 10-4　创建项目后的项目视图

项目中的各组成部分在项目树中以树状结构显示，故取名项目树，其分为 4 个层次：项目、设备、文件夹和对象。项目树的使用方式与 Windows 系统的资源管理器相似。其作为每个编辑器的子元件，通过文件夹以结构化的方式保存对象。

单击项目树右上角的向左按钮◀，项目树和下面的详细视图将会消失，同时在最左边的垂直条上端出现向右按钮▶，单击它将打开项目树和详细视图。可以用类似的方法隐藏或显示右边的工具箱和下面的巡视窗口。

将鼠标的光标放到相邻的两个窗口的水平分界线上，出现带双向箭头的光标↕时，按住鼠标左键上下移动鼠标，可以移动分界线，以调节分界线两边的窗口大小。用同样的方法，可以调节垂直分界线。

单击项目树标题栏上的"自动折叠"按钮▥，该按钮变为▯（永久展开）。此时单击项目树外面的任何区域，项目树自动折叠。单击最左边的垂直条上端的按钮▶，项目树随即打开。单击按钮▯，该按钮变为▥，自动折叠功能被取消。

可以用类似的操作，启动或关闭任务卡和巡视窗口的自动折叠功能。

（3）详细视图

项目树窗口的下面是详细视图，详细视图显示项目被选中的对象下一级的内容。图 10-4 中的详细视图显示的是项目树的"HMI_1[KTP 400 Basic PN]"文件夹中的内容。可以将详细视图中的某些对象拖拽到工作区中。

单击详细视图左上角的向下按钮▼或"详细视图"标题，详细视图被关闭，只剩下紧靠"Portal 视图"的标题，标题左边的按钮变为向右按钮▶。单击该按钮或标题，重新显示详细视图。可以用类似的方法显示和隐藏工具箱中的"元素"和"控件"等窗格。

单击巡视窗口右上角的向下按钮▼或向上按钮▲，可以隐藏或显示巡视窗口。

（4）工作区

用户在工作区编辑项目对象，没有打开编辑器时，工作区是空的。可以同时打开几个编辑器，一般只在工作区同时显示一个当前打开的编辑器。在最下面的编辑器栏显示所有被打开的编辑器，单击它们可以切换工作区显示的编辑器。

单击"工具栏"上的按钮▤和 ▥（若未见此按钮，可将视图界面最大化），可以水平或垂直拆分工作区，同时显示两个编辑器。

单击工作区右上角的"最大化"按钮▢，将会关闭其他所有窗口，工作区被最大化；单击工作区右上角的"最小化"按钮▬，将会使工作区最小（消失），一般很少使用这一功能。单击工作区右上角的"浮动"按钮▢，工作区处于浮动状态。用左键按住浮动的工作区的标题栏并移动鼠标，可将工作区拖到画面中任意位置。松开鼠标左键，工作区被放在当前所在的位置，这个操作称为"拖拽"。可以将浮动的窗口拖拽到任意位置。工作区被最大化或浮动后，单击工作区右上角的"嵌入"按钮▢，使工作区恢复到以前的位置。

在工作区同时打开程序编辑器和设备视图，将设备视图放大到 200%或以上，可以将模块上的 I/O 点拖拽到程序编辑器中指令的地址域，这样不仅能快速设置指令的地址，还能在 PLC 变量表中创建相应的条目。也可以用上述方法将模块上的 I/O 点拖拽到 PLC 变量中。

（5）巡视窗口

巡视窗口用来显示选中的工作区中对象的附加信息，还可以用巡视窗口来设置对象的属性。巡视窗口有以下 3 个选项卡。

1）"属性"选项卡显示和修改选中的工作区中的对象的属性。巡视窗口左边的窗格是浏览窗口，选中其中的某个参数组，在右边窗格显示和编辑相应的信息或参数。

2）"信息"选项卡显示所选对象和操作的详细信息，以及编译后的报警信息。

3）"诊断"选项卡显示系统诊断事件和组态的报警事件。

巡视窗口有两级选项卡，图 10-4 选中了第一级"属性"选项卡下方第二级"属性"选项卡左边浏览窗格中的"常规"，本书中将这一过程简记为选中了巡视窗口中的"属性"→

"属性"→"常规"。

2. 工具箱

任务卡的"工具箱"中可以使用的对象与 HMI 设备的型号有关。工具箱包含过程画面中需要经常使用的各种类型的对象。

右击工具箱中的区域，可以用出现的"大图标"复选框设置采用大图标或小图标。在大图标模式下，可以用"显示描述"复选框来设置是否在各对象下面显示对象的名称。

根据当前激活的编辑器，"工具箱"包含不同的窗格。打开"画面"编辑器时，工具箱提供的窗格有基本对象、元素、控件和图形等。

（1）基本对象

1）线。

在"基本对象"窗格中单击"线"的按钮 ∕，然后将光标移至画面的工作区中，此时在工作区移动光标会显示光标的当前位置。按住左键移动鼠标后松开，便可以在工作区画出一条线（见图 10-5）。选中某条线后（线的两端均显示蓝色小方块），在巡视窗口中的"属性"→"属性"→"外观"中可以进行以下设置：线的宽度和颜色、线的起点或终点是否有箭头、实线或虚线、端点是否为圆弧形等。在巡视窗口中的"属性"→"属性"→"布局"中可以进行以下设置：线的位置和大小、起始点和结束点等。

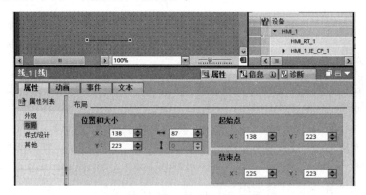

图 10-5 "线"的"布局"组态

画水平线或垂直线时，在工作区中仅靠移动光标是很难将其绘制成水平线或垂直线的，此时可在"属性"→"属性"→"布局"（见图 10-5）中通过更改线的起始点和结束点来实现所画线的水平或垂直。

2）圆和椭圆。

在其属性中可以调节它们的大小和设置椭圆两个轴的尺寸，设置背景（即内部区域）的颜色，设置边框的宽度、样式及颜色等。

3）矩形。

在其属性中可以设置矩形的高度、宽度、内部区域的颜色，设置边框的宽度、样式及颜色，设置矩形的圆角等。

4）文本域。

可以在文本域中输入一行或多行文本。定义字体和字的颜色，对齐方式，还可以设置文本域的背景色和边框样式等。

5）图形视图。

图形视图用来在画面中显示属性列表中已有图形或由外部图形编程软件创建的图形。用类似画线的方法在工作区中生成图形视图，在其属性中可自定义对象的位置、几何形状、样式、颜色和字体类型。

"图形视图"中的对象可以使用下列图形格式：*.bmp、*.tif、*.png、*.ico、*.emf、*.wmf、*.gif、*.svg、*.jpg 或 *.jpeg。在"图形视图"中，还可以将其他图形编程软件编辑的图形集成为 OLE（对象链接与嵌入）对象。可以直接在 Visio、Photoshop 等软件中创建这些对象，或者将这些软件的文件插入图形视图，并使用创建它的软件来编辑它们。

（2）元素

精简面板的"元素"窗格中有 I/O 域、按钮、符号 I/O 域、图形 I/O 域、日期/时间域、棒图和开关等。

（3）控件

控件为 HMI 提供增强功能，精简面板的"控件"窗格中有报警视图、趋势视图、用户视图、HTML 浏览器、配方视图和系统诊断视图等。

（4）图形

在"图形"窗格的"WinCC 图形文件夹"中提供了很多图库，用户可以调用其中的图形元件。用户可以用"我的图形文件夹"来管理自己的图库。

注意：不同 HMI 设备的工具箱中有不同的对象。

视频"软件的视窗介绍与操作"可通过扫描二维码 10-1 播放。

10-1
软件的视窗介绍与操作

10.2 项目创建的过程

10.2.1 创建项目

1. 创建项目

双击桌面上 TIA Portal V16 图标，在 Portal 视图中选中"创建新项目"选项，在右侧"创建新项目"对话框中将项目名称修改为"Frist_PLC_HMI"。单击"路径"输入框右边的"浏览"按钮，可以修改项目保存的路径。在"作者"栏中可以修改创建该项目的作者名称。单击"创建"按钮后，开始生成项目（见图 10-6）。

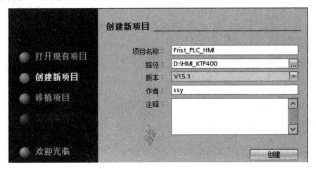

图 10-6 "Portal 视图"模式下"创建新项目"对话框

如果在 Portal 视图中单击左下角的"项目视图"按钮 ▶ 项目视图 （见图 10-2），进入项目视图后也可以创建新项目。执行项目视图的菜单命令"项目"→"新建"，或在工具栏中单击"新建项目"按钮 （见图 10-3），均可出现"创建新项目"对话框（见图 10-7）。

单击 Portal 视图中"打开现有项目"选项或在项目视图中"打开项目"按钮 （见图 10-3），双击打开的"打开现有项目"对话框中（见图 10-2）列出的最近使用的某个项目，可以打开该项目。或者单击已打开的"打开项目"对话框左下角的"浏览"按钮 ，在打开的对话框中打开某个项目的文件夹，双击图标为 的文件，便可打开该项目。

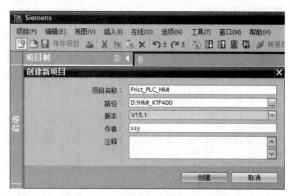

图 10-7 "项目视图"模式下"创建新项目"对话框

2. 添加 PLC

在"新手上路"对话框中（见图 1-8）单击"设备和网络—组态设备"选项，在弹出的"显示所有设备"对话框中选中"添加新设备"选项，在右侧"添加新设备"对话框中，选择"控制器"后添加与读者所使用的订货号及版本号一致的 CPU。

3. 添加 HMI

在"项目树"中单击"添加新设备"，出现"添加新设备"对话框，如图 10-8 所示。取消左下角筛选框"启动设备向导"复选框的选中状态，即不使用"启动设备向导"。打开设备列表中的文件夹"\HMI\SIMATIC 精简系列面板\4"显示屏\KTP400 Basic"，双击订货号为"6AV2 123-2DB03-0AX0"的精简系列面板 KTP400 Basic PN，版本为"15.1.0.0"，生成名称为 HMI 的面板（若事先未给设备名称命名，则生成为默认名称 HMI_1），在工作区出现了 HMI 的画面"画面_1"。或选择订货号后，单击"确定"按钮，也可生成相应的画面。

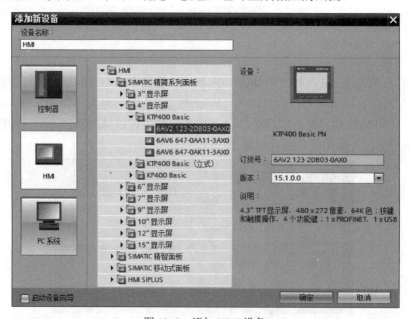

图 10-8 添加 HMI 设备

视频"项目的创建"可通过扫描二维码 10-2 播放。

10-2
项目的创建

10.2.2　组态连接

添加 PLC 和 HMI 后,双击"项目树"中的"设备和网络",打开网络视图,此时还没有生成图 10-9 中左侧的网络。单击网络视图左上角的"连接"按钮,采用默认的"HMI 连接",同时 PLC 和 HMI 会变成浅绿色。

图 10-9　网络视图

单击 PLC 中的以太网接口(绿色小方框),按住鼠标左键,移动鼠标,拖出一条浅色的直线。将它拖到 HMI 的以太网接口,松开鼠标左键,生成图 10-9 中的"HMI_连接_1"和网络线。

双击项目视图的"\HMI 文件"中的"连接",打开连接编辑器(见图 10-10)。选中第一行自动生成的"HMI_连接_1",连接表下面是连接的详细情况。

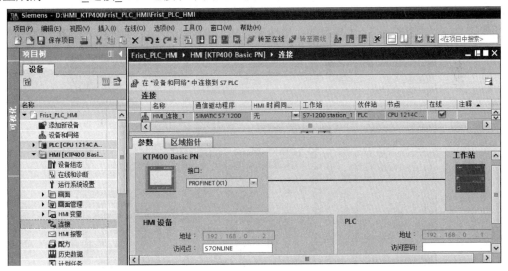

图 10-10　连接编辑器

10.2.3　生成变量

变量是在程序执行过程中,随着程序的运行而随时改变的一个量值。HMI 的变量分为外部变量和内部变量，每个变量都有一个符号名和数据类型。外部变量是 HMI 与 PLC 之间进行数据交换的桥梁，是 PLC 中定义的存储单元的映像，其值随着 PLC 程序的执行而改变。HMI 和 PLC 都可以访问外部变量。

HMI 的内部变量存储在 HMI 设备的存储器中，与 PLC 没有连接关系，只有 HMI 设备能访问。内部变量用于 HMI 设备内部的计算或执行其他任务。内部变量只能用名称来区分，没有绝对地址。

图 10-11 是"项目树"中"PLC\PLC 变量"文件夹中"默认变量表"中的变量（在编写 PLC 程序时预先定义的），在此变量表中只有"HMI 起动"和"HMI 停止"两个变量来自触摸屏，即需要在触摸屏中生成它们并进行相关组态。

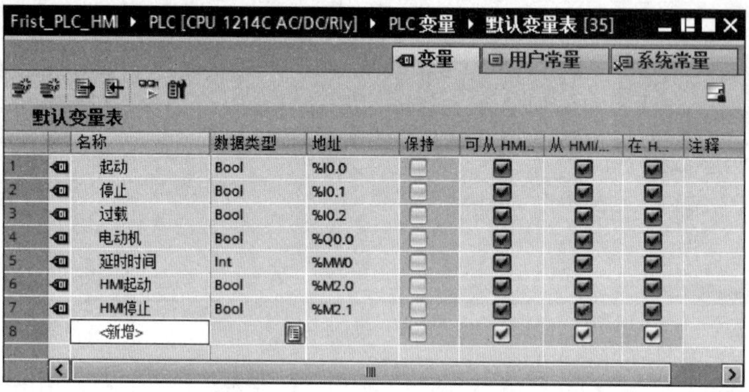

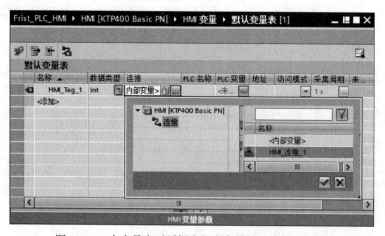

图 10-11　PLC 默认变量表

可通过多种方法在组态触摸屏中生成变量，下面仅介绍通过用户自定义的方式生成变量。

双击"项目树"中"HMI\HMI 变量"文件夹中的"默认变量表[0]"，打开变量编辑器（见图 10-12）。单击变量表的"连接"列单元中被隐藏的按钮▥，选择"HMI_连接_1"（HMI 设备与 PLC 的连接）或"内部变量"，本项目的变量均来自 PLC 的外部变量，即使用"HMI_连接_1"。

图 10-12　在变量表对话框中组态变量的"连接"方式

双击默认变量表中"名称"列的第一行（见图 10-13），将默认名称"HMI_Tag_1"更改为"HMI 起动"；单击"数据类型"列第一行后面的按钮▤，在打开的选项中（见图 10-13）选择"Bool"（布尔型）；单击"地址"列第一行右侧的按钮▾，选择"操作数标识符"为 M，"地址"为 2，"位号"为 0（见图 10-14），然后单击图 10-14 右下角的☑按钮，即生成变量的地址为 M2.0（所有变量都可以选择位存储区 M 和数据块 DB；输入类变量可以选择输入过程映像存储器 I，但不能在 PLC 的物理输入地址范围内；显示类变量可以选择输出过程映像存储器 Q）。在"访问模式"列选择"绝对访问"，在"采集周期"列选择 1s（见图 10-15）。这里的采集周期为 1s，表示 HMI 每隔 1s 采集变量一次。读者可根据项目中对该对象的动态变化响应速度要求来设置采集周期。

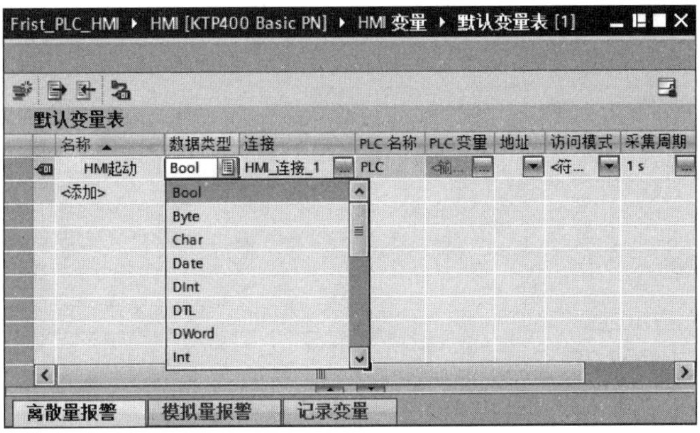

图 10-13　组态"数据类型"对话框

图 10-14　组态操作数"地址"对话框

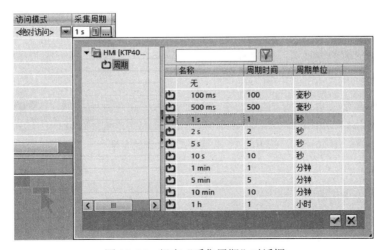

图 10-15　组态"采集周期"对话框

双击默认变量表中"名称"的第二行（见图 10-13 空白行），将会自动生成一个新的变量，其参数与上一行变量的参数基本上相同，其名称和地址与上面一行按顺序排列（见图 10-16）。图 10-16 中第一行的变量名称为"HMI 起动"，地址为 M2.0，新生成的变量的名称为"HMI 起动_1"，地址为 M2.1。此时可以将其名称改为"HMI 停止"，采集周期改为 100ms（系统默认值为 1s），其他保持不变。如还有其他变量，可参照上述方法进行生成。

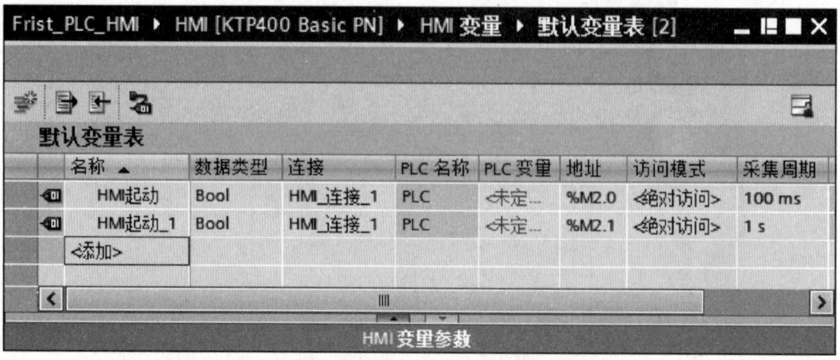

图 10-16　双击方式生成新的变量

如果 HMI 中要组态多个与上一行类似的变量，既可通过逐行双击的方法，亦可以通过"下拉"方式快速生成多个变量（特别适合新增地址时变量名称逐行加 1 的变量）。单击上一行变量的任意一个单元（名称、数据类型、PLC 名称、PLC 变量、地址、访问模式、采集周期），此时该单元四周会出现一个蓝色方框，在方框右下角出现蓝色小正方形的点（见图 10-17 中 M2.4 的右下角），将光标移至该小正方形点上，此时光标变成"十"字形状，然后按住左键往下拉，需要添加几个变量就往下拉几行，此时新添加变量的名称在上一行基础上逐行加 1，其他列则与上一行完全相同。注意，若从"地址"单元往下拉，除变量名称逐行加 1 外，地址也逐行加 1（见图 10-17），然后再将其名称更改成相应名称便可。

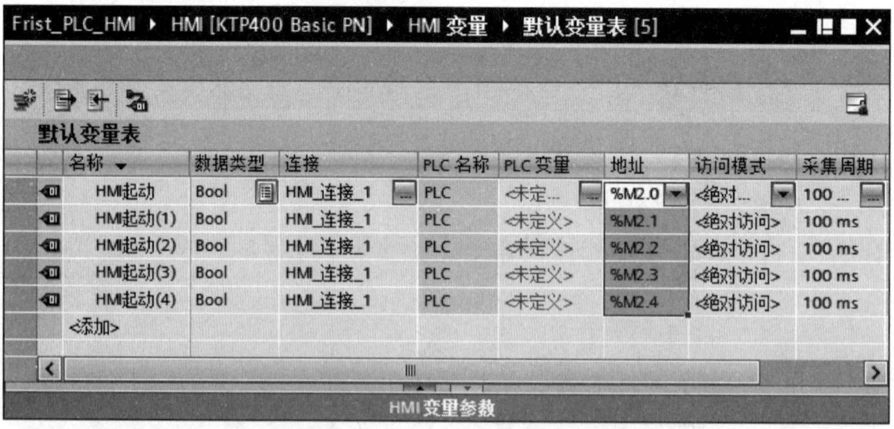

图 10-17　下拉方式生成新的变量

10.2.4　生成画面

画面是用户根据生产过程需要由诸多可视化的画面元件（又称构件）组成，用它们来显示工业现场的过程值或状态指示等，或用它们来控制某些机构的起停动作等。

画面由静态元件和动态元件组成。静态元件（如文本或图形对象）用来静态显示，在运行时它们的状态不会变化，不需要与变量相连接，它们不能由 PLC 更新。动态元件的状态受变量控制，需要设置与其连接的变量，用它们来显示 PLC 或 HMI 设备存储器中的变量的当前值或当前状态。

1．打开画面

添加 HMI 设备后，在项目树的"画面"文件夹中会自动生成一个名为"画面_1"的画面。"画面_1"为 HMI 的初始画面，即根画面。可通过下列操作对其进行更名：右击项目树中的该画面，执行快捷菜单中的"重命名"命令，在此将该画面的名称更改为"根画面"，或执行"属性"命令，在弹出的画面"属性"对话框的"常规"选项中对其"名称"进行更改。双击它打开画面编辑器（见图 10-18），在画面编辑器中通过组态元件或图形对象生成工业生产现场的各个监控画面。

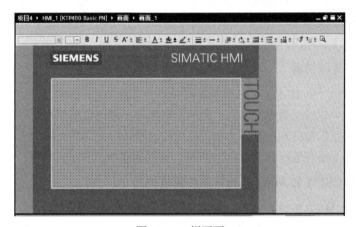

图 10-18　根画面

2．生成新画面

双击"项目树"的"HMI\画面"文件夹中的"添加新画面"，在工作区将会出现一幅新的画面，画面被自动指定一个默认的名称（如画面_1，若已有名称画面_1 则自动命名为画面_2，即在现有画面编号的基础上加 1；若没有名称画面_1，则新生成的画面名称被命名为画面_1）。同时，在"项目树"的"画面"文件夹中将会出现新画面。

在"项目树"的"画面"文件中可以看到已经创建的画面名称，无论画面的名称如何定义，其根画面都可以通过画面名称前的根画面符号▣来识别（见图 10-19），其他画面名称前的符号为▣。

右击"项目树"中的"画面"，执行快捷菜单中的"新增组"命令，在系统视图中生成一个名为"组_1"的文件夹。用户可以将现有的画面拖拽到该文件夹中。

右击"项目树"中的某个画面，在出现的快捷菜单中执行"打开""复制""粘贴""删除"和"重命名"等命令，可以完成相应的操作。

图 10-19　画面标识

画面生成后，需要在画面中对生成的基本对象和元素等构件进行组态，相关知识的详细介绍见第 11 章和第 12 章。

10.3 项目的仿真调试

编写好 PLC 控制程序和组态好 HMI 的画面后，必须经过调试方能下载到 PLC 和 HMI 中。PLC 程序和 HMI 的调试都可通过仿真软件进行，在此只介绍 HMI 的仿真调试方法。

10.3.1 仿真调试方法

博途软件中的 WinCC 运行系统（Runtime）主要用来在计算机上运行用 WinCC 的工程系统组态的项目，还可以用来在计算机上测试和模拟 HMI 的功能，这种效果与实际的 HMI 系统基本相同。仿真调试人机界面的方法有以下几种。

1. 使用变量仿真器仿真

如果读者没有 PLC 和 HMI，可以用变量仿真器来检测人机界面的部分功能，这种测试也称为离线测试。离线测试可以模拟数据的输入、画面的切换等，还可以用仿真器来改变输出域显示的变量的数值或指示灯显示的位变量的状态，也可以用仿真器读取来自输入域的变量的数值和按钮控制的位变量的状态。由于没有运行 PLC 的用户程序，这种仿真调试方法只能模拟实际部分功能。

2. 使用 S7-PLCSIM 和 WinCC 运行系统集成仿真

如果将 PLC 和 HMI 集成在博途软件的同一个项目中，可以用 S7-PLCSIM 对 S7-300/400 PLC 和 S7-1200/1500 PLC 的用户程序进行仿真，用 WinCC 对 HMI 设备进行仿真。同时，还可以对仿真 PLC 与仿真 HMI 之间的通信和数据交换进行仿真。这种仿真不需要 PLC 和 HMI 设备，只用计算机就能很好地模拟 PLC 和 HMI 设备组态的实际控制系统的功能，是诸多工程技术人员常用的仿真调试方法。

3. 使用硬件 PLC 仿真

如果只有 PLC 而没有 HMI 设备，可以在建立计算机和 S7-PLC 通信连接的情况下，用计算机模拟 HMI 设备的功能，这种测试也称为在线测试，它可以减少调试时刷新 HMI 设备的闪存的次数，节约调试时间。这种仿真效果与实际系统基本相同。

4. 使用脚本调试器仿真

可以使用脚本调试器测试运行系统中的脚本，以验证用户定义的 VB 函数的编程是否正确（注意：某些 HMI 型号不具有脚本调试器仿真功能）。

10.3.2 使用变量仿真器仿真

使用变量仿真器进行仿真调试的步骤如下。

1. 启动仿真器

在模拟项目之前，首先应创建、保存和编译项目，编译无误后方可进行模拟。单击"项目树"中的 HMI 设备名称（见图 10-20 中的 HMI），执行菜单命令"在线（O）"→"仿真（T）"→"使用变量仿真器（T）"，启动变量仿真器。

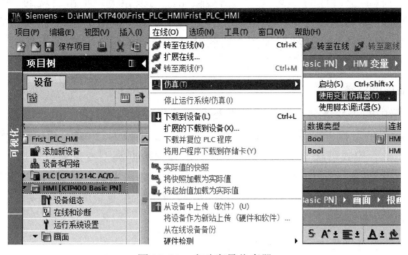

图 10-20　启动变量仿真器

如果在启动变量仿真器前没有预先编译项目，则自动启动编译。编译出现错误时，在巡视窗口中用红色文字显示。若有错误，必须改正错误且编译成功后方能启动变量仿真器进行仿真。

变量仿真器启动后，将出现变量仿真器（见图 10-21，所有变量行为空白行）和显示根画面的仿真面板（见图 10-22）。

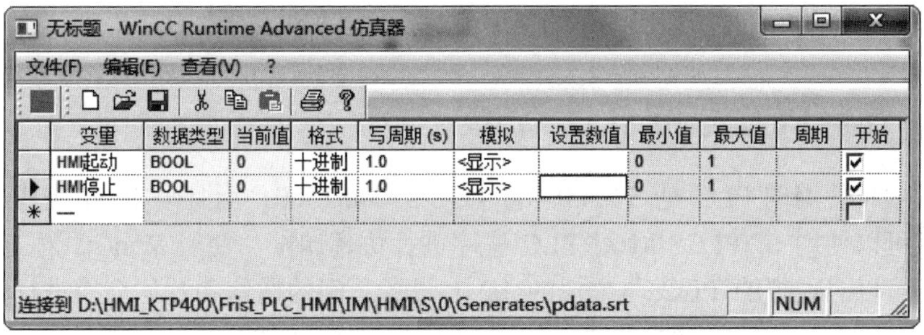

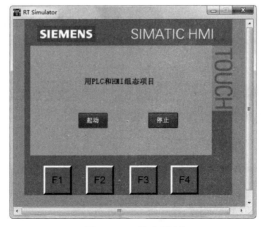

图 10-21　变量仿真器

图 10-22　仿真面板

2. 生成需要监控的变量

单击变量仿真器空白行的"变量"列右边被隐藏的按钮▼，单击出现的 HMI 默认变量表中某个要监控的变量，该变量将会出现在仿真器中。如果再次添加要监控的变量时，在打开的 HMI 默认变量表中已经添加到仿真器的变量会自动消失，只剩下未被添加上去的变量列表。

3. 仿真器中的变量参数

变量仿真器中的"变量名称"和"数据类型"是变量本身固有的，其他参数是仿真器自动生成的。白色背景的参数可以修改，如格式、写周期（最小值为 1.0s）、模拟和设置数值等，对于位变量，"模拟"模式可选"显示"和"随机"，其他数据类型变量还可以选"sine"（正弦）"增量""减量"和"移位"。灰色背景的参数不能修改，如最小值、最大值等。"模拟"列设置为正弦、增量或减量时，将"周期"列设置为以秒为单位的变量的变化周期。可以将"当前值"列视为 PLC 中的数据。

4. 用仿真器检查画面中已组态元件的功能

单击某变量行"开始"列的复选框（用鼠标选中它们），激活对它们的监视功能。单击画面中已组态的元件，它们的当前值会在变量仿真器的"当前值"列加以显示，如单击画面中的"HMI 起动"按钮，则能看到按下该按钮时仿真器中该变量的当前值为 1（ON 状态），释放该按钮时当前值为 0（OFF 状态）；也可以在"设置数值"列输入"1"或"0"后，按下〈Enter〉键或单击其他区域，当前值的数据也会变为"1"或"0"，相当于按钮的按下或释放。如果没有选中"开始"列的复选框，单击画面中的按钮时，相应变量的当前值不会发生变化。

10.3.3 使用 PLC 与 HMI 集成仿真

如果工程项目使用的 PLC 是 S7-300/400 或 S7-1200/1500，而且与 HMI 集成在博途的同一个项目中，就可以使用 S7-PLCSIM 对 PLC 程序进行仿真调试，使用 WinCC 对 HMI 进行仿真调试，而且还可以对虚拟的 PLC 与虚拟的 HMI 设备之间的通信和数据交换进行仿真调试，这种仿真调试与实际系统的性能基本相同，使用 PLC 与 HMI 集成仿真的步骤如下。

1. 创建项目

打开博途软件新建一个项目，并生成 PLC 和 HMI 站点，在网络视图中组态好它们之间的 HMI 连接。

2. 编写程序

打开 PLC 设备的变量编辑窗口生成需要的变量，并定义它们的名称、数据类型和地址，再打开程序编辑窗口编写项目的控制程序，然后编译和保存。

3. 组态画面

打开 HMI 设备的变量编辑窗口生成需要的变量，并定义它们的名称、数据类型、连接、地址、访问模式和采集周期等。打开根画面或新建的画面，在每个画面上组态对应的对象，并组态好各个画面之间的切换，最后对组态界面进行编译和保存。

4．设置 PG/PC 接口

打开 Windows 的控制面板，一般情况下会自动显示所有控制面板项，若只显示"控制面板"，则单击控制面板最上面的"控制面板"选项右边的按钮▼（见图 10-23），选中出现的下拉列表中的"所有控制面板项"，则显示所有的控制面板项。双击其中的"设置 PG/PC 接口"，打开"设置 PG/PC 接口"对话框（见图 10-24）。单击"为使用的接口分配参数"列表框中的"PLCSIM.TCPIP.1"，将"应用程序访问点"设置为"S7ONLINE（STEP 7）-->PLCSIM.TCPIP.1"，再单击"确定"按钮以确认。

图 10-23　控制面板

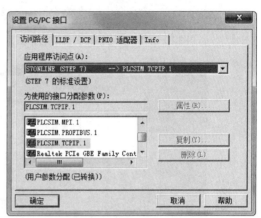

图 10-24　"设置 PG/PC 接口"对话框

5．启动仿真并下载程序

选中"项目树"中的 PLC 设备，单击工具栏上的"启动仿真"按钮▣，首次启动 S7-PLCSIM 仿真器，会弹出"启用仿真支持"对话框（见图 10-25），单击"确定"按钮以确认，即启用"在块编译过程中支持仿真"选项。按下"启用仿真支持"对话框中的"确定"按钮，会弹出"启动仿真将禁用所有其他的在线接口"提示对话框（见图 10-26），单击"确定"按钮以确认，此时会弹出 S7-PLCSIM 精简视图（见图 10-27）和"扩展下载到设备"对话框（见图 10-28）。

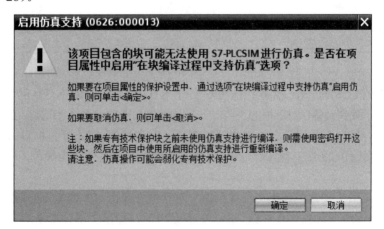

图 10-25　"启用仿真支持"对话框

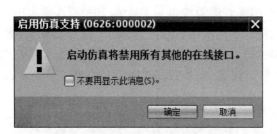

图 10-26 "启动仿真支持"对话框

图 10-27 S7-PLCSIM 精简视图

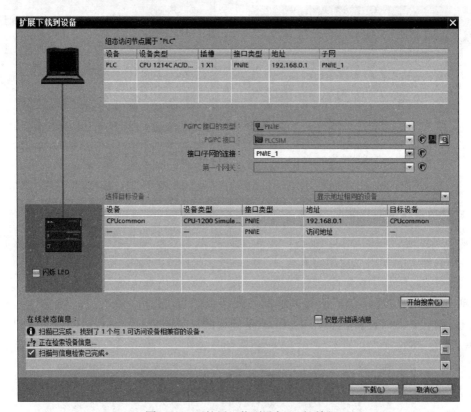

图 10-28 "扩展下载到设备"对话框

刚弹出的 S7-PLCSIM 精简视图中的 PLC 处于 STOP 模式（"RUN/STOP"前面的指示灯为黄色）。在"扩展下载到设备"对话框的"接口/子网的连接"选项中选择"PN/IE_1"（见图 10-28），即用 CPU 的 PN 接口下载程序。单击"开始搜索（S）"按钮，"选择目标设备"列表中显示的仿真 CPU，此时图 10-28 中左侧 PC 与 PLC 之间的连接线由灰色变为绿色，表示 PC 已与仿真器建立连接。

单击"下载（L）"按钮，弹出"下载预览"对话框（见图 10-29），编译组态成功后，单击"装载"按钮，将程序下载到仿真 PLC 中。下载结束后，弹出"下载结果"对话框，在"启动模块"行选中"启动模块"选项（见图 10-30），单击"完成"按钮，仿真 PLC 被切换到 RUN 模式，此时"RUN/STOP"前面的指示灯为绿色。

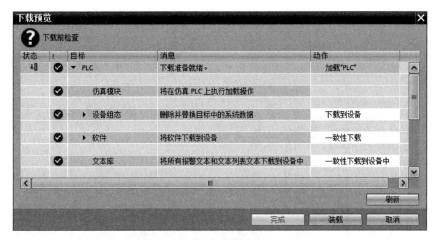

图 10-29　"下载预览"对话框

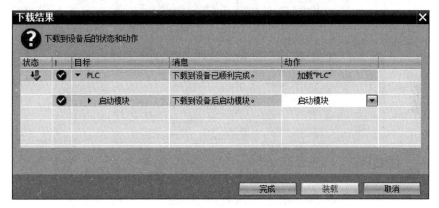

图 10-30　"下载结果"对话框

也可以单击计算机桌面上的 S7-PLCSIM 图标，打开 S7-PLCSIM，生成一个新的仿真项目或打开一个现有的项目。选中"项目树"中的 PLC，单击工具栏上的"下载"按钮，将用户程序下载到仿真 PLC 中。

6. PLC 与 HMI 的集成仿真

启动 S7-PLCSIM 和下载程序后，仿真 PLC 会自动切换到 RUN 模式。单击 PLC 程序编辑区中的"启用/禁用监视"按钮，使程序处于监控状态下，通过修改程序中的变量状态使某些程序段的程序运行起来，如在程序中右击位变量（如位寄存器 M），执行"修改"选项中的"修改为 1"，使得该位变量为 ON，反之执行"修改为 0"，使得该变量为 OFF（输入继电器 I 的状态不能修改）。

在 S7-PLCSIM 精简视图中可操作内容较少，可以切换到 S7-PLCSIM 的项目视图中进行相关仿真调试。单击 S7-PLCSIM 精简视图工具栏上的"切换到项目视图"按钮，切换到图 10-31 中的 S7-PLCSIM 项目视图。执行项目视图的"选项"菜单中的"设置"命令，在"设置"视图中可以将启用仿真器时的起始视图设置为项目视图或紧凑视图（即精简视图）。

执行菜单命令"项目"→"新建"，或单击工具栏上的"新建项目"按钮，在弹出的"创建新项目"对话框中输入项目名称和选择保存的路径（见图 10-32），单击"创建"按钮以创建新的仿真项目。

图 10-31 S7-PLCSIM 项目视图与仿真表

图 10-32 创建新的仿真项目

双击"项目树"下"SIM 表格"文件夹中的"SIM 表格_1"，打开该仿真表。单击表格的空白行"名称"列隐藏的按钮▥，再选中出现的变量列中的某个变量，该变量将会出现在仿真表中。在仿真表中生成图 10-31 中的变量。

单击图 10-31 中的"位"列"起动：P"变量行中小方框□，此时小方框内出现勾，表示该位变量被修改为"1"，相应的"监视/修改值"列变为"TRUE"，PLC 程序的运行使得变量"电动机"的状态为 ON，即其"监视/修改值"列变为"TRUE"，再次单击"位"列"起动：P"变量行中小方框□，小方框内勾选状态消失，表示该变量被修改为"0"，相应的"监视/修改值"列变为"FALSE"。注意，在此处仿真表只能监视不能修改（即不能勾选）输出继电器 Q 和位变量寄存器 M 中的值，但可以通过以下操作进行修改：单击仿真表工具栏中"启用/禁用非输入修改"按钮▧，首次单击则启用非输入修改方式，再次单击则禁用非输入修改方式。

选中"项目树"下的 HMI 设备，单击工具栏上的"启动仿真"按钮▥，启动 HMI 运行系统仿真。编译成功后，出现的仿真面板的"根画面"与图 10-22 中的相同。

单击"根画面"中的"起动"按钮，在图 10-31 中，变量"HMI 起动"（M2.0）被置为"1"状态，仿真表中的 M2.0 的"位"列的小方框中出现勾，释放"起动"按钮，M2.0 变为"0"状态，M2.0 的"位"列小方框中的勾消失。

选中变量"延时时间"的"一致修改"列，将它修改为某个值，该变量的"一致修改"列右边的  列会被自动打钩。单击工具栏上的"修改所有选定值"按钮 或计算机键盘上的〈Enter〉键，该值被写入到仿真 PLC 中。

视频"项目的仿真调试"可通过扫描二维码 10-3 播放。

10-3
项目的仿真调试

10.4 项目下载的设置

如果工程项目经过 PLC 和 HMI 集成仿真方法调试后，便可下载到硬件 PLC 和 HMI 设备中，通过现场运行调试确定 PLC 程序及 HMI 组态无误后，便可交付用户投入使用。将 PLC 程序下载到硬件 PLC 及将组态界面下载到硬件 HMI 前，都必须对编程及组态用计算机、硬件 PLC 及 HMI 设备通信参数进行设置，否则无法保证正常下载。

10.4.1 PG/PC 接口设置

西门子公司的自动化产品基本上都实现了以太网通信，即通过以太网进行项目下载及设备之间的数据通信。为了能使创建的项目通过以太网下载到相应设备中，首先需要对 PG/PC 接口进行设置。

打开 Windows 的控制面板，一般情况下系统会自动显示所有控制面板项，若只显示"控制面板"，则单击控制面板最上面的"控制面板"选项右边的按钮▼，选中出现的列表中的"所有控制面板项"，则显示所有的控制面板项。双击其中的"设置 PG/PC 接口"，打开"设置 PG/PC 接口"对话框（见图 10-33）。单击"为使用的接口分配参数"列表中实际使用的计算机网卡访问点为"S7ONLINE（STEP 7）--> Realtek PCIe GBE Family Controller.TCPIP.1"，单击"确定"按钮，退出"设置 PG/PC 接口"对话框，设置生效。

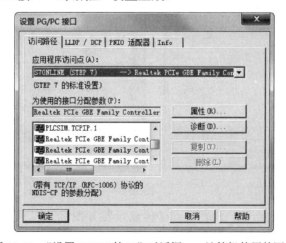

图 10-33 "设置 PG/PC 接口"对话框——计算机使用的网卡

10.4.2 HMI 通信参数设置

给 KTP 400 设备接通电源，启动过程结束后，屏幕显示"Start Center"（启动中心）窗口

（见图 10-34a），单击屏幕右上角的"最小化"按钮▬后，"Start Center"（启动中心）显示在屏幕中间（见图 10-34b）。"Transfer"（传输）按钮用于将 HMI 设备切换到传送模式。"Start"（启动）按钮用于打开保存在 HMI 设备中的项目，并显示启动画面。"Settings"（设置）按钮用于设置通信参数。

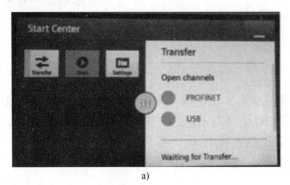
a)
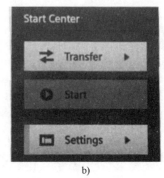
b)

图 10-34 "启动中心"窗口

单击"Settings"（设置）按钮，打开用于组态设置的控制面板（见图 10-35）。通过向下滑动显示屏右侧的滑条将屏幕上移，这时显示"Transfer，Network & Internet"选项（见图 10-36），单击"Network Interface"（网络接口）图标，打开"Interface PN X1"对话框，在此设置 HMI 的"IP address"（IP 地址）为"192.168.0.2"，"Subnet mask"（子网掩码）为"255.255.255.0"，默认网关不需要设置（见图 10-37）。在此，IP 地址由用户设置（IP 地址必须为创建项目过程中生成 HMI 站点的 IP 地址，而且计算机、PLC 和 HMI 三者的 IP 地址必须在同一网段内，且不能重叠。查看或修改项目中 HMI 的 IP 地址方法与查看或修改 PLC 的 IP 地址方法相同）。用屏幕键盘输入 IP 地址（IP address）和子网掩码（Subnet mask），在弹出的对话框中"Default gateway"是默认的网关。设置好后单击屏幕右上角的"最小化"按钮▬退出。

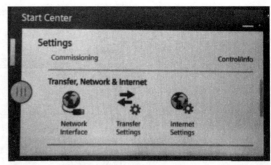

图 10-35 "设置"窗口　　　图 10-36 显示"Transfer，Network & Internet"选项窗口

单击图 10-36 中"Transfer Settings"（传输设置）图标，打开"Transfer Settings"（传输设置）窗口。在它的"Transfer Settings"（传送控制）设置中，将"Enable transfer"（传送使能）设置为"ON"，将"Automatic"（自动的）设置为"ON"，即采用自动传输模式（见图 10-38）。

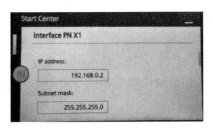

图 10-37　"IP 地址"和"子网掩码"设置窗口

图 10-38　"传输设置"窗口

视频"项目的下载设置"可通过扫描二维码 10-4 播放。

10.4.3　项目下载

用户程序的下载可参考前面的内容，本节主要介绍人机界面的下载。

在下载好用户程序到 PLC 设备后，需要将以太网电缆从 PLC 设备上拔下然后插入到 HMI 设备的 RJ45 通信接口，而且必须预先将 HMI 通信参数设置好，方能下载组态界面到 HMI 设备中。接通 HMI 的电源，单击出现的"启动中心"窗口的"Transfer"（传输）按钮，打开启动中心等待传输窗口（见图 10-34），其中"Transfer"（传输）图标的左侧出现浅黄色的竖条，此时 HMI 处于等待接收上位计算机信息的状态。选择"项目树"中的 HMI，单击工具栏上的下载按钮，出现"扩展下载到设备"对话框，设置好 PG/PC 接口的参数后（见图 10-39），单击"开始搜索（S）"按钮（如果出现问题则按提示信息解决问题后再下载），搜索到 HMI 设备的 IP 地址后，如果勾选 HMI 下方"闪烁 LED"复选框，则与计算机已建立物理连接的 HMI 屏幕会不断闪烁，若取消勾选 HMI 下方"闪烁 LED"复选框，HMI 屏幕将停止闪烁。

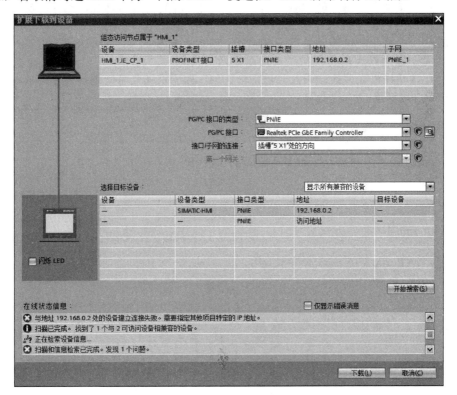

图 10-39　"扩展下载到设备"对话框

单击图 10-39 中右下角的"下载（L）"按钮，HMI 会自动地对要下载的信息进行编译，编译成功后，显示"下载预览"（下载前检查）对话框（见图 10-40），勾选"全部覆盖"复选框，单击"装载"按钮，开始下载。下载过程中，HMI 上"启动中心"窗口（见图 10-34）中"Open channels"（打开通道）下方的"PROFINET"选项前绿色圆形指示灯会不断闪烁（因为使用的下载方式是以太网），下载结束后，HMI 自动打开初始画面（即根画面）。如果选中了图 10-38 中"Transfer Settings"（传输设置）对话框中的"Automatic"（自动的），在项目运行期间下载时，将会关闭正在运行的项目，并自动切换到"Transfer"（传输）模式，开始传输新项目。传输结束后将会启动新项目，并显示初始画面。

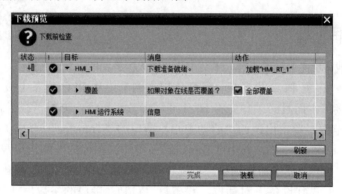

图 10-40 "下载预览"对话框

 注意： 在下载完 PLC 用户程序及设备组态信息后，需要将以太网电缆从 PLC 设备上拔下然后插入到 HMI 设备的 RJ45 通信接口，方能下载组态界面到 HMI 设备中。也就是说计算机直接连接单台 PLC 或 HMI 时，可以使用标准的以太网电缆，也可以使用交叉以太网电缆。网络中设备进行一对一的通信时不需要交换机，两台以上的设备通信则需要使用交换机。在此，建议读者使用与 S7-1200 PLC 相配套的 4 端口交换机"CSM1277"，也可以使用一般的以太网交换机。使用以太网交换机后，在下载用户程序或组态界面时就不需要经常插拔以太网线，而且 PLC 与 HMI 及计算机之间能进行实时的数据通信，又能对子网中各设备站点进行监控。

10.5 案例 22　电动机的点动运行控制

10.5.1　目的

1）掌握 TIA Portal V16 软件的基本应用。
2）掌握 PLC 和 HMI 的项目创建过程。
3）掌握项目的仿真调试方法和步骤。
4）掌握项目下载的接口及参数设置。

10.5.2　任务

使用 S7-1200 PLC 和精简系列面板 HMI 实现电动机的点动运行控制。控制要求：按下控制柜上点动按钮或 HMI 中组态的点动按钮，电动机均能点动运行，而且电动机在运行时 HMI 中的指示灯同时被点亮。

10.5.3　步骤

1．硬件及网络组态

首先创建一个新项目，选择 PLC 和 HMI，将其通过以太网相连接，注意组态时的 IP 地址要与实际设备的 IP 相同。

2．编写 PLC 程序

在 PLC 的变量表中创建图 10-41 中的变量，并打开 Main[OB1]编辑窗口，编写如图 10-41 所示控制程序。

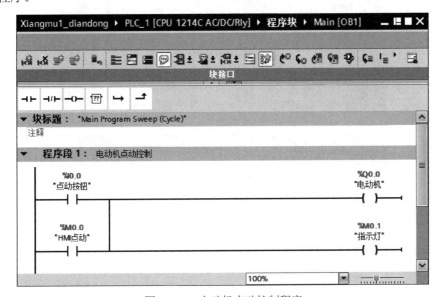

图 10-41　电动机点动控制程序

3．生成 HMI 变量

双击"项目树"下"HMI_1\HMI 变量"文件夹中的"默认变量表[0]"，打开变量编辑器（见图 10-42）。单击变量表的"连接"列单元中被隐藏的按钮 ，选择"HMI_连接_1"（HMI 设备与 PLC 的连接）。

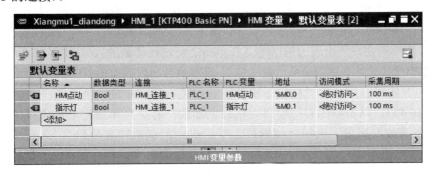

图 10-42　HMI 变量表

双击变量表"名称"列第一行，将默认"名称"更改为"HMI 点动"，"数据类型"更改为"Bool"，"地址"更改为"M0.0"，"访问模式"更改为"绝对访问"，"采集周期"更改为"100ms"。用同样的方法生成变量"指示灯"（见图 10-42）。

4．组态 HMI 画面

（1）组态文本

双击"项目树"下"HMI_1\画面"文件夹中的"画面_1"，打开画面组态窗口（见图 10-43）。单击并按住工具箱基本对象中的"文本域"按钮 A，将其拖至"画面_1"组态窗口，然后松开鼠标，生成默认的文本"Text"，然后双击文本"Text"将其修改为"电动机点动运行"。通过鼠标将其拖至"画面_1"的上半部中间位置（见图 10-43a）。用同样方法生成"指示灯"文本，并拖至图 10-43a 中相应位置。文本的组态详细介绍参见 11.1 节。

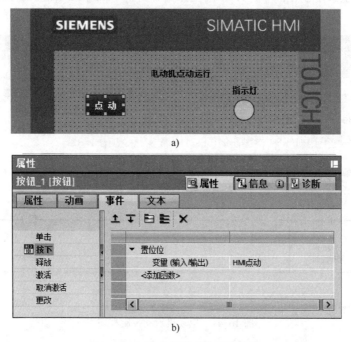

图 10-43　组态按钮"按下"事件

（2）组态按钮

单击并按住工具箱元素中的"按钮"按钮 ▬，将其拖至"画面_1"组态窗口，然后松开鼠标，生成默认的文本按钮，按钮名称为"Text"，然后双击按钮中的文本"Text"将其修改为"点动"。通过鼠标将其拖至"画面_1"的左边位置（见图 10-43a）。单击"画面_1"中的"点动"按钮，选中巡视窗口中的"属性"→"事件"→"按下"（见图 10-43b），单击视图窗口右边表格最上面的一行，再单击它右侧出现的按钮 ▾（在单击之前它是隐藏的），在出现的"系统函数"列表中选择"编辑位"文件夹中的函数"置位位"，选择执行函数后如图 10-43b 所示。

用同样的方法组态按钮的"释放"事件：选中巡视窗口中的"属性"→"事件"→"释放"（见图 10-44），单击视图右边窗口表格最上面的一行，再单击它右侧出现的按钮 ▾，在出现的"系统函数"列表中选择"编辑位"文件夹中的函数"复位位"，选择执行函数后如图 10-44 所示。组态按钮的"按下"和"释放"事件设置完成后，在 HMI 运行时，若按下"点动"按钮，M0.0 为"ON"状态；若松开"点动"按钮，M0.0 为"OFF"状态。按钮的组态详细介绍见 12.1 小节。

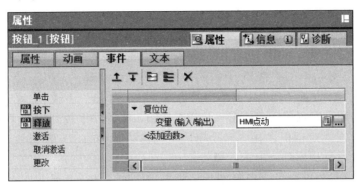

图 10-44　组态按钮"释放"事件

（3）组态指示灯

单击并按住工具箱元素中的"圆"按钮●，将其拖至"画面_1"组态窗口，然后松开鼠标，通过鼠标拖至"画面_1"的右半部位置（见图 10-43a）。单击"画面_1"中的圆，它的四周出现 8 个上正方形，选中巡视窗口中的"属性"→"动画"→"显示"，双击其中的"添加新动画"，再双击出现的"添加动画"对话框中的"外观"，选中图 10-45 窗口左边出现的"外观"，在窗口右边组态外观的动画功能。单击"变量"选项下"名称"栏右侧的按钮▤，设置"圆"连接的 PLC 的变量为位变量"M0.1"；单击"范围"列下面的空白行，使其"范围"值为"0"和"1"时，再将"背景色"分别设置为"浅灰色"和"绿色"，分别对应于指示灯的熄灭和点亮（见图 10-45）。指示灯的组态详细介绍参见 11.2 节。

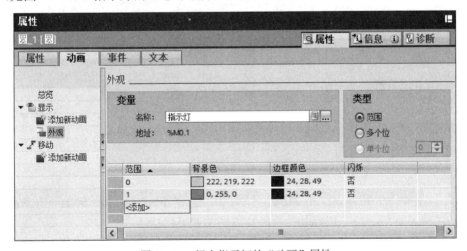

图 10-45　组态指示灯的"动画"属性

5. 仿真调试

（1）PG/PC 接口设置

采用 PLC 和 HMI 集成仿真调试方法，首先打开 Windows 的控制面板，选中出现的下拉列表中的"所有控制面板项"，然后双击其中的"设置 PG/PC 接口"，打开"设置 PG/PC 接口"对话框（见图 10-24）。选中"为使用的接口分配参数"列表框中的"PLCSIM.TCPIP.1"，将"应用程序访问点"设置为"S7ONLINE（STEP 7）--> PLCSIM.TCPIP.1"，再单击"确定"按钮以确认。

（2）用户程序下载并仿真

选中"项目树"中的 PLC_1 设备，单击工具栏上的"启动仿真"按钮，启动 S7-PLCSIM 仿真器，弹出 S7-PLCSIM 精简视图（见图 10-27）和"扩展下载到设备"对话框（见图 10-28）。在"扩展下载到设备"对话框的"接口/子网的连接"选项中选择"PN/IE_1"，单击"开始搜索（S）"按钮，"选择目标设备"列表中显示出的仿真 PLC，单击"下载（L）"按钮，弹出"下载预览"对话框，编译组态成功后，单击"装载"按钮，将程序下载到仿真 PLC 中。下载结束后，弹出"下载结果"对话框，在"启动模块"行选中其中的"启动模块"选项，单击"完成"按钮，仿真 PLC 被切换到"RUN"模式。

单击 PLC 程序编辑区中的"启用/禁用监视"按钮，使程序处于监控状态下。单击 S7-PLCSIM 精简视图工具栏上的"切换到项目视图"按钮，切换到图 10-46 中的 S7-PLCSIM 项目视图。

执行菜单命令"项目"→"新建"，或单击工具栏上的"新建项目"按钮，在弹出的"创建新项目"对话框中输入项目名称"Xiangmu_1"和保存路径"D:\项目"，单击"创建"按钮创建新的仿真项目。双击项目视图中"项目树"下"SIM 表格"文件夹中的"SIM 表格_1"，打开该仿真表。单击表格空白行"名称"列的隐藏按钮，再单击选中出现的变量列中的某个变量，该变量出现在仿真表中。在仿真表中生成图 10-46 中的变量。

图 10-46　案例 22 的 S7-PLCSIM 仿真表

单击图 10-46 中的"位"列"点动按钮：P"变量行中的小方框，此时小方框内出现勾选，表示该位变量被修改为"1"，PLC 程序的"电动机"线圈 Q0.0 和"指示灯"线圈 M0.1 接通，此时仿真表的"监视/修改值"列均变为"TRUE"，再次单击"位"列"点动按钮：P"变量行中的小方框，小方框内勾选消失，表示该变量被修改为"0"，此时"电动机"线圈 Q0.0 和"指示灯"线圈 M0.1 均失电，相应的"监视/修改值"列均变为"FALSE"。单击仿真表工具栏中"启用/禁用非输入修改"按钮，启用非输入修改功能。单击图 10-46 中的"位"列"HMI 点动"变量行中小方框，"电动机"及"指示灯"线圈均得电，再次单击使其勾选，"电动机"及"指示灯"线圈均失电。

（3）人机界面下载并仿真

选中"项目树"中的 HMI 设备，单击工具栏上的"启动仿真"按钮 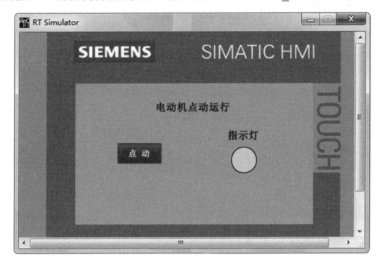，启动 HMI 运行系统仿真。编译成功后，出现的仿真面板的"根画面"，即"画面_1"（见图 10-47）。

图 10-47　案例 22 的仿真面板

单击"画面_1"中的"点动"按钮，仿真表中的变量"HMI 点动"（M0.0）被置为"1"状态，"电动机"线圈 Q0.0 得电，"指示灯"变为绿色，释放"点动"按钮，M0.0 变为"0"状态，M0.0 的"位"列下的小方框的勾选消失，"电动机"线圈 Q0.0 失电，"指示灯"变为浅灰色。

10.5.4　训练

行车（起重机）运行控制。控制要求：使用 S7-1200 PLC 和精简系列面板 HMI 共同实现行车的运行控制，行车上安装有三台三相异步电动机，每台电动机都需要正反向点动运行，分别拖动货物进行左右运动、前后运动和升降运动。在 HMI 组态 6 个点动按钮及 6 个方向指示灯，以实现行车的运行控制及运行状态显示。

10.6　习题与思考

1．人机界面是什么？它的英文缩写是什么？
2．人机界面的作用是什么？
3．工业控制系统中常用的触摸屏品牌有哪些？
4．在 TIA 博途 WinCC 中如何显示巡视窗口？
5．使用 KTP 系列面板时，可以组态哪些基本对象？
6．如何对项目树窗口进行隐藏或显示？
7．分别使用 Portal 视图和项目视图创建一个项目，添加一个 PLC 和一个 HMI 设备，并在它们之间建立"HMI 连接"。

8．S7-1200 PLC 的固态版本有几种，在 Portal 软件中哪个版本及以上才能进行仿真？

9．HMI 的画面如何重命名，如何定义根画面？根画面和其他画面标识符有何区别？

10．什么是 HMI 的内部变量，什么是外部变量？

11．HMI 中组态变量的采集周期范围是多少？

12．HMI 有哪几种仿真调试的方法，它们各有什么特点？

13．使用 PLC 和 HMI 集成仿真的步骤有哪些？如何使用项目视图进行仿真调试？

第11章　基本对象的组态

文本和指示灯在使用触摸屏组态时应用最为普遍，文本域主要用来标识项目的名称、开关及按钮的名称和输入/输出域的名称等，指示灯主要用来指示电动机或机构的运行状态、超限报警等。本章节重点介绍文本域和指示灯的组态过程。

11.1　文本域的组态

11.1.1　静态文本

文本用来对某些事物进行指定性的说明，西门子人机界面中将文本称为文本域。若组态界面上的文本在设备运行过程中一直保持静止的状态，此类文本称之为静态文本，使用最为广泛。

1. 生成文本

打开 TIA Portal V16 软件，创建一个名称为 JibenDX_HMI 的项目，添加一个名称为 HMI_1 的 HMI 站点，将画面名称更改为"根画面"。打开"根画面"，将工具箱的"基本对象"窗格中的"文本域"拖拽到画面中适当位置，松开鼠标后生成一个默认名称为"Text"的文本；或单击工具箱"基本对象"窗格中的"文本域"按钮 A，然后将鼠标移到画面中适当位置处单击，用同样方法生成默认名称的文本。

2. 组态属性

（1）组态常规属性

单击选中生成的文本域，文本域四周出现 8 个小正方形，在巡视窗口中执行菜单命令"属性"→"属性"→"常规"，在窗口右边的"文本"域的文本框中输入"静态文本"（见图 11-1）。也可以直接在画面中双击文本名称"Text"后输入文本域的文本（对于跨多行的文本，可以通过按下组合键〈Shift+Enter〉设置分行符）。在图 11-1 中可以设置文本的"字体""字形"和"大小"。"字体"只能为宋体，"字形"可选择为"正常""粗体""斜体"和"粗斜体"，字体"大小"设置范围为"8～96"（见图 11-1），还可以设置是否使用"下划线"。若勾选"使对象适合内容"选项，则文本距离文本框尺寸为系统自动指定。

（2）组态外观属性

单击选中生成的文本域，在巡视窗口中执行菜单命令"属性"→"属性"→"外观"，可以在窗口右边设置文本域的"背景"颜色、文本的"颜色"和文本的"边框"等（见图 11-2）。

在文本域的"背景"选项中选择文本域的背景"颜色"，单击"颜色"选择框右侧的按钮▾，弹出颜色选项框，单击喜爱的颜色即可，也可以单击"更多颜色"，进行自定义（见图 11-3）。

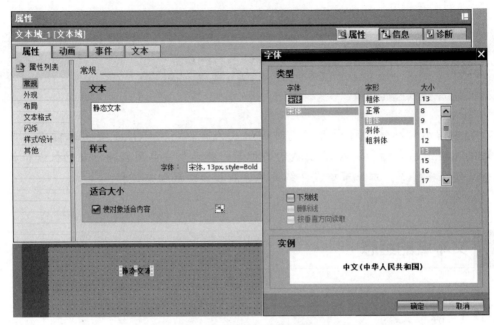

图 11-1　文本域的常规属性

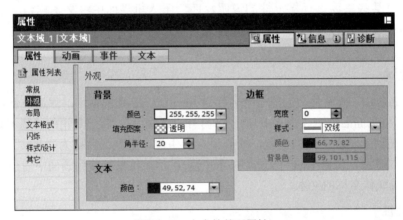

图 11-2　文本的外观属性

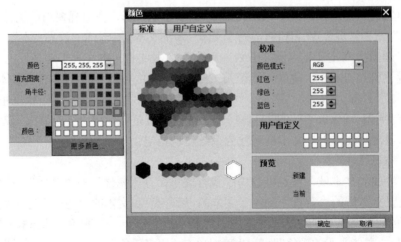

图 11-3　组态文本背景颜色

单击"背景"的"填充图案"选择框右侧的按钮，可以选择"透明"或"实心"。如果选择"透明"，则文本域的"背景色"为画面底色；如果选择"实心"，则文本域的"背景色"为"颜色"选项中用户选定的颜色。

单击"背景"的"角半径"调节框右侧的上下三角形按钮，可以增加或减少文本域四周方框的角半径，其设置范围为"0~20"。若设置为"0"，则无角半径，即四个角为直角。也可以在调节框中直接输入角半径的值来改变角半径的大小。

单击"文本"的"颜色"选择框右侧按钮，可以改变文本的颜色，方法同背景色。

单击"边框"的"宽度"调节框右侧的上下三角形按钮，可以增加或减少文本域四周方框的宽度，设置范围为"0~10"。若设置为"0"，则无边框。也可以在其调节框中直接输入边框的值来改变边框的宽度。

单击"边框"的"样式"选择框右侧的按钮，可以选择"实心""双线"和"3D"样式。

只有在"边框"的"宽度"值不为 0 的情况下，才能对边框的"颜色"和"背景色"进行设置，方法同上。

（3）组态布局属性

单击选中生成的文本域，在巡视窗口中执行菜单命令"属性"→"属性"→"布局"，可以在窗口右边设置文本域的"位置和大小""边距"等（见图 11-4）。若勾选"使对象适合内容"选项，则文本域的边框不能通过鼠标的拖拽改变其大小，即为系统自动指定。

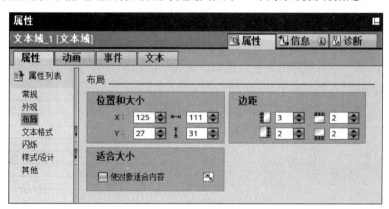

图 11-4 组态文本域的布局属性

单击"布局"的"位置和大小"中 X 轴和 Y 轴调节框右侧的上下三角形按钮，可以改变文本域在画面中的位置，通过调节"宽度"和"高度"调节框右侧的上下三角形按钮，可以改变文本域的左右或上下边框之间的距离。

单击"布局"的"边距"4 个调节框右侧的上下三角形按钮，可以改变文本域中的文本离左、右、上、下四个边框的距离。

（4）组态文本格式属性

单击选中生成的文本域，在巡视窗口中执行菜单命令"属性"→"属性"→"文本格式"，可以在窗口右边设置文本的"格式"和"对齐"方式（见图 11-5）。

单击"文本格式"的"格式"域中"字体"选项框右侧的按钮，出现字体的类型选项对话框（同图 11-1 的右图），可以更改字体的"字形"和"大小"等。

单击"文本格式"的"格式"域中"方向"选项框右侧的按钮，出现字体的方向选项对话框，可以设置的方向为垂直靠右、垂直靠左和水平。

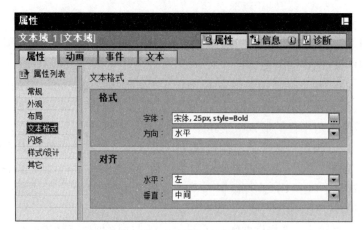

图 11-5　组态文本域的文本格式属性

单击"文本格式"的"对齐"域中"水平"选项框右侧的按钮🔽，出现字体对齐选项对话框，可以设置的方向为左、居中和右。

单击"文本格式"的"对齐"域中"垂直"选项框右侧的按钮🔽，出现字体对齐选项对话框，可以设置的方向为顶部、中间和底部。

（5）组态闪烁属性

单击选中生成的文本域，在巡视窗口中执行菜单命令"属性"→"属性"→"闪烁"，单击"闪烁"属性的"设置"选项框右侧的按钮🔽，可以设置闪烁的类型有"已禁用""已启用标准设置"。如果选择"已禁用"选项，则 HMI 在运行时，画面的此文本域静止不动；如果选择"已启用标准设置"选项，则 HMI 在运行时，画面中此文本域在当前组态的颜色字体和白色字体之间闪烁。

视频"静态文本组态"可通过扫描二维码 11-1 播放。

视频"动态文本的组态"可通过扫描二维码 11-2 播放。

11-1
静态文本组态

11-2
动态文本的组态

11.1.2　动态文本

1. 生成文本

打开 JibenDX_HMI 的项目"根画面"，将工具箱的"基本对象"窗格中的"文本域"拖拽到画面中适当的位置，松开鼠标后生成一个默认名称为"Text"的文本；或单击工具箱的"基本对象"窗格中的"文本域"按钮 A，然后将鼠标移到画面中适当的位置单击，同样生成默认名称的文本。将其文本内容修改为"动态文本"。

2. 组态属性

单击选中生成的"动态文本"，在巡视窗口中执行菜单命令"属性"→"动画"→"显示"。如果"根画面"处在"浮动"窗口状态，此时"巡视窗口"被隐藏，则右击"动态文本"选中"属性"，在打开的"属性"对话框中选中"动画"属性。从图 11-6 右边可以看出，动画类型主要有两种：显示和移动。

双击图 11-6 中"显示"文件夹下的"添加新动画"，再双击"添加动画"对话框中的"外观"（见图 11-7），或选中"外观"，按下"确定"按钮，然后再次按下"确定"按钮确认，选中图 11-8 中窗口左边出现的"外观"，在窗口右边组态"外观"的动画功能。

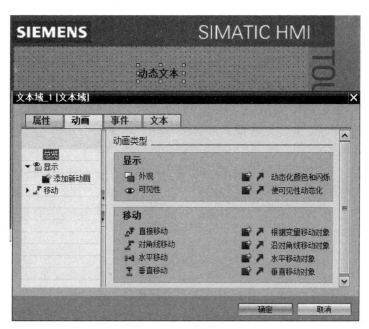

图 11-6 组态文本域的动画属性

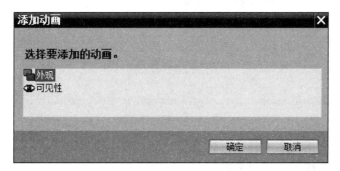

图 11-7 "添加动画"对话框

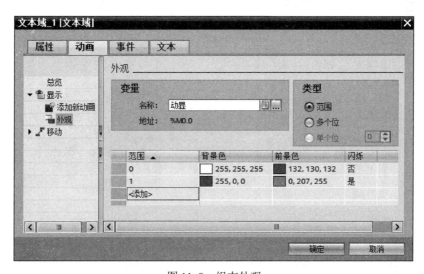

图 11-8 组态外观

单击图 11-8 中变量"名称"选项框右侧的按钮，在弹出来的 PLC 变量表（预先定义好变量）中选中 Bool 型变量"动显"，此时其地址 M0.0 自动显示在"名称"行下面。当 HMI 运行时，"动态文本"会随着变量"动显"状态的变化而变化。"动态文本"会发生怎样的变化，则需要在图 11-8 的"属性"选项卡中进行组态。

单击选中图 11-8 右边的"类型"域中的"范围"，在"范围"列下方空白行处双击，出现"0"，同时在"背景色"列、"前景色"列和"闪烁"列出现系统默认设置。再次双击"范围"列下方空白行，此时出现"1"，同时在"背景色"列、"前景色"列和"闪烁"列出现系统默认设置。根据需要将范围为"0"和"1"时的"背景色"和"前景色"均改为需要的颜色。如果需要"闪烁"功能，则在相应范围后的"闪烁"列选择"是"。若按图 11-8 所示组态动画，则在 HMI 运行时，"动态文本"在变量"动显"为"0"状态时，"背景色"为白色，"前景色"为灰色，文本不闪烁；当"动态文本"在变量"动显"为"1"状态时，"背景色"为红色，"前景色"为浅蓝色，文本不断闪烁。

可以用变量仿真器来仿真，选中"项目树"中的 HMI_1，执行菜单命令"在线"→"仿真"→"使用变量仿真器"，启动变量仿真器，如图 11-9 所示，在变量仿真器中添加"动显"变量，勾选该变量行中的"开始"复选框，在"设置数值"列输入"1"，则仿真器的"动态文本"在红色和浅蓝色之间闪烁。

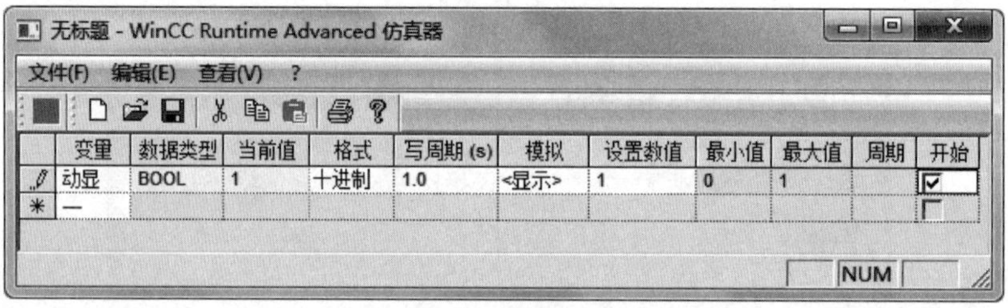

图 11-9　变量仿真器

双击图 11-6 中"显示"文件夹下的"添加新动画"，再双击"添加动画"对话框中的"可见性"（见图 11-7），或选中"可见性"，按下"确定"按钮，然后再次按下"确定"按钮确认，选中图 11-10 中窗口左边出现的"可见性"，在窗口右边组态可见性的动画功能。

图 11-10　组态可见性

单击图 11-10 中"过程"域中"变量"选项框右侧的按钮[...]，在弹出来的 PLC 变量表（预先定义变量）中选中 Bool 型变量"可见"，可将"范围"设置从"0"到"1"（是 Bool 型变量，范围只有"0"和"1"）。在图 11-10 中窗口右边的"可见性"选项中选中"可见"。上述可见性的设置表明：当变量"可见"为"0"状态时，"动态文本"不可见；当变量"可见"为"1"状态时，"动态文本"可见。若图 11-10 窗口右边的"可见性"选项中选中"不可见"，"范围"设置不变，则显示情况与选择"可见"相反。

11-3
指示灯的组态

视频"指示灯的组态"可通过扫描二维码 11-3 播放。

11.2　指示灯的组态

工业控制系统中常用指示灯的亮灭来表明某个机构或元件的动作状态，或过程值是否超出限制，或用来报警指示等。西门子触摸屏在库中集成有多个画面对象，如按钮、开关和指示灯等，读者可以打开使用，在此介绍使用"基本对象"中的"圆"来组态项目中的指示灯。

打开 JibenDX_HMI 的项目"根画面"，将工具箱的"基本对象"窗格中的"圆"拖拽到画面中合适位置，松开鼠标后生成一个圆。或单击工具箱的"基本对象"窗格中的"圆"按钮，然后将鼠标移到画面中合适位置单击，便可生成一个圆。

单击选中生成的"圆"，在巡视窗口中执行菜单命令"属性"→"动画"。如果"根画面"处于"浮动"窗口状态，此时"巡视窗口"被隐藏，则右击"圆"选中"动画"，便可打开属性的"动画"选项卡（见图 11-11）。

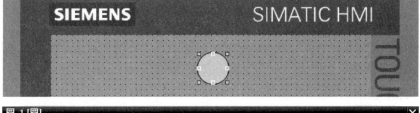

图 11-11　组态圆对象（指示灯）动画属性

参照"动态文本"的动画属性组态方法，添加一个外观动画，外观关联的变量名称设置为"电动机运行指示"，地址 M2.0 自动添加到地址栏。将"类型"选择为"范围"，组态颜色设置如下："0"状态的"背景色"和"边框颜色"采用默认颜色，"1"状态的"背景色"和"边框颜色"均选择为绿色（用于运行状态的指示灯组态时一般都采用绿色）。

11.3 案例 23 电动机的连续运行控制

11.3.1 目的

1）掌握文本域的组态。
2）掌握指示灯的组态。
3）掌握画面的组态及变量的生成。

11.3.2 任务

使用 S7-1200 PLC 和精简系列面板 HMI 实现电动机的连续运行。控制要求：分别按下控制柜上起动和停止按钮，分别能实现电动机连续运行的起动和停止控制，同时在 HMI 中组态两个画面，其一为欢迎画面（画面内容由读者自行设计），其二为电动机运行监控画面。在监控画面中组态两个指示灯，其一为电动机运行指示灯，其二为电动机过载报警指示灯（当电动机过载时报警指示灯闪烁，直至按下停止按钮）。

11.3.3 步骤

1. 硬件及网络组态

首先创建一个新项目，选择 PLC 和 HMI，将其通过以太网相连接，注意组态时的 IP 地址要与实际设备的 IP 相同。

2. 编写 PLC 程序

在 PLC 的变量表中创建图 11-12 中的变量，并打开 Main[OB1]编辑窗口，编写如图 11-12 所示电动机连续运行程序。

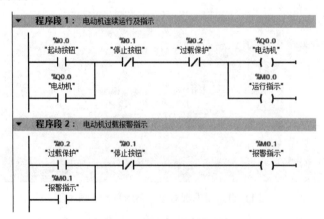

图 11-12 电动机连续运行程序

3. 生成 HMI 变量

双击"项目树"下"HMI_1\HMI 变量"文件夹中的"默认变量表[0]"，打开变量编辑器

（见图 11-13）。单击变量表的"连接"列单元中被隐藏的按钮...，选择"HMI_连接_1"（HMI设备与 PLC 的连接）。

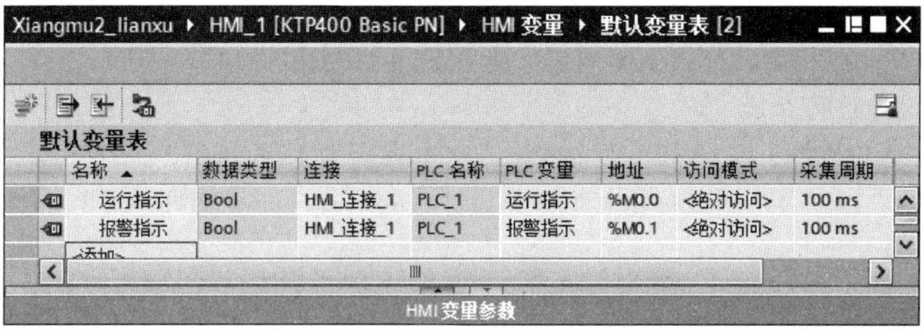

默认变量表

	名称 ▲	数据类型	连接	PLC 名称	PLC 变量	地址	访问模式	采集周期
◨	运行指示	Bool	HMI_连接_1	PLC_1	运行指示	%M0.0	<绝对访问>	100 ms
◨	报警指示	Bool	HMI_连接_1	PLC_1	报警指示	%M0.1	<绝对访问>	100 ms

Xiangmu2_lianxu ▶ HMI_1 [KTP400 Basic PN] ▶ HMI 变量 ▶ 默认变量表 [2]

HMI 变量参数

图 11-13　HMI 变量表

双击默认变量表"名称"列第一行，组态变量的"名称"为"运行指示"，"数据类型"为"Bool"，"地址"为"M0.0"，"访问模式"为"绝对访问"，"采集周期"为"100ms"。在此，名称为"报警指示"的变量将在组态报警指示灯元件时生成，详细介绍见下面"组态 HMI 画面"中内容。

4. 组态 HMI 画面

（1）组态欢迎画面

HMI 在接通电源时显示的是"根画面"，即初始画面，而画面切换是通过切换按钮进行的。

在欢迎画面中主要组态文本域，如项目名称、设计者、设计单位、设计时间、当前时间和日期等。本项目的欢迎画面中只要求组态项目名称、设计者、设计时间等文本域。

右击"项目树"下"HMI_1\画面"文件夹中的"画面_1"，在弹出的快捷菜单中执行"重命名"命令，将默认名称"画面_1"更改为"欢迎画面"。双击打开"欢迎画面"组态窗口，在此窗口中组态文本域。

1）组态案例名称。

单击并按住工具箱基本对象中的"文本域"按钮**A**，将其拖至欢迎画面组态窗口，然后松开鼠标，生成默认名称为"Text"的文本，然后双击文本"Text"将其修改为"电动机连续运行"。在巡视窗口中执行菜单命令"属性"→"属性"→"文本格式"，将其字号改为"23"号、"粗体"，"背景颜色"请读者自行设计，在此采用默认色（见图 11-14）。如果在"属性"窗口左侧显示的是"属性页"（以页的形式显示），也可以在其文本格式中进行字体、字号的修改。单击"属性页"按钮，可以切换到"属性列表"显示方式。

图 11-14　欢迎画面

将文本内容"电动机连续运行"通过鼠标拖拽的方式拖到欢迎画面的正中间。

2）组态设计者。

用组态案例名称的方法组态一个文本域，文本内容为"设计者：王组屏"，将其"字号"更改为"19"号，用鼠标将其拖拽到案例名称的正下方（见图 11-14）。

3）组态设计时间。

用组态案例名称的方法组态一个文本域，文本内容为"设计时间：2022 年 10 月"，将其"字号"更改为"19"号，用鼠标将其拖拽到设计者的下方，与其左对齐（见图 11-14）。

（2）组态监控画面

1）生成监控画面。

添加 HMI 设备时，系统会自动生成一个画面，默认名称为"画面_1"，此画面默认为初始画面，目前已将初始画面组态为欢迎画面。案例要求组态两个画面，则必须添加一个画面。双击"项目树"下"画面"文件夹中的"添加新画面"，在工作区出现一个新的画面，画面被自动指定一个默认的名称"画面_1"，同时在"项目树"的"画面"文件夹中将会出新的画面。右击"画面_1"，在弹出的快捷菜单中执行"重命名"命令，将其名称更改为"监控画面"。

2）组态监控画面。

按组态案例名称的方法组态一个文本域，文本内容为"电动机连续运行监控画面"，字号为"23"号、"粗体"。通过鼠标将其拖至监控画面的中间；用同样的方法再生成两个文本域，文本内容分别为运行指示灯、报警指示灯，文本字号均为"15"号、"粗体"（见图 11-15）。

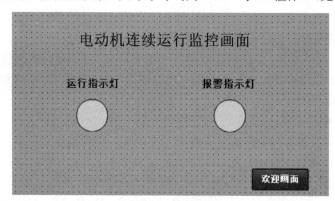

图 11-15　监控画面

打开监控画面，将工具箱的"基本对象"窗格中的"圆"拖拽到画面中适合位置，松开鼠标后生成一个圆。此时，圆四周出现 8 个小正方形，当鼠标的光标移到圆的边框上及内部时会变为十字箭头✥，按住左键并移动鼠标，将选中的圆拖拽到希望并允许放置的位置。同时出现的"x/y"是圆的新位置的坐标值，"w/h"是圆的直径值。松开鼠标左键，"圆"被放在当前的位置。

单击"圆"，圆四周出现 8 个小正方形，用鼠标左键选中某个角的小正方形，鼠标的箭头变为 45°的双向箭头（选中左上角和右下角时双向箭头为↖，或选中左下角和右上角时双向箭头为↗），按住左键并移动鼠标，可以同时改变圆的直径大小。将选中的圆缩放到希望的大小后松开鼠标左键，圆被整体扩大或缩小，将本案例中的圆拖拽至图 11-15 中所示的大小。

单击选中生成的"圆"，在巡视窗口中执行菜单命令"属性"→"动画"。"监控画面"如处于"浮动"窗口状态，此时"巡视窗口"被隐藏，则右击"圆"选中"动画"，便可打开"圆"

的属性中的"动画"对话框。

参照"动态文本"的动画属性组态方法（见 11.1.2 节），添加一个外观动画，外观关联的变量名称为"电动机运动指示"，地址 M0.0 被自动添加上去。类型选择为"范围"，组态颜色设置如下："0"状态的"背景色"和"边框颜色"采用默认颜色，"1"状态的"背景色"和"边框颜色"均设置为绿色。

到此，电动机的"运行指示灯"已经组态完毕。按照与组态"运行指示灯"类似的方法，组态报警指示灯，它与"运行指示灯"的区别在于：当"范围"为"0"时"背景色"设置为白色，"边框颜色"设置为"红色"，"闪烁"列设置"是"。即当电动机发生过载时，"报警指示灯"变为红色，而且不断闪烁，以警示操作人员。

3）画面的切换。

打开欢迎画面，将"项目树"下"画面"文件夹中的"监控画面"拖拽到工作区的"欢迎画面"的右下角，在"欢迎画面"的右下角处便会自动生成标有"监控画面"的按钮（见图 11-14）。选中该按钮，在巡视窗口中执行菜单命令"属性"→"事件"→"单击"，可以看到在出现"单击"事件时，将调用自动生成的系统函数"激活屏幕"，画面名称为"监控画面"，对象号为"0"（见图 11-16）。对象号是指画面切换后在指定画面中获得焦点的画面对象的编号。

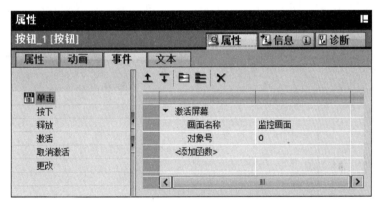

图 11-16　组态画面切换按钮

打开画面，将"项目树"下"画面"文件夹中的"欢迎画面"拖拽到工作区的监控画面的右下角，在"监控画面"的右下角处便会自动生成标有"欢迎画面"的按钮（见图 11-15）。HMI 在运行时若按下该按钮，则 HMI 画面立即切换到"欢迎画面"。

（3）定义项目起始画面

如果一个项目有多个画面，用户若想改变 HMI 启动后运行的初始画面，或在组态画面时误将"起始画面"删除，再添加新的画面时又不是"起始画面"，这时则需要重新定义"起始画面"。如果没有定义"起始画面"，则在编译画面时将报错，即 HMI 中必须有一个"起始画面"。

双击"项目树"下 HMI_1 文件夹中的"运行系统设置"，选中工作区窗口左边的"常规"，通过窗口右边的参数来设置启动系统时作为"起始画面"的画面（见图 11-17）。也可以右击"项目树"中的某个画面，或打开某个画面后右击画面工作区，然后执行出现的快捷菜单的命令"定义为初始画面"，将它定义为"启动画面"，即"起始画面"。

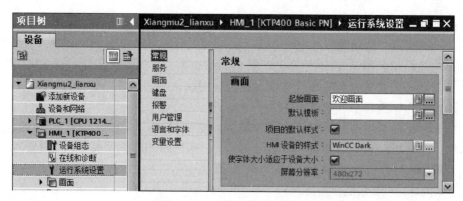

图 11-17 定义"起始画面"

视频"画面切换的方法与初始画面的定义"可通过扫描二维码 11-4 播放。

5. 仿真调试

选中"项目树"中的 PLC_1 设备，单击工具栏上的"启动仿真"按钮██，启动 S7-PLCSIM 仿真器，将程序下载到仿真 PLC 中。

单击 PLC 程序编辑区中的"启用/禁用监视"按钮██，使程序处于监控状态下。单击 S7-PLCSIM 的精简视图工具栏上的"切换到项目视图"按钮██，切换到 S7-PLCSIM 的项目视图（见图 11-18）。

图 11-18 案例 23 的 S7-PLCSIM 仿真表

执行菜单命令"项目"→"新建"，或单击工具栏上的创新项目按钮██，在弹出的"创建新项目"对话框中输入案例名称"Xiangmu2_lianxu"和保存路径"D:\项目"，单击"创建"按钮创建新的仿真项目。双击项目视图中"项目树"下"SIM 表格"文件夹中的"SIM 表格_1"，打开该仿真表（见图 11-18）。单击表格的空白行"名称"列隐藏的按钮██，再单击选中出现的变量列中的某个变量，该变量将出现在仿真表中。在仿真表中生成 PLC 变量表中所有变量。

选中"项目树"中的 HMI_1 设备，单击工具栏上的"启动仿真"按钮██，启动 HMI 运行系统仿真。编译成功后，出现的仿真面板的"根画面"，即"欢迎画面"。

单击"欢迎画面"上的界面切换按钮"监控画面"，观察是否能切换到"监控画面"，再单击"监控画面"上的界面切换按钮"欢迎画面",观察是否能切换到"欢迎画面"。

单击图 11-18 中"位"列的"起动按钮:P"变量行中小方框,此时小方框内出现勾,表示该位变量被修改为"1",PLC 程序的"电动机"线圈 Q0.0 和"运行指示"线圈 M0.0 接通,此时仿真表的"监视/修改值"列均变为"TRUE",观察仿真面板上监控画面中的"运行指示灯"是否变为"绿色"?再次单击"位"列的"起动按钮:P"变量行中小方框,使其小方框内的勾消失,模拟起动按钮的释放。

按照上述方法,按下"停止按钮",电动机停止运行,此时"运行指示灯"是否变成白色?用与上述同样方法,使停止按钮释放。

单击图 11-18 中"位"列的"过载保护:P"变量行中小方框,此时小方框内出现勾,表示该位变量被修改为"1",PLC 程序的"报警指示"线圈 M0.1 接通,观察仿真面板上"监控画面"中的"报警指示灯"是否变为"红色"且不断闪烁?用与上述同样方法,使过载保护小方框内的勾消失,模拟过载保护继电器复位。再次按下"停止按钮",表示报警确认,此时"报警指示灯"是否变成白色?用与上述同样的方法,使停止按钮释放。

11.3.4 训练

两台电动机的连续运行控制。控制要求:使用 S7-1200 PLC 和精简系列面板 HMI 共同实现两台电动机的独立连续运行控制,在控制柜上分别设置两台电动机的起动和停止按钮,在 HMI 上设计两个画面,分别为"欢迎画面"和"监控画面"。其中"监控画面"上设置四个指示灯,分别用于指示两台电动机的"正常运行指示"和"过载报警指示",电动机发生过载报警时,其相应指示灯不断闪烁,直至按下发生过载那台电动机的停止按钮为止。

11.4 习题与思考

1. 如何生成"文本域"?
2. 如何更改"文本域"中的文本内容?
3. 如何在"文本域"中输入跨行的文本内容?
4. 如何更改"文本域"中文本的字号?
5. 如何添加对象的"外观"动画?
6. 如何设置对象的"可见度"?
7. 对象的"移动"动画类型有哪些?
8. 如何显示"库对象"?
9. 如何打开"库视图"?
10. 库总览窗口中显示对象的方式有哪些?
11. 如何通过库对象组态指示灯?
12. 如何使用"基本对象"组态指示灯?
13. 多个图形对象的"对齐"方式有哪些?
14. 如何将多个对象组合成一个对象?
15. 如何在画面中同时选中多个对象?

第12章　元素的组态

在工程应用中，触摸屏中"元素"类对象的使用最为广泛，既能为控制系统提供执行指令，也能实时动态显示控制系统中某些过程数据。本章主要介绍"元素"窗格中的按钮、开关、I/O 域、符号 I/O 域、滚动条、棒图及量表等对象的生成及组态过程。

12.1　按钮的组态

12.1.1　文本按钮

按钮是自动控制系统必不可少的元件之一，而在触摸屏上文本按钮也使用得最多。文本按钮在触摸屏上显现的样式是矩形，并以文本加以标注。

1. 生成文本按钮

打开 TIA Portal V16 软件，创建一个名称为 YuansuDX_HMI 的项目，添加一个名称为 PLC_1 的 PLC 站点，再添加一个名称为 HMI_1 的 HMI 站点，并组态好连接，在 PLC 和 HMI 中分别创建两个变量"HMI 起动"和"HMI 停止"。在打开的画面编辑器的右侧工具箱的"元素"窗格中，将"按钮"拖拽到画面工作区中，伴随它一起移动的小方框中的"x/y"是按钮左上角这个点在画面中 x 轴、y 轴的坐标值，"w/h"是按钮的宽度和高度值，均以像素（px）为单位。松开鼠标左键，生成一个默认名称为"Text"、默认尺寸的按钮；或单击"元素"窗格中"按钮"图标 ▉，在画面工作区中某一处单击并按住鼠标，然后在画面工作区中朝任意方向拖拽，松开鼠标左键后生成一个按钮。

（1）调节按钮的位置

单击新生成的"Text"按钮，按钮四周出现 8 个小正方形，当鼠标的光标移到按钮的边框上及内部时会变为十字箭头 ✥（见图 12-1a 左图），按住左键并移动鼠标，将选中的按钮拖到希望并允许放置的位置（见图 12-1a 右边的浅色按钮所在位置）。同时出现的"x/y"是按钮新的位置的坐标值，"w/h"是按钮的宽度和高度值，松开左键后按钮被放在当前的位置。

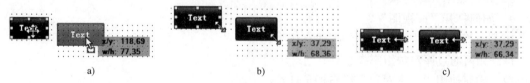

a)　　　　　　　　　　　b)　　　　　　　　　　　c)

图 12-1　"按钮"对象的移动与缩放

（2）调节按钮的大小

单击图 12-1b 左边的"Text"按钮，按钮四周出现 8 个小正方形，用鼠标左键选中某个角的小正方形，鼠标的箭头变为 45°的双向箭头（选中左上角和右下角时双向箭头为↖↘，选中右上角和左下角时双向箭头为↙↗），按住左键并移动鼠标，可以同时改变按钮的长度和宽度。将选中的按钮拖拽到希望的大小后松开左键，按钮被整体扩大或缩小，如图 12-1b 右图所示的大小。

用鼠标左键选中按钮四条边上中点的某个小正方形，鼠标的光标会变为水平方向双向箭头↔或垂直方向双向箭头↕（见图 12-1c 的左图），按住左键并移动鼠标，将选中的按钮沿水平或垂直方向拖动到希望的大小后松开左键，按钮被水平或垂直扩大或缩小，如图 12-1c 右图所示的大小。

2. 组态文本按钮的属性

单击工作区中的"Text"按钮，在"Text"按钮的巡视窗口中执行菜单命令"属性"→"属性"，可以组态（或称设置）按钮的诸多属性（见图 12-2），如常规、外观、填充样式、设计、布局、文本格式、样式设计、其他和安全等。如果画面处在"悬浮"状态，可选中"Text"按钮后右击选择"属性"选项，打开按钮属性对话框。

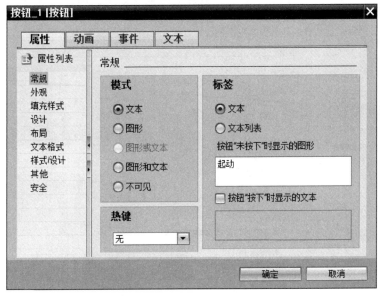

图 12-2　组态按钮"常规"属性

（1）更改文本按钮名称

在按钮对话框中执行菜单命令"属性"→"属性"→"常规"，可以设置按钮的模式（如文本、图形和不可见等，见图 12-2），在此设置按钮的"模式"为"文本"。

在"标签"域有两个选项，只能选择其中的一个选项。单击单选框中的小圆圈或它右侧的文字，小圆圈中出现一个圆点，表示该选项被选中。单击单选框的另一个选项，原来被选中的选项左侧小圆圈中的圆点消失，新的选项被选中。在"按钮'未按下'时显示的图形"下方的框中输入"起动"，表示该按钮"未按下"时显示的文本为"起动"。

单击图 12-2 中"按钮'按下'时显示的文本"左侧的小方框，该方框变为☑，其中出现的"√"表示选中（即勾选）了该选项，或称该选项被激活。再次单击它，其中的"√"消失，表示未选中该选项（激活被取消）。因为可以同时选中多个这样的选项，所以将这样的小方框称为复选框或多选框。如果选中该复选框，可以分别设置"未按下"时和"按下"时显示的文本。

未选中该复选框时，"按下"和"未按下"时按钮上显示的文本相同，一般采用默认的设置，即不勾选该复选框。

还可以通过以下方法更改按钮的名称（也称为按钮的"标签"）：双击要更改名称的"按钮"对象，鼠标的光标变成"I"形指针，同时按钮对象的原名称底色将变为蓝色时，可直接输入按钮的新名称。

 注意： 按钮的名称与变量的名称不需要相同。

（2）设置文本按钮的"热键"功能

KTP 400 面板有 4 个功能键 F1～F4，单击图 12-2 中"热键"区域中的按钮，在打开的对话框中单击按钮，在打开的列表中选择其中一个功能键（见图 12-3），如"F1"，按下确认按钮以确认，当 HMI 运行时标有"F1"的功能键具有和"起动"按钮相同的功能。如果想删除热键功能，则单击图 12-3 左下角的"删除设置并关闭对话框"按钮。

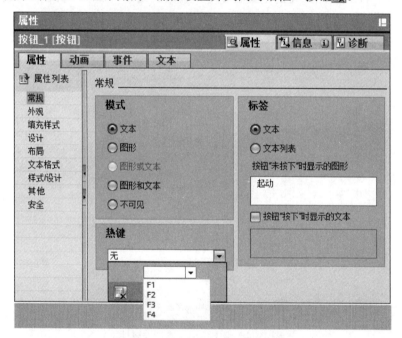

图 12-3　组态按钮的"热键"功能

（3）文本按钮的其他属性

文本按钮的"外观""填充样式""设计""布局""文本格式""字体"等属性，相对来说都比较易于组态，请读者自行打开其窗口进行组态学习。

3. 组态文本按钮的事件功能

在画面中生成按钮对象后，除了组态按钮的基本属性外，若想使按钮起到操作的作用，必须组态按钮的"事件"功能，即按钮对象与相应"变量"相关联或操作时按钮对象与所对应的"系统函数"相关联。

选中按钮对象，在巡视窗口中执行菜单命令"属性"→"事件"，其中按钮对象相关操作的事件包括单击、按下、释放、激活、取消激活和更改等。如按钮被"按下"时有相应事件功能与之对应，而被"释放"后无相应事件功能，则选中组态"单击"事件功能便可（如每操作一次某外部变量的值增加或减少某一数值或复位等）；按钮被"按下"和"释放"时对应的事件功能不一致，则需要分别组态"按下"和"释放"事件功能等。

　　一般 HMI 画面中的"起动"按钮的功能是：当其被按下时起动某个执行机构，如电动机，即让某个变量为"ON"，如 M0.0，释放该按钮后，使得变量 M0.0 为"OFF"；"停止"按钮的功能是：当其被按下时某个机构（如电动机）停止运行，即让某个变量为"ON"，如 M0.1，释放该按钮后，使得变量 M0.1 为"OFF"。根据上述要求其"事件"功能组态如下：单击画面中的"起动"按钮，在巡视窗口中执行菜单命令"属性"→"事件"→"按下"（见图 12-4），单击窗口右边的表格最上面一行，再单击它的右侧出现的按钮▼（在单击之前它是隐藏的），在出现的"系统函数"列表中选择"编辑位"文件夹中的"置位位"（见图 12-5）。上述操作表示当按钮按下时，与其关联的位变量将被置为"1"。

图 12-4　组态按钮的"系统函数"

　　单击图 12-5 列表中第 2 行，在出现的方框中单击右侧的按钮 ... 弹出 HMI 中的默认变量表（见图 12-6），双击表中的变量"HMI 起动"，或选中变量后单击"确认"按钮 ✓以确认，选择好变量后"事件"选项卡如图 12-7 所示。在 HMI 运行时，按下该按钮，将变量"HMI 起动"置位为 1。

图 12-5　组态按钮"置位位"函数

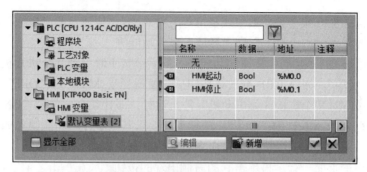

图 12-6　HMI 中的默认变量表

图 12-7　组态按钮的"按下"事件

用同样的方法，在巡视窗口中执行菜单命令"属性"→"事件"→"释放"，组态按钮的"释放"事件，而它与按下事件组态的区别是选中"复位位"（见图 12-8）。在 HMI 运行时，释放该按钮，将变量"HMI 起动"复位为 0。

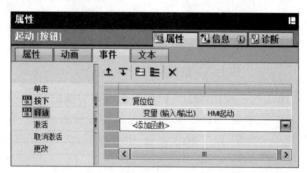

图 12-8　组态按钮的"释放"事件

通过以上操作"起动"按钮的"事件"功能已组态完成，用类似操作组态"停止"按钮的"事件"功能，它与"起动"按钮组态的区别是应选择不同的位变量，其他操作相同。

视频"文本按钮的组态"可通过扫描二维码 12-1 播放。

12-1
文本按钮的组态

12.1.2　图形按钮

1. 生成图形按钮

在 HMI 画面中有时为了更加形象地表示按钮的作用，常常将按钮组态为图形样式。在此通过图形按钮增减某个变量的值，单击一次将该变量的值增加或减少 1。将工具箱的"按钮"对象拖拽到画面工作区，用鼠标调节按钮的位置和大小。单击选中放置的按钮，在巡视窗口中执行菜单命令"属性"→"属性"→"常规"，将按钮模式设置为"图形"（见图 12-9）。

图 12-9　图形按钮的"常规"属性组态

　　单击选中"图形"域中的"图形"单选按钮，单击"按钮'未按下'时显示的图形"选择框右侧按钮，选中出现的图形对象列表中的某个图形，如向下箭头（见图 12-9），列表的右侧是选中图形的预览。单击"确认"按钮，返回按钮的巡视窗口。在该按钮上会出现一个向下的三角形箭头的图形（即由原来的文本按钮变为图形按钮）。如果未激活"按钮'按下'时显示的图形"复选框，按钮"按下"时与"未按下"时显示的图形相同。

2. 组态图形按钮

　　单击选中画面中的图形按钮，在巡视窗口中执行菜单命令"属性"→"事件"→"单击"（见图 12-10），单击视图窗口右边表格的最上面一行，再单击它的右侧出现的按钮，在出现的"系统函数"列表中选择"计算脚本"文件夹中的函数"减少变量"。单击下面的"变量"行，再单击它的右侧出现的按钮，在弹出的 HMI 的变量中选择变量，如温度。单击下面的"值"行，将默认值更改为需要的值，在此采用默认值"1"。

图 12-10　图形按钮的"事件"功能组态

用上述"组态图形按钮"类似的方法，组态一个向上的三角形箭头图形按钮，或选中向下的三角形图形按钮再复制一个，然后将其图形更改为向上的三角形箭头。将"系统函数"更改为"增加变量"，每按一次增加值仍设置为"1"。

读者可通过启动"使用变量仿真器"进行仿真，观察每按一次向上或向下的三角形图形按钮，温度值是否增加或减少数值 1。

可以使用图形按钮来设置某个变量的值。使用上述方法，组态一个图形按钮，当单击该按钮时，对某一个变量进行赋值，如 0（清零或复位）、100（恢复初始值）等。在组态事件时，在"系统函数"列表中选择"计算脚本"文件夹中的函数"设置变量"，在"值"行设置某一个数值。

也可以使用图形按钮来更改触摸屏的显示亮度。组态图形按钮事件时，在"系统函数"列表中选择"系统"文件夹中的函数"设置亮度"，在"值"行设置一个整数值，如"80"，表示单击该按钮时屏的亮度值为 80%。

 注意： 设置触摸屏的亮度时不能通过仿真来实现屏的亮度调节。

视频"图形按钮的组态"可通过扫描二维码 12-2 播放。

12-2
图形按钮的组态

12.2　开关的组态

在触摸屏组态画面中，开关是一种基于"Bool"型变量的输入/输出的对象，在触摸屏中常用图形或文本显示位变量的值，或单击它时用来切换所连接的位变量的状态，如控制系统操作模式的切换（如"手动"和"自动"状态的切换、"点动"和"连续"状态的切换等）。

12.2.1　文本切换开关

将工具箱的"元素"窗格中的"开关"对象拖拽到某个画面中，通过鼠标拖拽到适合位置及大小（见图 12-11 左图），它的外形和按钮相似，开关上右侧显示的默认文本为 OFF，当开关动作后，开关上左侧显示的默认文本是 ON。

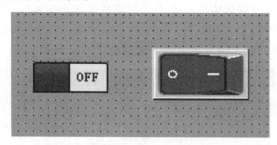

图 12-11　文本切换开关和图形切换开关

选中画面中的开关，在巡视窗口中执行菜单命令"属性"→"属性"→"常规"（见图 12-12），将"模式"中的"格式"设置为"通过文本切换"。将"过程"域中所连接的"变量"设置为 PLC 中的变量，如"文本开关变量 0"（M4.2）。在"文本"域中可以更改开关"ON"状态和"OFF"状态所对应的文字标识。在此，将"ON"状态默认文本更改为"起动"，"OFF"状态默认文本更改为"停止"。使用提示性标识文本不容易因误操作而引起事故的发生。

注意： 开关的组态，不需要用户组态在发生"单击"事件时所执行的系统函数。

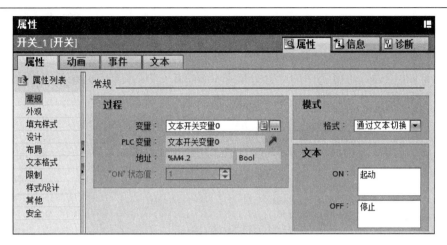

图 12-12　文本开关的"常规"属性组态

在巡视窗口中执行菜单命令"属性"→"属性"→"布局"（见图 12-13），在"布局"窗口中可以设置开关的"位置和大小""文本边距"等属性。

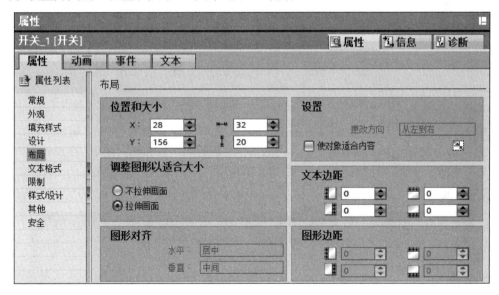

图 12-13　文本开关的"布局"属性组态

启动变量仿真器，开关上面显示的文本是"停止"，开关所对应的变量是"0"状态。当第一次单击开关时，开关所对应的变量是"1"状态，显示的文本是"起动"。每单击一次开关，开关上面的文本就会在"起动"和"停止"之间切换一次，变量"文本开关变量 0"（M4.2）也在"1"状态和"0"状态之间切换。

通过文本切换的开关，其外形和文本按钮外形相同，操作后的状态和"文本列表按钮"操作后状态相同。如果在"常规"属性中将模式设置为"开关"，则显示的样式同图 12-11 中左图一样（可以在常规属性的标签栏中对"ON"和"OFF"状态对应的标签进行更改）。建议读者使用"开关"模式的开关，否则容易与"按钮"混淆。

视频"文本开关的组态"可通过扫描二维码 12-3 播放。

12-3
文本开关的组态

12.2.2　图形切换开关

打开全局库中"**Buttons-and-Switches**"（按钮和开关）文件夹中的"**ToggleSwitches**"（切换开关）库（见图 12-14），将其中的"**Toggle_Horizontal_G**"（水平方向绿色切换开关）拖拽到"根画面"中（见图 12-11 右图）。

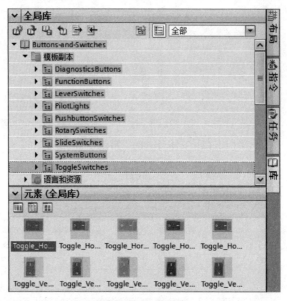

图 12-14　全局库

选中生成的切换开关，再在巡视窗口中执行菜单命令"属性"→"属性"→"常规"（见图 12-15），或右击生成的切换开关，然后选中"属性"，打开属性窗口。在属性窗口中可以设置连接的变量为 PLC 中的变量，如"图形开关变量 1"（M4.3），组态开关的"模式"为"通过图形切换"。

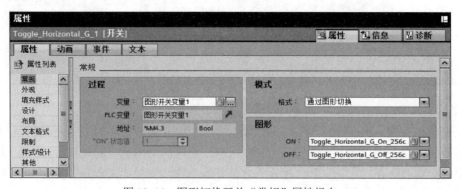

图 12-15　图形切换开关"常规"属性组态

在"图形"域中"ON："的选择框中显示系统默认选项"Toggle_Horizontal_G_On_256c"（水平方向绿色切换开关 ON）；在"图形"域中"OFF："的选择框中显示系统默认选项"Toggle_Horizontal_G_Off_256c"（水平方向绿色切换开关 OFF），单击"图形"域"ON："选择框右侧的按钮▼，可以打开图形开关"ON"和"OFF"状态下显示的图形选择框（见图 12-16）。

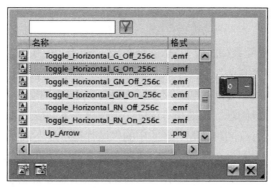

图 12-16　图形开关在"ON"和"OFF"状态下显示的图形选择框

一般情况下图形开关在"ON"和"OFF"状态下显示的图形会采用系统默认图形，当然也可以更改为其他图形。单击"图形"域中"ON："选择框右侧的按钮 ，出现图形对象列表对话框（见图 12-17 右下角的小图），在该对话框中单击左下角的"从文件创建新图形"按钮 ，在出现的"打开"对话框中双击保存的图形文件"ON 开.png"，在图形对象列表中将增加该图形对象，此时关闭图形对象列表对话框，"ON："选择框出现"ON 开"。

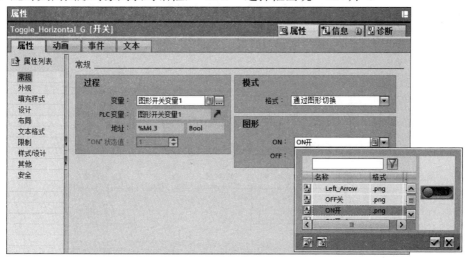

图 12-17　修改图形开关"ON"和"OFF"状态下显示的图形

用同样的方法，用"OFF："选择框导入并选中图形"OFF 关"，这两个图形分别对应于"图形开关变量 1"的"1"状态和"0"状态。

视频"图形开关的组态"可通过扫描二维码 12-4 播放。

12-4
图形开关的组态

12.3　案例 24　车床主轴电动机的点连复合运行控制

12.3.1　目的

1）掌握按钮的组态。

2）掌握开关的组态。

12.3.2　任务

使用 S7-1200 PLC 和精简系列面板 HMI 实现车床主轴电动机的点连复合运行控制。控制要求：通过设置在 HMI 画面中的"开关"实现车床主轴电动机的点动或连续运行工作模式的切换，若处在"点动"工作模式下，按下 HMI 画面中的"起动"按钮，车床主轴电动机实现点动运行，同时 HMI 画面中的"运行指示灯"秒级闪烁；若处在"连续"工作模式下，按下 HMI 画面中"起动"按钮，车床主轴电动机实现连续运行，同时 HMI 画面中的"运行指示灯"常亮，按下 HMI 画面中的"停止"按钮，车床主轴电动机立即停止运行。同时，在车床主轴电动机连续运行时，若切换"开关"状态，"开关"状态也不会发生变化，只有在主轴电动机停止运行后方能切换"开关"状态。

12.3.3　步骤

1. 硬件及网络组态

首先创建一个新项目，选择 PLC 和 HMI，将其通过以太网相连接，注意组态时的 IP 地址要与实际设备的 IP 地址相同。

2. 编写 PLC 程序

在 PLC 的变量表中创建图 12-18 中的变量，并打开 Main[OB1]编辑窗口，编写如图 12-18 所示控制程序。

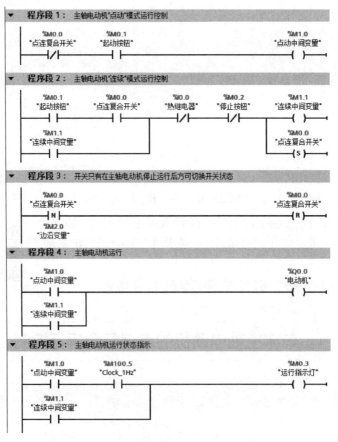

图 12-18　车床主轴电动机点连复合运行控制程序

3. 生成 HMI 变量

双击"项目树"下"HMI_1\HMI 变量"文件夹中的"默认变量表[0]",打开变量编辑器(见图 12-19)。单击变量表的"连接"列单元中被隐藏的按钮,选择"HMI_连接_1"(HMI 设备与 PLC 的连接),并生成以下变量:点连复合开关、起动按钮、停止按钮、电动机、运行指示灯。

	名称 ▲	连接	PLC 名称	PLC 变量	地址	访问模式	采集周期	
	点连复合开关	HMI_连接_1	PLC_1	点连复合开关	%M0.0	<绝对访问>	100 ms	
	起动按钮	HMI_连接_1	PLC_1	起动按钮	%M0.1	<绝对访问>	100 ms	
	停止按钮	HMI_连接_1	PLC_1	停止按钮	%M0.2	<绝对访问>	100 ms	
	电动机	HMI_连接_1	PLC_1	电动机	%Q0.0	<绝对访问>	100 ms	
	运行指示灯	HMI_连接_1	PLC_1	运行指示灯	%M0.3	<绝对...>	100 ms	

图 12-19　HMI 变量表

4. 组态 HMI 画面

在此案例中,只需要组态一个 HMI 画面。双击"项目树"下"HMI_1\画面"文件夹中的"根画面",打开"根画面"组态窗口。

(1)组态案例名称

单击并按住工具箱基本对象中的"文本域"按钮 A,将其拖至"根画面"组态窗口的正中间,然后松开鼠标,生成默认名称为"Text"的文本,然后双击文本"Text"将其更改为"车床主轴电动机点连复合运行控制"。在巡视窗口中执行菜单命令"属性"→"属性"→"文本格式",将其字号改为"23 号""粗体""背景"颜色请读者自行设计,在此采用默认色(见图 12-20)。

图 12-20　HMI 组态画面

(2)组态切换开关

在此案例中,点连复合工作模式切换开关采用文本开关。将工具箱的"元素"窗格中的"开关"对象拖拽到某个画面中,通过鼠标拖拽到合适位置及大小(见图 12-20),可参考 12.2.1 节中的内容进行切换开关的相关组态。

单击画面中生成的开关,在巡视窗口中执行菜单命令"属性"→"属性"→"常规"(见图 12-21),设置"模式"为"通过文本切换"。将"过程"域中所连接的"变量"设置为 PLC 中的变量(M0.0)。在"标签"域中更改开关"ON"状态和"OFF"状态所对应的文字标识分别为"连续"和"点动"。

在切换"开关"正上方，组态一个文本域，文本内容为"工作模式切换开关"。

图 12-21　切换开关的"常规"属性组态

（3）组态按钮

在此案例中，按钮采用文本按钮。将工具箱的"元素"窗格中的"按钮"对象拖拽到画面工作区中，通过鼠标拖拽到适合位置及大小（见图 12-20），可参考 12.1.1 节进行相关组态。

选中生成的按钮，在巡视窗口中执行菜单命令"属性"→"属性"→"常规"，勾选"模式"和"标签"域的"文本"，在"按钮'未按下'时显示的图形"栏中输入"起动"。

单击画面中的"起动"按钮，在巡视窗口中执行菜单命令"属性"→"事件"→"按下"（见图 12-22），单击窗口右边表格最上面的一行，再单击它右侧出现的按钮 ▼，在出现的"系统函数"列表中选择"编辑位"文件夹中的函数"置位位"；直接单击表中第 2 行右侧隐藏的按钮 ...，选中 PLC 变量表，双击该表中的变量"起动按钮"，即将"起动"按钮与地址 M0.1 相关联。

图 12-22　起动按钮的按下"事件"属性组态

在巡视窗口中执行菜单命令"属性"→"事件"→"释放"，单击窗口右边表格最上面的一行，再单击它的右侧出现的按钮 ▼，在出现的"系统函数"列表中选择"编辑位"文件夹中的函数"复位位"；直接单击表中第 2 行右侧隐藏的按钮 ...，选中 PLC 变量表，双击该表中的变量"起动按钮"。

用"起动"按钮组态同样的方法，生成和组态"停止"按钮，在此不再赘述。

（4）组态运行指示灯

在此案例中，运行指示灯采用基本对象中的"圆"来模拟。将工具箱的"基本对象"窗格中的"圆"拖拽到画面中合适位置，松开鼠标后生成一个圆；或者单击工具箱"基本对象"窗格中的"圆"按钮 ，然后将鼠标移到画面中适合位置单击，便可生成一个圆。通过鼠标将圆拖拽到合适位置及大小（见图 12-20），可参考 11.2 节进行相关组态。

选中生成的"圆"，在巡视窗口中执行菜单命令"属性"→"动画"→"显示"（见图 12-23）。单击"显示"文件夹下的"添加新动画"，选择"外观"，将外观关联的变量名称组态为"运行指示灯"，其地址 M0.3 会自动添加到地址栏。将"类型"选择为"范围"，组态颜色设置如下："0"状态的"背景色"和"边框颜色"采用默认颜色，"1"状态的"背景色"选择为"绿色"。

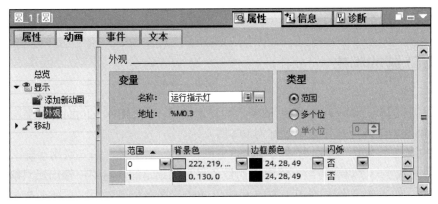

图 12-23　运行指示灯的"动画"属性组态

5. 仿真调试

选中"项目树"中的 PLC_1 设备，单击工具栏上的"启动仿真"按钮，启动 S7-PLCSIM 仿真器，将程序下载到仿真 PLC 中。单击仿真器窗口的"RUN"按钮，使仿真器处于运行状态。单击 PLC 程序编辑区中的"启用/禁用监视"按钮，使程序处于监控状态下，以便在仿真调试过程中观察 PLC 中的程序执行情况。

选中"项目树"中的 HMI_1 设备，单击工具栏上的"启动仿真"按钮，启动 HMI 运行系统仿真。编译成功后，出现的仿真面板的"根画面"，即运行画面。

单击运行画面上的切换"开关"，使其处于"点动"工作模式（切换"开关"的右侧"点动"处于高亮状态，左侧的"连续"处于灰暗状态），单击并按住 HMI 仿真画面上的"起动"按钮，观察"运行指示灯"是否处于"绿色"和"白色"的交替闪烁状态？释放"起动"按钮，观察"运行指示灯"是否处于"白色"的停止状态？如果"运行指示灯"的运行状态与控制要求一致，说明此部分的控制程序及组态正确。

单击运行画面上的切换"开关"，使其处于"连续"工作模式（切换"开关"的左侧"连续"处于高亮状态，右侧的"点动"处于灰暗状态），单击 HMI 仿真画面上的"起动"按钮，观察"运行指示灯"是否处于"绿色"常亮状态？在电动机连续运行状态下，单击运行画面上的切换"开关"，观察切换"开关"的状态是否发生变化？单击运行画面上的"停止"按钮，观察"运行指示灯"是否变为"白色"的停止状态？如果"运行指示灯"的运行状态与控制要求一致，说明此部分的控制程序及组态正确。

在车床主轴电动机停止运行时，即"运行指示灯"变为"白色"时，多次单击切换"开关"，观察切换"开关"是否可以正常切换车床主轴电动机的工作模式？如果切换"开关"状态可以切换，说明此部分控制程序正确。

12.3.4　训练

两台电动机的有序起停控制。控制要求：使用 S7-1200 PLC 和精简系列面板 HMI 共同实现两台电动机的有序起停控制。在 HMI 上设计一个画面，在画面上组态一个切换开关（开关处于左侧表示"顺起顺停"工作模式，开关处于右侧表示"顺起逆停"工作模式），一个起动按钮、一个停止按钮、四个指示灯（分别为两台电动机的运行指示灯、"顺起顺停"和"顺起逆停"工作模式指示灯）。

12.4　I/O 域的组态

在触摸屏中，I/O 域作为过程数据的输入和输出窗口，I 是输入（Input）的缩写，O 是输出（Output）的缩写。输入域和输出域统称为 I/O 域。

I/O 域共有三个类型，分别为输入域、输出域、输入/输出域。输入域用于输入操作员要传送到 PLC 中的数字、字母或符号，将输入的数值保存到指定的变量中；输出域只能显示过程变量的实时数值；输入/输出域同时具有输入和输出功能，操作员可以用它来修改变量的数值，并将修改后的数值显示出来。

I/O 域的数据类型分为"二进制""日期""日期/时间""十进制""十六进制""时间"和"字符串"等。注意：I/O 域的数据类型要与所连接的变量数据类型相匹配。

1．I/O 域的组态

将工具箱的"元素"窗格中的"I/O 域 **0.12**"对象拖拽到画面中，通过鼠标拖拽调整其大小和位置，然后通过复制方式再复制两个 I/O 域（见图 12-24）。

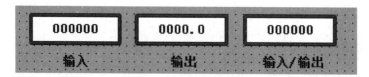

图 12-24　I/O 域画面

单击图 12-24 中最左边的 I/O 域，在巡视窗口中执行菜单命令"属性"→"属性"→"常规"（见图 12-25），"类型"域的"模式"设置为"输入"；在"格式"域设置"显示格式"为"十进制"，"格式样式"为"999999"（因为输入域关联的变量类型是整数，因此组态"移动小数点"即小数部分的位数为 0），将"过程"域中的"变量"关联为"I/O 域变量"（见图 12-25）。

在巡视窗口中执行菜单命令"属性"→"属性"→"文本格式"（见图 12-26），将"对齐"域的"水平"方向设置为"居中"（系统默认为靠左），其他采用默认设置。

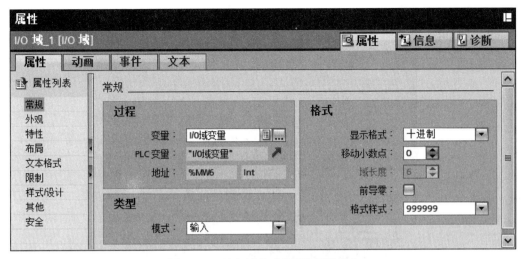

图 12-25　输入域的"常规"属性组态

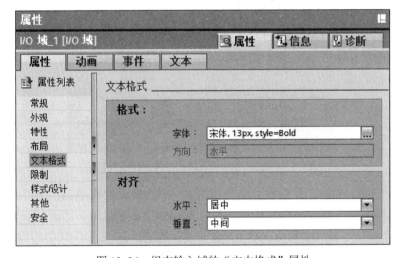

图 12-26　组态输入域的"文本格式"属性

按组态最左边 I/O 域的方法，将第二个和第三个 I/O 域的"模式"分别设置为"输出"和"输入/输出"；在"格式"域均设置"显示格式"为"十进制"，"格式样式"为"999999"，将"过程"域中的"变量"也均关联"I/O 域变量"。将"对齐"域的"水平"方向设置为"居中"。注意，这里要将第二个 I/O 域的"移动小数点"设置为 1（见图 12-24，输出域显示 4 位整数和 1 位小数，因此小数点也要占一个字符的位置）。"格式样式"若被设置为"s999999"，则此 I/O 域可以输入或输出有符号的数值（s 表示有符号的数）。

2. I/O 域的仿真

启动 WinCC 的"使用变量仿真器"仿真系统，在出现的仿真画面中，第一个输入域中显示 0，第二个输出域中显示 0.0，第三个输入/输出域显示 0。

单击第一个输入域，弹出输入软键盘，通过计算机键盘或单击软键盘中数字来输入整数"20103"（见图 12-27），然后按下计算机键盘上的〈Enter〉键或软键盘上的回车按钮↵，使输入的数字有效，并退出软键盘。第一个输入域中会显示 20103，第二个输出域中会显示 2010.3，第三个输入/输出域会显示 20103（见图 12-28）。

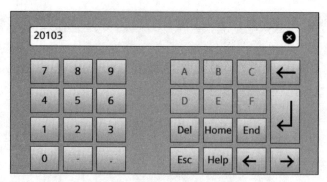

图 12-27　仿真系统输入软键盘

图 12-28　输入整数 20103 时三个 I/O 域的显示

在第三个 I/O 域中输入整数 12345，I/O 域显示的数据如图 12-29 所示，其中第一个 I/O 域因为是输入域，因此其中的数值未发生变化，第二个 I/O 域是输出域而且有一位小数，因此输出为 1234.5。

图 12-29　输入整数 12345 时三个 I/O 域的显示

若在第一个 I/O 域中输入整数 2468135，共 7 位数，但在软键盘中只能输入 6 位数 246813，因为在组态 I/O 域时"格式样式"为"999999"共 6 位数，因此只能输入 6 位整数。输入数据 246813 后按下计算机键盘上的〈Enter〉键时，发现三个 I/O 域中的数值均没有发生变化，因为 246813 不在整数 Int 的 -32678～+32767 的范围内。

单击第二个 I/O 域时，发现没有弹出软键盘，这是因为第二个 I/O 域被组态为输出域，不能输入任何数值。

注意：字符键盘不能输入汉字。

视频"IO 域的组态"可通过扫描二维码 12-5 播放。

12-5
IO 域的组态

12.5　案例 25　多种液体混合配比控制

12.5.1　目的

1）掌握 I/O 域的组态。

2）掌握 S7-1200 PLC 中模拟量的使用。

12.5.2 任务

使用 S7-1200 PLC 和精简系列面板 HMI 实现多种液体混合配比控制。控制要求：按下
HMI 画面中的"起动"按钮后，打开进料阀 A 放
入液体 A 至配比罐，待液体 A 加至 HMI 画面 A 液
体输入域中设置的值后自动关闭进料阀 A，同时打
开进料阀 B 放入液体 B 至配比罐，待液体 B 加至
HMI 画面 B 液体输入域中设置的值后自动关闭进
料阀 B。当液体 A 和 B 投放完成后起动搅拌机，
搅拌一段时间（搅拌时间可以在 HMI 画面中设
置）后，通过放料阀 C 放出混合液体。待混合液体
放完后关闭放料阀 C，同时打开进料阀 A 循环上述
过程，直至按下 HMI 画面中的"停止"按钮，系
统工作示意图如图 12-30 所示。

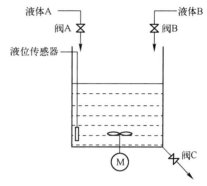

图 12-30　液体混合配比控制系统工作示意图

12.5.3 步骤

1. 硬件及网络组态

首先创建一个新项目，选择 PLC 和 HMI，将其通过以太网相连接，注意组态时的 IP 地址
要与实际设备的 IP 地址相同。

2. 编写 PLC 程序

在 PLC 的变量表中创建图 12-31 中的变量，并打开 Main[OB1]编辑窗口，编写如图 12-31
所示控制程序（模拟量输入为系统默认值 0～10V）。

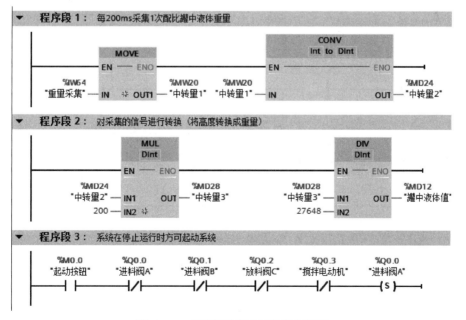

图 12-31　多种液体混合配比控制程序

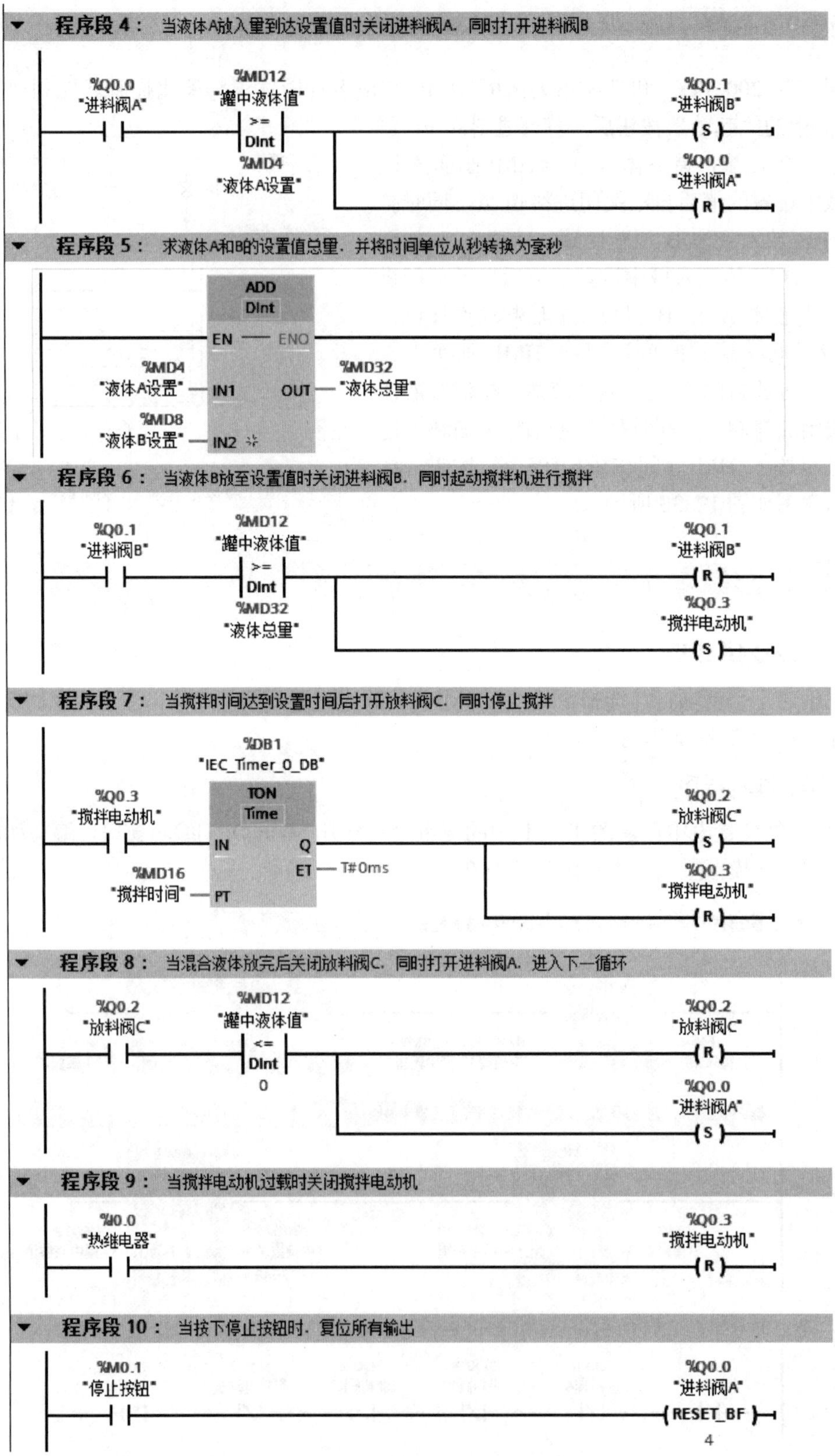

▼ **程序段 4：** 当液体A放入量到达设置值时关闭进料阀A，同时打开进料阀B

```
  %Q0.0         %MD12                                        %Q0.1
 "进料阀A"      "罐中液体值"                                  "进料阀B"
 ─┤ ├─           >=                                         ─( S )─
                DInt
                %MD4                                         %Q0.0
              "液体A设置"                                    "进料阀A"
                                                            ─( R )─
```

▼ **程序段 5：** 求液体A和B的设置值总量，并将时间单位从秒转换为毫秒

```
                        ADD
                        DInt
                   EN ─── ENO
  %MD4                              %MD32
"液体A设置"─ IN1         OUT ─────"液体总量"
  %MD8
"液体B设置"─ IN2 ☆
```

▼ **程序段 6：** 当液体B放至设置值时关闭进料阀B，同时起动搅拌机进行搅拌

```
  %Q0.1         %MD12                                        %Q0.1
 "进料阀B"      "罐中液体值"                                  "进料阀B"
 ─┤ ├─           >=                                         ─( R )─
                DInt
                %MD32                                        %Q0.3
              "液体总量"                                    "搅拌电动机"
                                                            ─( S )─
```

▼ **程序段 7：** 当搅拌时间达到设置时间后打开放料阀C，同时停止搅拌

```
                    %DB1
                "IEC_Timer_0_DB"
                     TON
  %Q0.3              Time                                    %Q0.2
"搅拌电动机"                                                "放料阀C"
 ─┤ ├─         IN       Q                                  ─( S )─
                        ET ── T#0ms
  %MD16                                                     %Q0.3
"搅拌时间"─ PT                                             "搅拌电动机"
                                                            ─( R )─
```

▼ **程序段 8：** 当混合液体放完后关闭放料阀C，同时打开进料阀A，进入下一循环

```
  %Q0.2         %MD12                                        %Q0.2
 "放料阀C"      "罐中液体值"                                  "放料阀C"
 ─┤ ├─           <=                                         ─( R )─
                DInt
                 0                                           %Q0.0
                                                            "进料阀A"
                                                            ─( S )─
```

▼ **程序段 9：** 当搅拌电动机过载时关闭搅拌电动机

```
  %I0.0                                                      %Q0.3
 "热继电器"                                                 "搅拌电动机"
 ─┤ ├─                                                      ─( R )─
```

▼ **程序段 10：** 当按下停止按钮时，复位所有输出

```
  %M0.1                                                      %Q0.0
 "停止按钮"                                                 "进料阀A"
 ─┤ ├─                                                   ─[ RESET_BF ]─
                                                              4
```

图 12-31　多种液体混合配比控制程序（续）

本案例模拟量信号的获取采用 200ms 采集一次，即可使用循环中断，也可采用时钟存储器位，在此采用时钟存储器位，设置方法可参考案例 4，使用位 M100.1，即 5Hz 时钟脉冲。

本案例采用的传感器为液位传感器，其检测范围为 0~1.0m，设配比罐中液体高度 0.1m 对应的重量为 20.0kg。液体 A 或液体 B 的输入值上限为 100.0kg。

3. 生成 HMI 变量

双击"项目树"下"HMI_1\HMI 变量"文件夹中的"默认变量表[0]"，打开变量编辑器（见图 12-32）。单击变量表的"连接"列单元中被隐藏的按钮 ▦，选择"HMI_连接_1"（HMI 设备与 PLC 的连接），并生成以下变量：起动按钮、停止按钮、阀 A 工作指示、阀 B 工作指示、阀 C 工作指示、电动机工作指示、液体 A 设置、液体 B 设置、罐中液体值、搅拌时间设置。

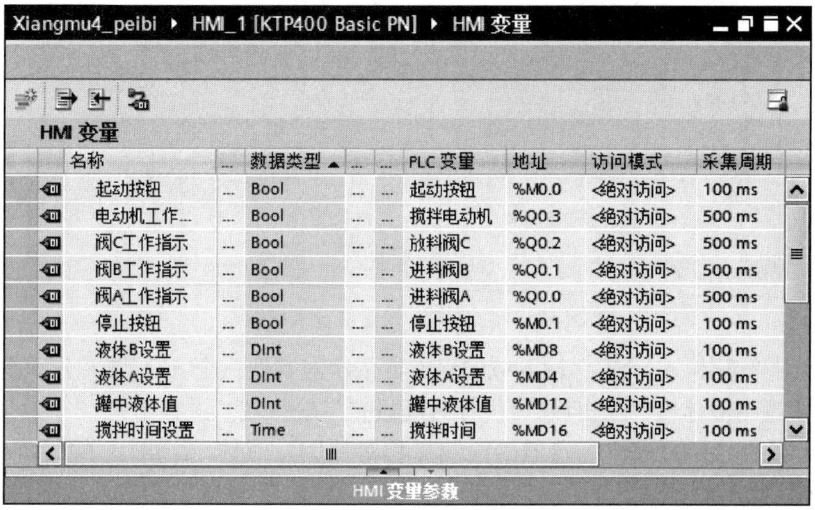

名称	...	数据类型 ▲	...	...	PLC 变量	地址	访问模式	采集周期
起动按钮	...	Bool	...	...	起动按钮	%M0.0	<绝对访问>	100 ms
电动机工作...	...	Bool	...	...	搅拌电动机	%Q0.3	<绝对访问>	500 ms
阀C工作指示	...	Bool	...	...	放料阀C	%Q0.2	<绝对访问>	500 ms
阀B工作指示	...	Bool	...	...	进料阀B	%Q0.1	<绝对访问>	500 ms
阀A工作指示	...	Bool	...	...	进料阀A	%Q0.0	<绝对访问>	500 ms
停止按钮	...	Bool	...	...	停止按钮	%M0.1	<绝对访问>	100 ms
液体B设置	...	DInt	...	...	液体B设置	%MD8	<绝对访问>	100 ms
液体A设置	...	DInt	...	...	液体A设置	%MD4	<绝对访问>	100 ms
罐中液体值	...	DInt	...	...	罐中液体值	%MD12	<绝对访问>	100 ms
搅拌时间设置	...	Time	...	...	搅拌时间	%MD16	<绝对访问>	100 ms

Xiangmu4_peibi ▶ HMI_1 [KTP400 Basic PN] ▶ HMI 变量

HMI 变量

HMI 变量参数

图 12-32　HMI 变量表

4. 组态 HMI 画面

在此案例中，只需要组态一个 HMI 画面。双击"项目树"下"HMI_1\画面"文件夹中的"根画面"，打开"根画面"组态窗口。

（1）组态案例名称

生成"多种液体混合配比控制"文本，将其字号改为"23 号""粗体"，"背景"颜色请读者自行设计，在此采用默认色。按图 12-33 所示组态所有相关"文本域"。

（2）组态 I/O 域

将工具箱的"元素"窗格中的"I/O 域 0.12"对象拖拽到画面中，通过鼠标拖拽调整其大小和位置，然后通过复制方式再复制三个同样大小的 I/O 域（见图 12-33）。

单击图 12-33 中最上边的 I/O 域，在巡视窗口中执行菜单命令"属性"→"属性"→"常规"（见图 12-34），设置 I/O 域的模式为"输入"；在"格式"域设置"显示格式"为"十进制"，"格式样式"为"999999"（因为输入域关联的变量类型是双整数，因此组态"移动小数点"即小数部分的位数为 0），将"过程"域中"变量"关联为"液体 A 设置"（见图 12-34）。

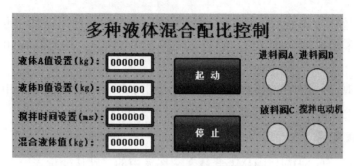

图 12-33　HMI 组态画面

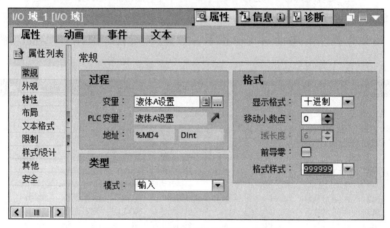

图 12-34　液体 A 设置值输入域组态

按照上述对"液体 A 设置"输入域的组态，依次对其他三个 I/O 域（分别是"液体 B 设置"输入域、"罐中液体值"输出域、"搅拌时间设置"输入域）进行组态。

由于配比罐的容积及液位传感器的检测量程等原因，液体 A 和 B 的设置值只能在 0～100kg 之间，因此需要对变量"液体 A 设置"和"液体 B 设置"的输入范围进行限制。选中 HMI 变量表中的变量"液体 A 设置"，在巡视窗口中执行菜单命令"属性"→"属性"→"范围"（见图 12-35），单击"上限 2"和"下限 2"输入栏右侧的按钮▼，选择"常量"，然后在输入栏中分别输入上限"100"和下限"0"。按照组态变量"液体 A 设置"范围的方法组态变量"液体 B 设置"范围。

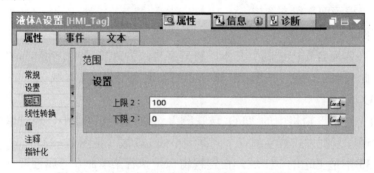

图 12-35　组态变量"液体 A 设置"的"范围"属性

（3）组态按钮

将工具箱的"元素"窗格中的"按钮"拖拽到画面工作区中，通过鼠标拖拽到适合位置及大小（见图 12-33），然后再复制一个同样大小的按钮。

选中画面中按钮，在巡视窗口中执行菜单命令"属性"→"属性"→"常规"，勾选"模式"和"标签"域的"文本"，在"按钮'未按下'时显示的图形"栏中输入"起动"。

单击画面中的"起动"按钮，在巡视窗口中执行菜单命令"属性"→"事件"→"按下"（见图 12-36），单击窗口右边表格最上面的一行，再单击它右侧出现的按钮 🔽，在出现的"系统函数"列表中选择"编辑位"文件夹中的函数"置位位"；直接单击表中第 2 行右侧隐藏的按钮 ⋯，选中 PLC 变量表，双击该表中的变量"起动按钮"，即将"起动"按钮与地址 M0.0 相关联。

图 12-36　组态起动按钮的按下"事件"属性

在巡视窗口中执行菜单命令"属性"→"事件"→"释放"，单击窗口右边表格最上面的一行，再单击它的右侧出现的按钮 🔽，在出现的"系统函数"列表中选择"编辑位"文件夹中的函数"复位位"；直接单击表中第 2 行右侧隐藏的按钮 ⋯，选中 PLC 变量表，双击该表中的变量"起动按钮"。

按照组态"起动"按钮的方法组态"停止"按钮，关联地址为 M0.1。

（4）组态指示灯

将工具箱的"基本对象"窗格中的"圆"拖拽到画面中合适位置，松开鼠标后生成一个圆，通过鼠标将圆拖拽到合适位置及大小（见图 12-33），然后再复制三个同样大小的圆。

选中左上角生成的"圆"，在巡视窗口中执行菜单命令"属性"→"动画"→"显示"（见图 12-37）。单击"显示"文件夹下"添加新动画"，选择"外观"，将外观关联的变量组态为"阀 A 工作指示"，地址 Q0.0 会自动添加到地址栏。将"类型"选择为"范围"，组态颜色设置如下："0"状态的"背景色"和"边框颜色"采用默认颜色，"1"状态的"背景色"选择为"绿色"。

图 12-37　组态指示灯

5．仿真调试

选中"项目树"中的 PLC_1 设备，单击工具栏上的"启动仿真"按钮 ，启动 S7-PLCSIM 仿真器，将程序下载到仿真 PLC 中。单击仿真器窗口的"RUN"按钮，使仿真器处于运行状态。单击 PLC 程序编辑区中的"启用/禁用监视"按钮，使程序处于监控状态下，以便在仿真调试过程中观察 PLC 中的程序执行情况。

选中"项目树"中的 HMI_1 设备，单击工具栏上的"启动仿真"按钮，启动 HMI 运行系统仿真。编译成功后，出现的仿真面板的"根画面"，即运行画面。

首先在 HMI 的画面中输入待配比的液体 A 和液体 B 的重量（0~100kg）、混合液体的搅拌时间（注意单位为 ms），然后按下 HMI 画面上的"起动"按钮，观察进料阀 A 指示灯是否点亮？如果已点亮，说明系统已经开始投入液体 A，因为是仿真，无模拟量实时采集值，此时可将程序中的 IW64 的地址改变为 MW64，然后下载到 PLC 仿真器中，在监控状态下，系统启动后，右击地址 MW64，选中"修改"，再选中"修改操作"，将操作数中的数据"格式"修改为"无符号十进制"，然后在左侧的"修改值"栏中输入某一值（范围为 0~27648，对应于配比罐中液体重量的实时值，范围为 0~200kg，注意数字量与模拟量的对应关系），然后按下"确定"按钮。

当修改值大于等于"液体 A 设置"值时，观察进料阀 A 指示灯是否熄灭，同时进料阀 B 指示灯是否点亮？如果符合控制要求，再将 MW64 中的值修改为大于等于液体 A 和液体 B 设置值的和，观察进料阀 B 指示灯是否熄灭，同时搅拌电动机指示灯是否亮起？如果符合控制要求，再观察搅拌时间定时器是否启动运行？若定时器正常运行，当搅拌时间到达设置值时，观察搅拌电动机指示灯是否熄灭，同时放料阀 C 指示灯是否点亮？如果符合控制要求，过一段时间后，将 MW64 中的值修改为 0，即混合液体已放完，观察放料阀 C 指示灯是否熄灭，同时进料阀 A 指示灯是否点亮？若上述调试现象均能符合控制要求，此时再按下 HMI 界面上的"停止"按钮，若所有指示灯均熄灭，说明控制系统程序编写和 HMI 的界面组态均正确。

12.5.4 训练

三种液体混合配比控制。控制要求：使用 S7-1200 PLC 和精简系列面板 HMI 共同实现三种液体混合配比的控制。控制要求同案例 25 类似，即投放完液体 A 后，再投放液体 B，进而投放液体 C，然后经过一段时间搅拌后放出，并且自动进行下一轮循环。如果在系统工作过程中，按下停止按钮时，系统必须完成当前循环后方可停止，除非按下系统急停按钮。

12.6 符号 I/O 域的组态

符号 I/O 域用于组态一个下拉列表框来显示或输入运行时的文本。

1．符号 I/O 域的组态

将工具箱的"元素"窗格中的"符号 I/O 域 <u>ID ▼</u>"对象拖拽到画面中，通过鼠标拖拽调整其大小和位置（见图 12-38a）。在符号 I/O 域属性视图的"常规"窗口中，可以选择符号 I/O 域的类型，共有 4 种模式，分别是"输入""输出""输入/输出"和"双状态"。通过选择，既能从 PLC 中控制文本的输出，也可以直接从 HMI 设备面板中进行文本的输入，还可以同时进行文本的输入和输出。另外，系统还支持两个状态的显示模式。在这 4 种模式中，"输出"模式和"双状态"模式不支持下拉列表操作。对于下拉列表，还可设置其可见项目数。

图 12-38　符号 I/O 域的"常规"属性组态

此外，如果将符号 I/O 域的"模式"设置为"输入""输出"和"输入/输出"，还需要设置索引过程变量，选择文本列表，使文本列表与索引过程变量相连接。如果文本列表未定义，可以单击"新建"按钮建立一个文本列表。

单击画面中的符号 I/O 域，选中巡视窗口中的"属性"→"属性"→"常规"（见图 12-38b），将"过程"域中的"变量"选择为"符号 I/O 域变量"（预先已定义），其地址和数据类型会自动添加到"过程"域中；将"模式"域设置为"输入"；单击"内容"域"文本列表"选项后面的按钮，打开文本列表选择对话框（见图 12-39），选择"文本列表_1"，如果没有预先定义好，可以单击图 12-39 中的"添加新列表"按钮新建一个文本列表。

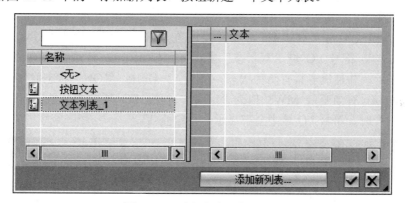

图 12-39　选择文本列表对话框

2. 文本列表的组态

为了显示或输入不同的文本，还需要组态"文本列表"。在文本列表中，将索引过程变量的值分配给各个文本。由此可以确定符号 I/O 域对应输入/输出的文本。

双击"项目树"中的"文本和图形列表"，打开"文本和图形列表"编辑器（见图 12-40）。

在该编辑器中，用户需要设置文本列表的"选择"，共 3 种方式，分别是"位（0，1）""位号（0-31）"和"值/范围"。在此选择"位号（0-31）"，可将索引过程变量的每个位分配不同的文本，列表条目最多为 32 个。双击"文本列表条目"中的"位号"列，将自动生成位号 0、1 和 2 等（根据案例要求生成需要的条目数），在其"文本"列输入符号 I/O 域中各个条目显示的文本，如电动机转速 0、电动机转速 1、电动机转速 2（见图 12-40）。

图 12-40　文本列表的组态

当系统运行时，因组态"模式"为"输入"，因此当改变符号 I/O 域中显示的条目时，PLC 中变量 MW8 值会随之而改变，即当符号 I/O 域选择"电动机转速 0"时，则变量 MW8 值为 1（变量中数值的大小与位号有关，每一时刻只能有一个位处于"1"状态）；当符号 I/O 域选择"电动机转速 1"时，则变量 MW8 值为 2；当符号 I/O 域选择"电动机转速 2"时，则变量 MW8 值为 4。

如果组态"模式"为"输入/输出"，则在符号 I/O 域中选择不同的条目文本，则 PLC 中的变量值随之改变；反之，若 PLC 中变量的值变化，则符号 I/O 域中也随之显示不同的条目文本。

如果组态"模式"为"输出"，则符号 I/O 域显示的条目内容只能随着 PLC 中相关变量值大小的变化而改变。

如果组态"模式"为"双状态"，还需要设置"'ON'状态值""'ON'状态文本"和"'OFF'状态文本"，符号 I/O 域"双状态"模式的组态如图 12-41 所示。这种模式的符号 I/O 域仅用于输出显示，并且最多具有两种状态。在图 12-41 中，"'ON'状态值"设置为"1"，即在系统运行期间，只有当变量 MW8 值为"1"时，符号 I/O 域中才会显示"设定值 1"，变量 MW8 值为非"1"时，符号 I/O 域中全部显示"设定值 0"。

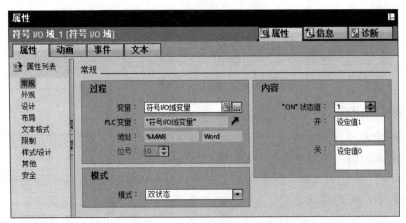

图 12-41　符号 I/O 域"双状态"模式的组态

在组态文本列表时，若在"选择"列选择"值/范围"，在"文本列表条目"的"值"列双击，并分别输入值 0、1 和 2 等条目文本（见图 12-42）。在系统运行时，符号 I/O 域中显示的文本内容与 PLC 中关联变量值的大小相关。如果"模式"设置为"输入"，若符号 I/O 域选择

"电动机转速 0",则 PLC 中变量的值为 "0";若符号 I/O 域选择 "电动机转速 1",则 PLC 中变量的值为 "1";若符号 I/O 域选择 "电动机转速 2",则 PLC 中变量的值为 "2"。

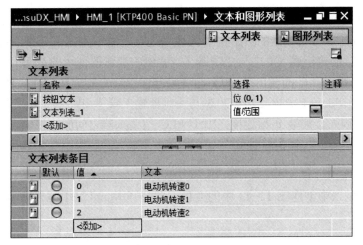

图 12-42　文本列表 "值/范围" 的组态

在组态文本列表时，若选择 "位（0，1）"，可将过程关联 Bool 型变量的两种状态分配给列表条目中的两个不同的文本。

视频 "符号 IO 域的组态" 可通过扫描二维码 12-6 播放。

12-6
符号 IO 域的
组态

12.7　案例 26　变频电动机有级调速控制

12.7.1　目的

1）掌握符号 I/O 域的组态。
2）掌握 PLC 与变频器的数字量连接方法。

12.7.2　任务

使用 S7-1200 PLC 和精简系列面板 HMI 实现变频电动机有级调速控制。控制要求：按下 HMI 画面中的 "起动" 按钮后，变频电动机驱动生产机构（如传输链）按照生产工艺要求的速度运行，根据工艺不同，生产机构的运行速度可实现三档调速（分别为 200r/min、300r/min、500r/min），此三档对应速度的改变可通过 HMI 画面上的 "速度选择" 的符号 I/O 域进行设置。无论何时按钮下 HMI 画面中的 "停止" 按钮，变频电动机均停止运行。同时，在 HMI 画面上设置三档对应速度运行指示灯，分别对应变频电动机的三种速度，在变频电动机运行时，指示灯分别按相应的频率 0.5Hz、1Hz、2Hz 闪烁。

12.7.3　步骤

1．硬件及网络组态

首先创建一个新项目，选择 PLC 和 HMI，将其通过以太网相连接，注意组态时的 IP 地址要与实际设备的IP地址相同。

2. 硬件连接

PLC与HMI通过以太网相连接，而PLC与变频器之间的连接是通过数字量相连接方式，即PLC的输出端直接与变频器的数字量输入端相连接，由于本案例要求变频器有三种输出速度，因此采用PLC的输出端Q0.0与变频器（本案例中变频器使用的是西门子公司的G120型号）输入端5相连接；PLC的输出端Q0.1与变频器输入端6相连接；PLC的输出端Q0.2与变频器输入端7相连接；PLC的输出端Q0.3与变频器输入端8相连接；PLC的第一组输出端公共端1L与变频器输入公共端9相连接。由于PLC与变频器之间的连接比较简单，在此省略其电气连接原理图。

3. 编写PLC程序

在PLC的变量表中创建图12-43中的变量，并打开Main[OB1]编辑窗口，编写如图12-43所示控制程序。

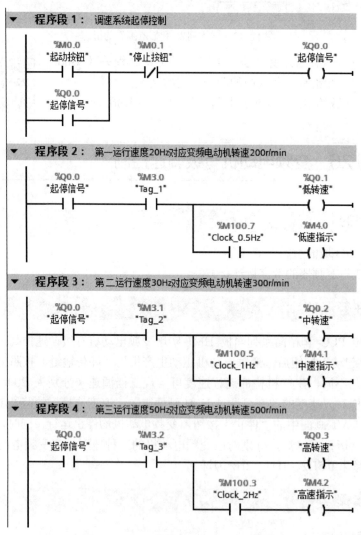

图12-43　变频电动机有级调速控制程序

4. 生成 HMI 变量

双击"项目树"下"HMI_1\HMI 变量"文件夹中的"默认变量表[0]",打开变量编辑器(见图 12-44)。单击变量表的"连接"列单元中被隐藏的按钮▦,选择"HMI_连接_1"(HMI设备与 PLC 的连接),并生成以下变量:起动按钮、停止按钮、速度选择、低速指示、中速指示和高速指示。

	名称 ▼	变量表	数据类型	连接	PLC 名称	PLC 变量	地址	访问模式	采集...
	起动按钮	默认变量表	Bool	HMI_连接_1	PLC_1	起动按钮	%M0.0	<绝对访问>	100 ms
	停止按钮	默认变量表	Bool	HMI_连接_1	PLC_1	停止按钮	%M0.1	<绝对访问>	100 ms
	速度选择	默认变量表	Word	HMI_连接_1	PLC_1	速度选择	%MW2	<绝对访问>	100 ms
	低速指示	默认变量表	Bool	HMI_连接_1	PLC_1	低速指示	%M4.0	<绝对访问>	100 ms
	中速指示	默认变量表	Bool	HMI_连接_1	PLC_1	中速指示	%M4.1	<绝对访问>	100 ms
	高速指示	默认变量表	Bool	HMI_连接_1	PLC_1	高速指示	%M4.2	<绝对访问>	100 ms

图 12-44　HMI 变量表

5. 组态 HMI 画面

在此案例中,只需要组态一个 HMI 画面。双击"项目树"下"HMI_1\画面"文件夹中的"根画面",打开"根画面"组态窗口。

(1)组态案例名称

生成"变频电动机有级调速控制"文本,将其字号改为"23 号""粗体","背景"颜色请读者自行设计,在此采用默认色。按图 12-45 所示画面组态所有相关文本域。

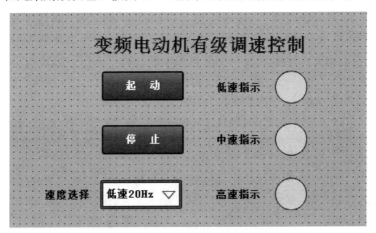

图 12-45　HMI 组态画面

(2)组态按钮

将工具箱的"元素"窗格中的"按钮"拖拽到画面工作区中,通过鼠标拖拽到合适位置及大小(见图 12-45),然后再复制一个同样大小的按钮。

单击选中画面中"按钮",在巡视窗口中执行菜单命令"属性"→"属性"→"常规",勾选

"模式"和"标签"域的"文本"，在"按钮'未按下'时显示的图形"栏中输入"起动"。

单击画面中的"起动"按钮，在巡视窗口中执行菜单命令"属性"→"事件"→"按下"（见图 12-46），单击窗口右边表格最上面的一行，再单击它的右侧出现的按钮▼，在出现的"系统函数"列表中选择"编辑位"文件夹中的函数"置位位"；直接单击表中第 2 行右侧隐藏的按钮…，选中 PLC 变量表，双击该表中的变量"起动按钮"，即将"起动"按钮与地址 M0.0 相关联。

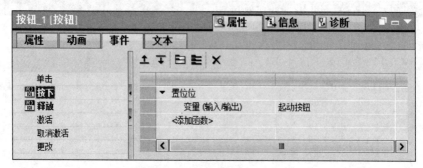

图 12-46 起动按钮的按下"事件"

在巡视窗口中执行菜单命令"属性"→"事件"→"释放"，单击窗口右边表格最上面的一行，再单击它的右侧出现的按钮▼，在出现的"系统函数"列表中选择"编辑位"文件夹中的函数"复位位"；直接单击表中第 2 行右侧隐藏的按钮…，选中 PLC 变量表，双击该表中的变量"起动按钮"。

按照组态"起动"按钮的方法组态"停止"按钮，关联地址为 M0.1。

（3）组态指示灯

将工具箱的"基本对象"窗格中的"圆"拖拽到画面中适合位置，松开鼠标后生成一个圆，通过鼠标将圆拖拽到合适位置及大小（见图 12-45），然后再复制两个同样大小的圆。

单击选中左上角生成的"圆"，在巡视窗口中执行菜单命令"属性"→"动画"→"显示"（见图 12-47）。单击"显示"文件夹下"添加新动画"，选择"外观"，将外观关联的变量组态为"低速指示"，地址 M4.0 会自动添加到地址栏。将"类型"选择为"范围"，组态颜色设置如下："0"状态的"背景色"和"边框颜色"采用默认颜色，"1"状态的"背景色"选择为"绿色"。用同样的方法组态"中速指示灯"和"高速指示灯"。

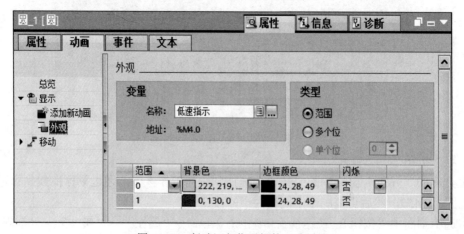

图 12-47 低速运行指示灯的"动画"

（4）组态符号 I/O 域

将工具箱的"元素"窗格中的"符号 I/O 域ID ▼"对象拖拽到画面中，通过鼠标拖拽调整其大小和位置（见图 12-45）。单击画面中的符号 I/O 域，在巡视窗口中执行菜单命令"属性"→"属性"→"常规"（见图 12-48），将"过程"域中的"变量"设置为"速度选择"，其地址和数据类型会自动添加到"过程"域中；将"模式"设置为"输入"；单击"内容"域"文本列表"选项后面的按钮...打开文本列表选择对话框，单击"添加新列表"按钮新建一个文本列表，然后打开新建的文本列表，将其名称更改为"速度选择列表"（见图 12-49）。

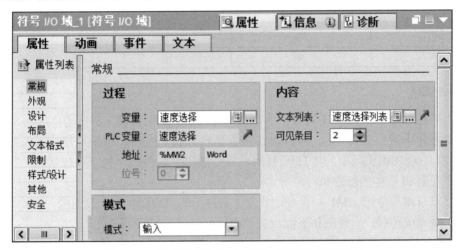

图 12-48　速度选择符号 I/O 域的"常规"属性组态

在文本列表编辑器中选择"位号（0-31）"，然后双击"文本列表条目"中"位号"列，自动生成位号 0、1、2，在其"文本"列输入符号 I/O 域中各个条目显示的文本分别为低速 20Hz、中速 30Hz 和高速 50Hz。即当选择"低速 20Hz"选项时，位 M3.0 为"1"；当选择"中速 30Hz"选项时，位 M3.1 为"1"；当选择"高速 50Hz"选项时，位 M3.2 为"1"。

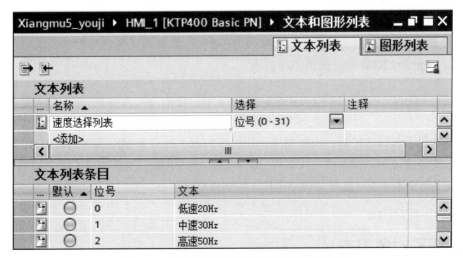

图 12-49　速度选择"文本列表条目"的组态

6. 变频器的参数设置

变频器的参数设置如表 12-1 所示（变频电动机的额定参数请参照电动机的铭牌数据设

置），在此假设变频器输出 50Hz 时变频电动机运行速度为 500r/min。最好根据运行情况设置 P1001～P1003 这三个参数值，直到满足生产工艺对变频电动机输出转速的要求。

表 12-1   变频器的参数设置

参 数 号	参 数 值	参 数 号	参 数 值
P0015	1	P1003	500
P1020	r722.1	P1080	0
P1021	r722.2	P1082	500
P1022	r722.3	P1120	5
P1001	200	P1121	5
P1002	300		

7. 仿真调试

选中"项目树"中的 PLC_1 设备，单击工具栏上的"启动仿真"按钮，启动 S7-PLCSIM 仿真器，将程序下载到仿真 PLC 中。单击仿真器窗口的"RUN"按钮，使仿真器处于运行状态。单击 PLC 程序编辑区中的"启用/禁用监视"按钮，使程序处于监控状态，以便在仿真调试过程中观察 PLC 中的程序执行情况。

选中"项目树"中的 HMI_1 设备，单击工具栏上的"启动仿真"按钮，启动 HMI 运行系统仿真。编译成功后，出现的仿真面板的"根画面"，即运行画面。

首先在 HMI 的画面上按下"起动"按钮，在主程序 Main 窗口观察"起停信号"输出线圈是否得电？如果该线圈已得电，然后通过 HMI 画面上的符号 I/O 域选择"低速 20Hz"选项，观察"低速指示"指示灯是否点亮？如果该灯点亮，然后在符号 I/O 域选择"中速 30Hz"选项，观察"中速指示"指示灯是否点亮？如果该灯点亮，然后在符号 I/O 域选择"高速 50Hz"选项，观察"高速指示"指示灯是否点亮？如果该灯点亮，再按下 HMI 画面上的"停止"按钮，观察"高速指示"指示灯是否熄灭？如果熄灭，再重新按下"起动"按钮，在符号 I/O 域任意选择一个选项，观察该转速下相应速度指示灯是否点亮？如果相应指示灯点亮，再按下 HMI 画面上的"停止"按钮，停止变频电动机的运行。如果调试现象与控制要求相符，则说明控制系统程序编写和 HMI 的画面组态均正确。

12.7.4 训练

变频电动机五级调速控制。控制要求：使用 S7-1200 PLC 和精简系列面板 HMI 共同实现变频电动机五级调速控制。控制要求与案例 26 类似，只是增加了两级速度选择。如果在 HMI 的符号 I/O 域组态文本列表时选择"值/范围"，控制程序又该如何编写？

12.8 图形对象组态

Portal 软件为用户提供了几种图形输入/输出对象，如滚动条、棒图和量表等，可用于过程数据的输入或输出。对于以图形作为数据输入或输出的情况，更为形象和直观。对于精简系列

面板只有棒图对象，而没有滚动条和量表对象。在本节中，
HMI 选用精智面板 KTP 400 Comfort。

12.8.1 滚动条的组态

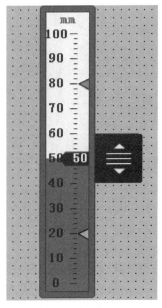

图 12-50 滚动条

滚动条又可称为滑块，用于操作人员输入或监控变量的数字值，是一种动态输入或显示对象。操作人员通过改变滚动条中的滑块位置来输入控制变量的过程值。

将工具箱中"元素"窗格中的"滚动条 ▆"拖拽到画面中（见图 12-50），用鼠标拖拽调节它的位置和大小。

单击选中放置的滚动条，在巡视窗口中执行菜单命令"属性"→"属性"→"常规"（见图 12-51），在此选项卡中可以设置滚动条上"最大刻度值""最小刻度值""用于最大值的变量""用于最小值的变量"（可以不设置）和"过程变量"等，在此"过程变量"设置 PLC 变量表中 Int 型变量"液位"。可以在"标签"域中设置滚动条的"标题"（单位），在此设置为"mm"，默认标签为"SIMATIC"。

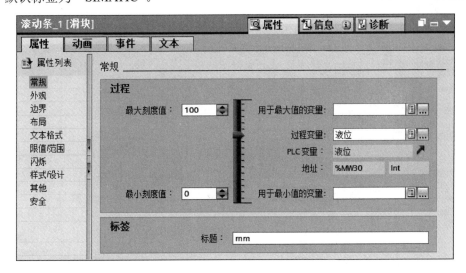

图 12-51 滚动条的"常规"属性组态

在巡视窗口中执行菜单命令"属性"→"属性"→"外观"（见图 12-52），如果没有勾选"含内部滚动条的布局"复选框，则"设置""图形""棒图和刻度"等域中的部分功能不能组态。在勾选"含内部滚动条的布局"复选框时，"填充图案"可以选择"实心"或"透明"。"标记显示"用来设置标记（即刻度）的显示方式，可以选择为"正常""无（即隐藏刻度）"或"效果"。"图形"域的选择框用来设置"背景"和"滚动条"（小滑块）使用的自选的图形。"焦点"是指在运行时滚动条顶端的单位和底端的当前值周围的虚线，组态时可以设置它的"颜色"和"宽度"（范围为 1~10）。

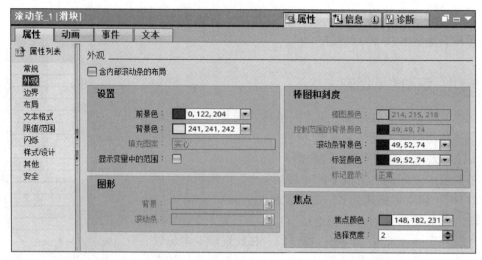

图 12-52　滚动条的"外观"属性组态

在巡视窗口中执行菜单命令"属性"→"属性"→"边界"（见图 12-53），勾选或不勾选"含内部滚动条的布局"复选框时，"设置"和"边框"域中的部分功能不能组态。"边框宽度"设置的范围为 0～10（0 为无边框）；"内边框宽度"或"外边框宽度"设置的范围为 0～30；"内侧样式"或"外侧样式"可设置为"彩色""内陷""凸起"或"无"。"样式"可设置为"实心""双线"或"3D 样式"；"角半径"设置范围为 0～10。对于滚动条的"边界"设置一般均采用默认的设置。

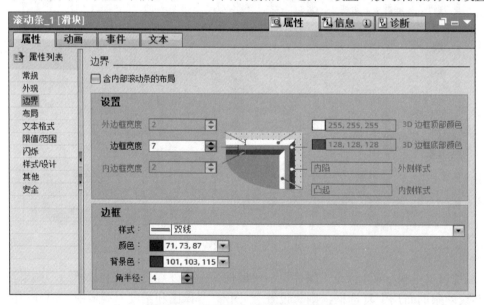

图 12-53　滚动条的"边界"属性组态

在巡视窗口中执行菜单命令"属性"→"属性"→"布局"（见图 12-54），可以设置滚动条的"位置和大小""样式"和"选项"。在"样式"域可以设置是否以"线"的形式显示"上限"和"下限"。在图 12-50 中，刻度"80"和"20"处分别为两种颜色的三角形，如勾选"线"复选框，则在刻度"80"和"20"处分别用与三角形相同的两种颜色标出"上限"和"下限"刻度线。"选择"是通过选择两个三角形分别标出"上限"和"下限"的位置。"刻度"是用来选择滚动条上是否显示或隐藏刻度线。"刻度位置"是用来选择滚动条上刻度标注的位置，可以选择"左/上"或"右/下"。"棒图方向"是用来选择滚动条刻度的方向，可以选择"居右"
"居左""上和下""向下"或"左/右"等。

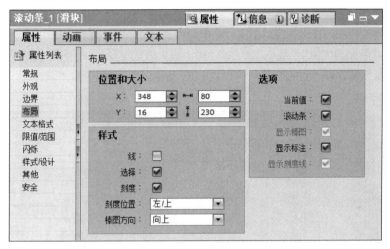

图 12-54　滚动条的"布局"属性组态

在巡视窗口中执行菜单命令"属性"→"属性"→"限值/范围"（见图 12-55），可以为滚动条对象定义 5 个限值/范围，可以通过不同的颜色对工作状态进行区分。系统默认"5%"为危险范围下限、"20%"为警告范围下限、"20%～80%"为正常、"80%"为警告范围上限、"95%"为危险范围上限。要在画面对象中显示变量定义的范围，必须先勾选此窗口中的"显示变量中的范围"复选框。在勾选"显示变量中的范围"复选框后"启用"列才能被启用，至于是否启用还得勾选下方的选项，这样被启用后当过程值到达该范围内时，滚动条才能以该范围内的颜色加以显示。

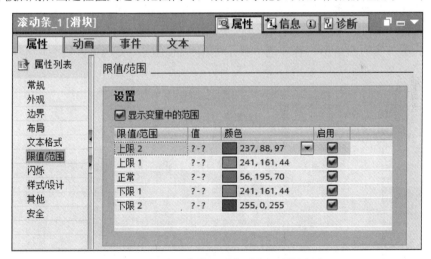

图 12-55　滚动条的"限值/范围"属性组态

视频"滚动条的组态"可通过扫描二维码 12-7 播放。

12-7
滚动条的组态

12.8.2　棒图的组态

棒图类似于温度计，以带刻度的图形形式动态显示过程变量数值的大小。当前值超出限制值或未达到限制值时，可以通过棒图颜色的变化发出相应的信号。棒图只能用于显示数据，不能对过程变量进行输入操作。

将工具箱中"元素"窗格中的"棒图█"拖拽到画面中（见图 12-56），通过鼠标拖拽调节它的位置和大小。

单击选中放置的棒图，在巡视窗口中执行菜单命令"属性"→"属性"→"常规"（见图 12-57），可以设置棒图上"最大刻度值""最小刻度值""用于最大值的变量""用于最小值的变量"（可以不设置）和"过程变量"等，在"过程变量"中设置 PLC 变量表中 Int 型变量"液位"。

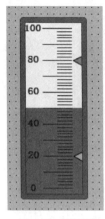

图 12-56 棒图

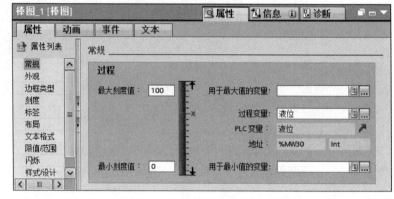

图 12-57 棒图的"常规"属性组态

在巡视窗口中执行菜单命令"属性"→"属性"→"外观"（见图 12-58），如果没有勾选"含内部棒图的布局"复选框，则"棒图"和"背景"域中部分功能不能组态。在勾选"含内部棒图的布局"复选框后，可以组态棒图的"背景色"。"填充图案"用来设置棒图内部的显示方式，可以选择为"透明"或"实心"。若勾选"限制"域中"线"，则在棒图上会分别出现表示"上限"值和"下限"值的虚线；若勾选"限制"域中的"刻度"，则在棒图上会分别出现表示"上限"值和"下限"值的三角形。若勾选"显示变量中的范围"复选框，则会以不同颜色将棒图分成 5 段。

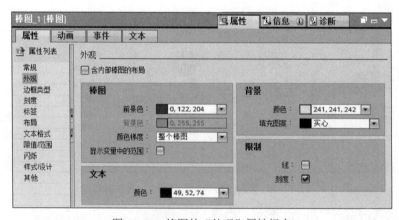

图 12-58 棒图的"外观"属性组态

在巡视窗口中执行菜单命令"属性"→"属性"→"边框类型"（见图 12-59），如果没有勾选"含内部棒图的布局"复选框，则"边界"域中的部分功能不能组态。这里可以设置"边界"的"宽度""颜色""背景色""样式""棒图样式""角半径"等。"宽度"的设置范围为 0~10；"样式"可设置为"实心""双线"和"3D 样式"；"角半径"设置范围为 0~20。

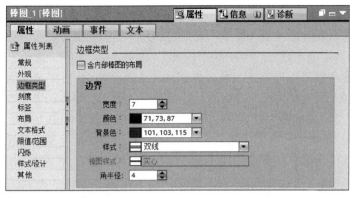

图 12-59　棒图的"边框类型"属性组态

棒图的"刻度""标签""布局"等属性，请读者可自行打开其窗口进行组态学习。

视频"棒图的组态"可通过扫描二维码 12-8 播放。

12-8
棒图的组态

12.8.3　量表的组态

量表是以指针仪表的方式来动态显示过程变量数值的大小，与棒图一样，量表只能用于显示数据，不能进行过程变量的输入操作。

将工具箱中"元素"窗格中的"量表 🕐"拖拽到画面中（见图 12-60），用鼠标拖拽调节它的位置和大小。

单击选中放置的量表，在巡视窗口中执行菜单命令"属性"→"属性"→"常规"（见图 12-61），可以设置量表上的"最大刻度值""最小刻度值""用于最大值的变量""用于最小值的变量"（可以不设置）和"过程变量"等，在此"过程变量"设置 PLC 变量表中 Int 型变量"速度"。在"标签"域中可以设置量表上的"标题""单位"和"分度数"，在此"标题"输入域中输入"速度"，在"单位"输入域中输入"r/min"。"分度数"是指两个大刻度之间的数字差，在此采用默认设置"10"。

图 12-60　量表

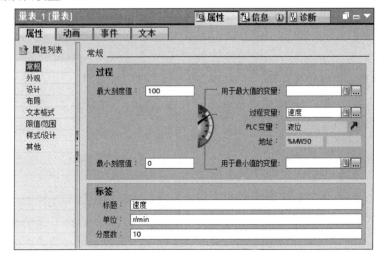

图 12-61　量表的"常规"属性组态

在巡视窗口中执行菜单命令"属性"→"属性"→"外观"（见图 12-62），如果没有勾选"无内部刻度的布局"复选框，则"拨号"域中的部分功能不能组态。若勾选"无内部刻度的布局"复选框时，可以组态"拨号"域中的"图形"。图 12-62 中的"拨号"可以理解为"刻度盘"，在此可以设置"拨号"的颜色、填充样式（实心或透明）、内部刻度颜色等。在"背景"域中可以设置"颜色""填充样式"（实心或透明边框）"图形"等。在"文本颜色"域中可以设置"标签""单位""刻度标签"等。在"对象"域中可以通过"峰值"复选框设置是否用一条沿半径方向的红线显示变量的峰值（即最大值）；通过"小数位数"复选框设置显示变量的值是否带有小数。可以用"背景"域的"图形"选择框设置自定义的方框背景图形和刻度盘图形。

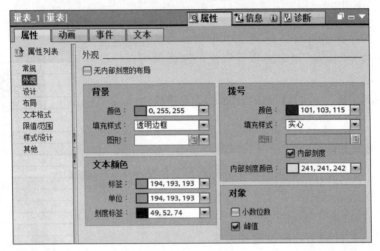

图 12-62 量表的"外观"属性组态

量表的"设计""布局"等属性，请读者自行打开其窗口进行组态学习。

视频"量表的组态"可通过扫描二维码 12-9 播放。

12-9
量表的组态

12.9 案例 27 变频电动机无级调速控制

12.9.1 目的

1）掌握图形对象的组态。

2）掌握模拟量输出模块的使用。

3）掌握 PLC 与变频器的模拟量连接方法。

4）掌握变量的线性变换方法。

12.9.2 任务

使用 S7-1200 PLC 和 HMI 中的精智面板实现变频电动机无级调速控制。控制要求：按下 HMI 画面中的"起动"按钮后，变频电动机驱动生产机构（如传输链）按照操作人员设置的速度（0～50Hz）运行，速度通过 HMI 画面上的"滚动条"进行设置，变频电动机的实际运行速度通过 HMI 画面上的"量表"加以显示。无论何时按下 HMI 画面中的"停止"按钮，变频电动机都会立即停止运行。同时，在 HMI 画面上设置一个系统运行指示灯。

12.9.3 步骤

1. 硬件及网络组态

首先创建一个新项目，选择 PLC 及扩展模块 SM1232 和 HMI，将其通过以太网相连接，注意组态时的 IP 地址要与实际设备的 IP 地址相同。

2. 硬件连接

PLC 与 HMI 通过以太网相连接，而 PLC 与变频器通过数字量信号和模拟量信号相连接，具体连接示意图如图 12-63 所示（本案例中使用的是西门子公司的 G120 变频器）。

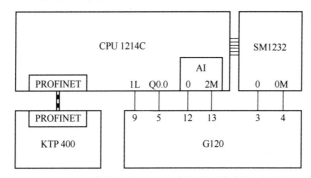

图 12-63　变频电动机无级调速控制系统电气原理图

3. 编写 PLC 程序

在 PLC 的变量表中创建图 12-64 中的变量，并打开 Main[OB1]编辑窗口，编写如图 12-64 所示控制程序。

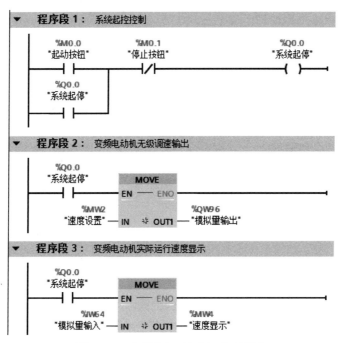

图 12-64　变频电机无级调速控制程序

4．生成 HMI 变量

双击"项目树"下"HMI_1\HMI 变量"文件夹中的"默认变量表[0]"，打开变量编辑器（见图 12-65）。单击变量表的"连接"列单元中被隐藏的按钮⚏，选择"HMI_连接_1"（HMI 设备与 PLC 的连接），并生成以下变量：起动按钮、停止按钮、速度设置、速度显示和运行指示。

Xiangmu6_wuji ▸ HMI_1 [KTP400 Comfort] ▸ HMI 变量 _ ☰ ☰ ✕

🔖 HMI 变量　🔖 系统变量

HMI 变量

	名称 ▲	变量表	数据类型	连接	PLC 名称	PLC 变量	地址	访问模式	采集周期	
🔲	起动按钮	默认变量表	Bool	HMI_连接_1	PLC_1	起动按钮	%M0.0	＜绝对访问＞	100 ms	
🔲	停止按钮	默认变量表	Bool	HMI_连接_1	PLC_1	停止按钮	%M0.1	＜绝对访问＞	100 ms	
🔲	速度设置	默认变量表	Word	HMI_连接_1	PLC_1	速度设置	%MW2	＜绝对访问＞	100 ms	
🔲	速度显示	默认变量表	Word	HMI_连接_1	PLC_1	速度显示	%MW4	＜绝对访问＞	100 ms	
🔲	运行指示	默认变量表	Bool	HMI_连接_1	PLC_1	系统起停	%Q0.0	＜绝对访问＞	100 ms	

| 离散量报警 | 模拟量报警 | 记录变量 |

图 12-65　HMI 变量表

5．组态 HMI 画面

在此案例中，只需要组态一个 HMI 画面。双击"项目树"下"HMI_1\画面"文件夹中的"根画面"，打开"根画面"组态窗口。

（1）组态案例名称

生成"变频电动机无级调速控制"文本，将其字号改为"23 号""粗体"，"背景"颜色请读者自行设计，在此采用默认色。按图 12-66 所示组态所有相关文本域。

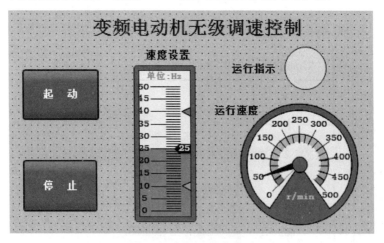

图 12-66　HMI 组态画面

（2）组态按钮

将工具箱的"元素"窗格中的"按钮"拖拽到画面工作区中，通过鼠标拖拽到合适位置及大小（见图 12-66），然后再复制一个同样大小的按钮。

单击选中画面中"按钮"，在巡视窗口中执行菜单命令"属性"→"属性"→"常规"，勾选"模式"和"标签"域的"文本"，在"按钮'未按下'时显示的图形"栏中输入"起动"。

　　单击画面中的"起动"按钮，在巡视窗口中执行菜单命令"属性"→"事件"→"按下"（见图 12-67），单击窗口右边表格最上面的一行，再单击它的右侧出现的按钮 ▼，在出现的"系统函数"列表中选择"编辑位"文件夹中的函数"置位位"；直接单击表中第 2 行右侧隐藏的按钮 ，选中 PLC 变量表，双击该表中的变量"起动按钮"，即将"起动"按钮与地址 M0.0 相关联。

图 12-67　起动按钮的按下"事件"属性组态

　　在巡视窗口中执行菜单命令"属性"→"事件"→"释放"，单击窗口右边表格最上面的一行，再单击它的右侧出现的按钮 ▼，在出现的"系统函数"列表中选择"编辑位"文件夹中的函数"复位位"；直接单击表中第 2 行右侧隐藏的按钮 ，选中 PLC 变量表，双击该表中的变量"起动按钮"。

　　按照组态"起动"按钮的方法组态"停止"按钮，关联地址为 M0.1。

　　（3）组态指示灯

　　将工具箱的"基本对象"窗格中的"圆"拖拽到画面中合适位置，松开鼠标后生成一个圆，通过鼠标将圆拖拽到合适位置及大小（见图 12-66）。

　　选中左上角生成的"圆"，在巡视窗口中执行菜单命令"属性"→"动画"→"显示"（见图 12-68）。单击"显示"文件夹下"添加新动画"，选择"外观"，将外观关联的变量名称组态为"运行指示"，地址 Q0.0 会自动添加到地址栏。将"类型"选择为"范围"，组态颜色设置如下："0"状态的"背景色"和"边框颜色"采用默认颜色，"1"状态的"背景色"选择为"绿色"。

图 12-68　运行指示灯的"动画"属性组态

（4）组态滚动条

将工具箱中"元素"窗格中的"滚动条"拖拽到画面中（见图 12-66），通过鼠标拖拽调节它的位置和大小。

选中放置的"滚动条"，在巡视窗口中执行菜单命令"属性"→"属性"→"常规"（见图 12-69），将"过程"域的"最大刻度值"和"最小刻度值"分别设置为"50"和"0"；将"过程变量"关联为"速度设置"；在"标签"域中设置滚动条的"标题"为"单位：Hz"。

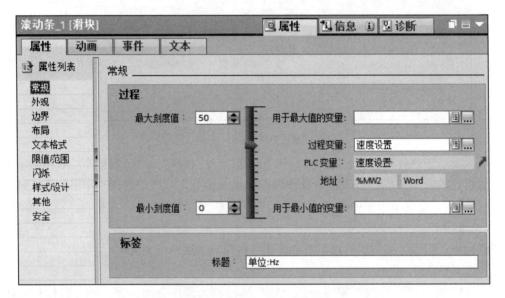

图 12-69 滚动条的"常规"属性组态

在巡视窗口中执行菜单命令"属性"→"属性"→"布局"，将"选项"域中的"滚动条"前的勾选符号去掉，即不显示滚动条中那个滑块。本案例中"滚动条"的其他组态均采用系统默认设置。

 注意："滚动条"中的限制值可以在其变量属性对话框中的"范围"选项中设置。

（5）组态量表

将工具箱的"元素"窗格中的"量表"拖拽到画面中（见图 12-66），通过鼠标拖拽调节它的位置和大小。

单击放置的"量表"，在巡视窗口中执行菜单命令"属性"→"属性"→"常规"（见图 12-70），"过程"域的"最大刻度值"和"最小刻度值"分别设置为"500"和"0"；将"过程变量"关联为"速度显示"；去掉"标题"输入域中默认文本；在"单位"输入域中输入"r/min"；在"分度数"输入域中输入"50"。本案例中"量表"的其他组态均采用系统默认设置。

 注意："量表"中的限制值可以在其变量属性对话框中的"范围"选项中设置。

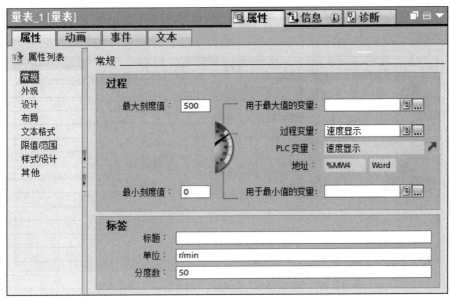

图 12-70　量表的"常规"属性组态

（6）组态变量

选中 HMI 变量表中的"速度设置"，在巡视窗口中执行菜单命令"属性"→"属性"→"线性转换"（见图 12-71），在此对话框中勾选"线性转换"，在"PLC"域的"结束值"和"起始值"栏中分别输入"27648"和"0"；在"HMI"域的"结束值"和"起始值"栏中分别输入"50"和"0"，表示在 HMI 中若将速度设置为 50Hz，则该变量在 PLC 中的值为 27648，再通过 PLC 的模拟量输出端输出 10V 电压（需将模拟量模块通道 0 组态为电压输出），此时变频器输出电源频率为 50Hz，对应于电动机的运行速度为 500r/min（假设本案例中电源频率 50Hz 对应于电动机转速 500r/min）。

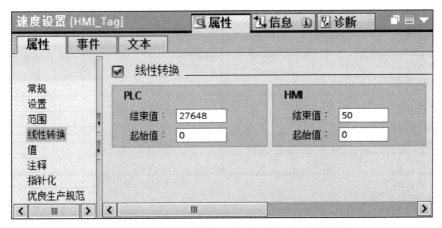

图 12-71　"速度设置"变量的"线性转换"属性

选中 HMI 变量表中的"速度显示"，在巡视窗口中执行菜单命令"属性"→"属性"→"线性转换"（见图 12-72），在此对话框中勾选"线性转换"，在"PLC"域的"结束值"和"起始值"栏中分别输入"27648"和"0"；在"HMI"域的"结束值"和"起始值"中分别输入"500"和"0"，表示该变量在 PLC 中的值若为 27648，则该变量在 HMI 中的值为 500，即变频器输出 10V（需将变频器设置为模拟量电压输出），PLC 将读取到的数字量为 27648，从而使得 HMI 中的量表显示为 500r/min。

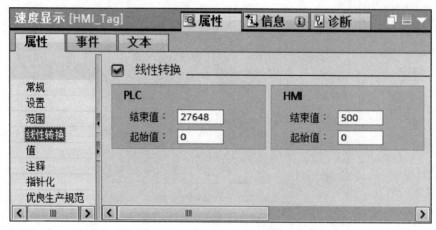

图 12-72 "速度显示"变量的"线性转换"属性组态

6. 变频器的参数设置

变频器的参数设置如表 12-2 所示（变频电动机的额定参数请参照电动机的铭牌数据设置），在此假设变频器输出 50Hz 时变频电动机对应运行速度为 500r/min。

请读者注意：如果变频器使用 0~20mA 的电流输出，而本案例采用的模拟量输入模块是 S7-1200 PLC 系统集成的模拟量输入模块，只能为"电压"类型输入，因此，要在 G120 的模拟量输出端 12 和输出端 13 之间并联一个 500Ω 的电阻，才能输出 0~10V 的电压信号。

表 12-2 变频器的参数设置

参 数 号	参 数 值	参 数 号	参 数 值
P0015	12	P0777	0
P0756	0	P0778	0
P0757	0	P0779	100
P0758	0	P0780	20
P0759	10	P0781	0
P0760	100	P1082	50
P0761	0	P1120	5
P0771	21	P1121	5
P0776	0		

7. 仿真调试

选中"项目树"中的 PLC_1 设备，单击工具栏上的"启动仿真"按钮，启动 S7-PLCSIM 仿真器，将程序下载到仿真 PLC 中。单击仿真器窗口的"RUN"按钮，使仿真器处于运行状态。单击 PLC 程序编辑区中的"启用/禁用监视"按钮，使程序处于监控状态，以便在仿真调试过程中观察 PLC 中的程序执行情况。

选中"项目树"中的 HMI_1 设备，单击工具栏上的"启动仿真"按钮，启动 HMI 运行系统仿真。编译成功后，出现的仿真面板为"根画面"。

首先在 HMI 的画面中按下"起动"按钮,在主程序 OB1 窗口观察"系统起停"输出线圈是否得电?如果该线圈已得电,观察 HMI 中的运行指示灯是否点亮?如果点亮,通过"滚动条"改变速度设置值(0～50Hz),观察 PLC 中的 MW2 变量值是否在 0～27648 之间变化?由于没有实际的模拟量输入和输出,因此只能人为改变 MW4 中的值(0～27648),观察"量表"指针是否在 0～500r/min 之间变化?如果调试现象与控制要求相符,则说明控制系统程序编写和 HMI 的画面组态均正确。

12.9.4 训练

将案例 27 通过以太网实现,即 S7-1200PLC 和 G120 变频器及 KTP400 触摸屏之间通过以太网实现连接及控制。提示:本训练与案例 27 的区别是不使用模拟量模块 SM1232,系统组态可参考 9.1 节。

12.10 习题与思考

1. 如何生成文本按钮和图形按钮?

2. 生成一个按钮,当未被按下时按钮上文本显示为"起动",当被按下后按钮上文本显示为"停止",通过该按钮控制一个电动机的起动和停止。

3. 生成两个按钮,每次按下其中一个按钮使某一"变量"值加 2,每次按下另一个按钮使该"变量"值减 2。

4. 如何组态触摸屏的热键?

5. 生成一个开关,当开关处于"OFF"位置时系统处于"单周期"工作模式,当开关处于"ON"位置时系统处于"连续周期"工作模式。

6. 如何生成一个"I/O 域"?

7. "I/O 域"有几种模式?

8. 如何生成一个"符号 I/O 域",一个"符号 I/O 域"最多能显示多少条目?

9. 组态"文本列表"时,有几种"选择"方式?"位号"和"值/范围"有何区别?

10. 如何组态一个"滚动条"?

11. 如何组态一个"棒图"?

12. 如何组态一个"量表"?

13. 如何组态一个变量的"限制值"?

14. 如何组态一个变量的"范围"?

15. 如何组态一个变量的"线性转换"?

参 考 文 献

[1] 侍寿永. S7-200 PLC 技术及应用[M]. 北京：机械工业出版社，2020.

[2] 侍寿永，夏玉红. 电气控制与 PLC 应用技术：S7-1200[M]. 北京：机械工业出版社，2022.

[3] 侍寿永，夏玉红. S7-200 SMART PLC 编程及应用项目教程[M]. 2 版. 北京：机械工业出版社，2021.

[4] 史宜巧，侍寿永. PLC 技术及应用项目教程[M]. 3 版. 北京：机械工业出版社，2020 .

[5] 侍寿永. 西门子 S7-1200 PLC 编程及应用教程[M]. 2 版. 北京：机械工业出版社，2022.

[6] 侍寿永. S7-300 PLC、变频器与触摸屏综合应用教程[M]. 北京：机械工业出版社，2017.

[7] 侍寿永，王玲. 西门子触摸屏组态与应用[M]. 北京：机械工业出版社，2022.

[8] 西门子（中国）有限公司. G120 变频器操作说明[Z]. 2012.